高等职业学校教材

计算机维护与网页设计

万德年　主　编

熊发涯　朱　伟　夏文秀
郭福洲　王佩楷　副主编

人民邮电出版社

北　京

图书在版编目（CIP）数据

计算机维护与网页设计 / 万德年主编．—北京：人民邮电出版社，2007.4（2008.1 重印）
高等职业学校教材

ISBN 978-7-115-15752-2

Ⅰ．计…　Ⅱ．万…　Ⅲ．①电子计算机—维修—高等学校：技术学校—教材②主页制作—高等学校：技术学校—教材　Ⅳ．TP307　TP393.092

中国版本图书馆 CIP 数据核字（2007）第 020986 号

内 容 提 要

本书共分 8 章，主要内容包括网络基础知识，网页制作软件 FrontPage 2000 的使用，多媒体技术，图像处理软件 Photoshop 的使用方法，微型计算机组装与维护，数码办公设备的应用，常用工具软件的使用，计算机信息安全等。本书理论与实践并重，突出计算机知识的基础性，强调计算机技术的实用性。

本书可作为高职高专各专业的“计算机应用基础”课程的教材，也可作为计算机爱好者的参考资料。

高等职业学校教材

计算机维护与网页设计

◆ 主　　编　万德年
副 主 编　熊发涯　朱　伟　夏文秀　郭福洲　王佩楷
责任编辑　刘雁斌

◆ 人民邮电出版社出版发行　　北京市崇文区夕照寺街 14 号
邮编　100061　　电子函件　315@ptpress.com.cn
网址　http://www.ptpress.com.cn
北京铭成印刷有限公司印刷
新华书店总店北京发行所经销

◆ 开本：787×1092　1/16
印张：16.75
字数：401 千字　　2007 年 4 月第 1 版
印数：4 001 – 6 000 册　　2008 年 1 月北京第 2 次印刷

ISBN 978-7-115-15752-2/TP

定价：25.00 元

读者服务热线：(010)67170985　印装质量热线：(010)67129223

反盗版热线：(010) 67171154

前　言

随着计算机技术的普及和发展，普通高校都开设了“计算机应用基础”课程，使当代大学生掌握了一定的计算机基础知识，具备一定的计算机操作技能。但整体情况并不理想，大学生的计算机能力仅能应付简单的信息事务处理，不能适应正在普及的IT技术的发展需求。本教材正是基于当代社会IT技术的发展状况而组织编写的。

本教材是我院计算机公共课教学改革的成果之一，是高职高专“计算机应用基础”课程的后续教材，安排在一年级下学期使用，是学生在学习完Windows+Office之后开设的第二门计算机基础课教学用书。

本教材在整体结构上具有以下特点。

（1）教材内容力求实用、新颖，语言通俗易懂，使用了大量的图形对内容进行描述，面广而不深。

（2）教材紧跟计算机技术的发展潮流。传统的“计算机应用基础”教材仅局限于Windows+Office内容，虽有一定的基础性，但已经不能代表计算机技术的发展方向，本教材则以当前信息技术的发展为起点，具有更强的实用性和一定的前瞻性。

（3）教材内容模块化。本教材各章节内容独立成系，相互间没有必然的联系，教学时各模块可自由组合，根据学生相关专业的需求调整教学侧重点。

本教材第1章、第2章由朱伟、夏胜波编写，第3章、第4章由夏文秀编写，第5章由熊发涯编写，第6章由郭福洲编写，第7章由万德年、邱姗姗编写，第8章由王佩楷编写。全书由万德年负责统稿，熊发涯负责审核。

由于计算机技术发展迅速，以及编写时间仓促和作者水平有限，书中难免存在错误和不足之处，恳请读者批评指正。

编　者

2006年12月

目 录

第 1 章 网络技术基础

自 20 世纪 60 年代计算机网络产生以来，计算机网络已经渗透到人们工作、学习和生活的方方面面。人们在学校、单位、企业或公司、部分公共场合及家中都可以实现对因特网（Internet）的访问。人们可以在网络上获得各种各样的网络服务，例如 WWW 浏览、FTP 文件传输、BBS 公告板、网上聊天、E-mail、网上购物、视频会议、网络游戏、网络娱乐、远程教育等，这些服务不仅拓宽了人们获取信息、与人交流的渠道，也丰富了生活、学习和娱乐方式，提高了效率。总之，网络应用无处无时不在大家身边，已成为人们生活中不可缺少的一部分。

1.1 计算机网络基础

1.1.1 计算机网络的概念

计算机网络至今没有一个统一、标准的定义，在计算机网络发展过程的不同阶段，人们对计算机网络提出了不同的定义。不同的定义反映了当时网络技术发展的水平，以及人们对网络的认识程度。

在给出定义之前，我们可以联系现实生活中所谓“网络”的概念，例如交通网络、通信网络、邮政网络、供水供电系统等，这些都是特定行业或部门为了达到某种特定目的以某些方式而构建在一起的对象或事物的集合。

计算机网络是指将分布在不同地理位置且具有独立运行功能的计算机系统，通过通信介质、通信设备、通信协议和通信软件等连接在一起，以达到资源共享、相互通信、分布式协作处理等功能的系统。

对于计算机网络的定义可以从其组成和功能两方面来进行简单理解。

组成：具有独立运行功能的计算机系统，是指相互连接的计算机之间不存在互为依赖的关系，任何一台计算机都可以脱离网络进行独立运行；通信介质，如光纤，双绞线，微波等；通信设备，如路由器，交换机等；通信协议，如 HTTP，FTP 等。

功能：资源共享，既包含软件、数据资源共享，也包含硬件资源共享；相互通信，如 QQ，E-mail 等；分布式处理，如连网售票系统等。

1.1.2 计算机网络的功能及应用

通过以上介绍，我们对计算机网络已经有了一个初步的认识，那么计算机网络能够提供哪些功能与应用呢？

1．网络的功能

（1）资源共享

“资源”指网络中所有的软件、硬件和数据，“共享”是指网络中一个用户能够使用另一个用户计算机上的资源。下面对各类共享方式举例说明。

① 硬件共享。例如，连网后可以只给办公室的一台计算机配备一台高性能打印机，而所有其他计算机都可以通过网络在这台打印机上打印文件，并且相互之间不影响工作；再如，某台计算机没有安装光盘驱动器，在需要的时候，它可以利用网络中其他计算机上的光盘驱动器来读取数据。

② 软件共享。例如，需要使用某种软件时，可以在网上搜索出该软件，将其下载到自己的计算机上，即可安装使用。当然，也可以将自已计算机上的软件共享出来，供网络中其他的计算机使用。

③ 数据共享。例如，高考试卷改完后，考试委员会将考生的各科成绩汇总到数据库中，然后放在网上，考生随时都可以进行查阅；再如，通过 Internet，可以查阅北京图书馆、上海图书馆的各种电子书籍。

所有这些就是资源共享。资源共享既节省了大量的投资，又便于集中管理。

（2）数据通信

数据通信是计算机网络最基本的功能。因为有了计算机网络，电子邮件能在几秒钟内传遍世界的任何角落；学生通过远程教育网在家中就可以听到特级教师的讲课；病人通过远程医疗网在当地就可以接受外地专家的会诊。网络改变了时空，人与人之间的距离变近了，地球变“小”、信息变多，世界成为了“地球村”。

（3）分布式协作处理

分布式协作处理是指当网络中的某个节点其性能不足以处理某项复杂的计算或数据处理任务时，可以通过调用网络中的其他计算机，通过分工合作来共同完成的处理方式。分布式协作处理可以提高系统的可用性与可靠性。

网络中当某台计算机负担过重时，可将新任务转交给空闲的计算机来完成，这样就能均衡各计算机的负担。例如，在 Internet 中，大型网站的邮件服务器每天要收发数以万计的电子邮件，一台计算机难以胜任时，可以采用多台计算机协同完成。

对大型综合性问题，可将问题分解，各部分交给不同的计算机分头处理，充分利用网络资源，扩大处理能力。例如，为了检验一个加密算法的可靠性，一个世界范围的研究组曾在 Internet 上动用了 1 600 台计算机协同工作，花了 8 个月的时间来攻破一个计算机密码。

2．网络的应用

随着计算机网络的发展与普及，网络应用也越来越多样化，具体如下。

（1）信息检索：如通过上网搜索、WWW 浏览、FTP 下载所需要的信息和资料。

（2）及时通信：如电子邮件、QQ 等。

（3）办公自动化：可将一个企业或机关的办公计算机及外设连接成网络，既节省了设备成本，又可对信息进行综合处理与统计。

（4）企业信息化：在企业中实施基于网络的管理信息系统（MIS）和资源制造计划（ERP），可以实现企业的生产、销售、管理和服务的全面信息化，从而提高生产效率。例如医院管理系统、铁路购票系统等。

（5）电子商务、电子政务：企业与企业之间、企业与个人之间可以通过网络来实现贸易、购物；政府部门可以通过电子政务工程实施政务公开化，审批程序标准化，提高了政府办事效率。

（6）远程教育、远程医疗：基于网络的远程教育、网络学习使得人们可以突破时间、空间和身份的限制方便地获取网络上的教育资源；基于网络的远程医疗，使得人们可以节省医疗的时间和费用，方便患者就医。

（7）娱乐、消遣：网络带来新的娱乐和消遣方式，如网上聊天、网络游戏和网络电影等。

1.1.3　计算机网络的分类

计算机网络的分类，根据不同的角度有许多分法，可以按网络的规模大小与距离远近分类，也可以按网络的拓扑结构分类，还可以按网络传输介质等分类。

1．按网络规模划分

（1）局域网

局域网（Local Area Network，LAN）一般指规模相对较小的网络，即计算机硬件设备不大，通信线路不长（不超过几十千米），采用的是单一的传输介质。局域网一般在一栋楼内或在一个校园内组网。而通常意义上的局域网是一些结构的单层网络。不过，现在的局域网功能非常强大，很容易扩展而成为城域网或广域网。

局域网的特点如下。

① 数据传输率高，通常为 0.1Mbit/s～100Mbit/s。

② 传输距离比较短，一般直径小于 2.5km。

③ 传送误码率低，一般为 10^{-6}～10^{-10}。

④ 网络结构比较规范。

⑤ 网络为单元组织所完全拥有。

（2）城域网

城域网（Metropolitan Area Network，MAN）的分类一般用得不太多，它的规模较之局域网要大一些。城域网的大小通常覆盖一个地区或城市，地域的范围从几十千米到几百千米。城域网通常采用不同的系统硬件、软件和通信传输介质构成。从而使不同类型的局域网能有效地共享信息资源。

城域网的特点如下。

① 地理覆盖范围可达 100km。

② 数据传输率在 50Mbit/s 左右。

③ 传送距离可达 10km。

④ 传送误码率小于 10^{-9}；

⑤ 既可用做专用网，又可用做公用网。

（3）广域网

广域网（Wide Area Network，WAN），顾名思义就是一个非常大的网，不但可以将多个局域网或城域网连接起来，也可以把世界各地局域网连接在一起。广域网有两个特殊的分类：企业网与全球网。

① 企业网

企业网（Intranet）指的是大型企业的网络。它一般是指特大型企业，或者是跨地区或跨国的组织和集团。例如，大的银行与企业或公司都建立有自己的网络系统，通过网络可以寻求投资者或更多的用户，还可以对分布在世界各地的分支机构的生产与营业情况做出快速准确的分析、预测、计划与决策。

② 全球网

全球网（Internet）指横跨全球的计算机网络。1989 年第一个真正的可供商用的全球网诞生，它就是 Internet。一般情况下 Internet 已泛指国际互联网。

广域网的特点如下。

① 传送距离长，从几十千米到几千千米。

② 数据传送速率低，一般在 100kbit/s 左右。

③ 网络结构不规范，可以根据用户需要随意组网。

④ 传送误码率比较低，一般为 10^{-3}～10^{-5}。

2．按网络拓扑结构划分

按照网络的拓扑结构分类，计算机网络可以分为总线型网络、环型网络、星型网络、树型网络和网状型网络。

3．按网络传输介质划分

按网络传输介质划分类，计算机网络可以分为无线网络和有线网络。无线网络是指利用无线传输介质，如微波、红外线和卫星等构建的网络；有线网络是指利用有线传输介质，如双绞线、光纤等构建的网络。

1.1.4 计算机网络的拓扑结构

拓扑学是几何学的一个分支，是从图论演变而来。拓扑学先把实体抽象成与其大小、形状无关的点，将连接实体的线路抽象成线，进而研究了点、线、面之间关系。

计算机网络拓扑是通过网络中节点与通信线路之间的几何关系表示网络结构，反映出网络中各实体间的结构关系。拓扑设计对网络性能、系统可靠性与通信费用都有重大影响。

计算机网络拓扑结构主要有总线型、星型、环型、树型和网状 5 种类型，其中局域网中主要采用的类型有总线型、星型和环型 3 种。

1．总线型拓扑结构

总线型拓扑结构一般用于分布式的控制方式，所有的工作站都连在一条总线上（又称主干线），通过这条总线进行通信，这条总线必须能够实现双向传输。

优点：在这种结构中，若有某一个工作站发生故障，一般不会影响整个网络的工作，因此可靠性好。

缺点：不容易排除网线故障，当某段网线出现故障时，整个网络瘫痪，如图 1-1 所示。

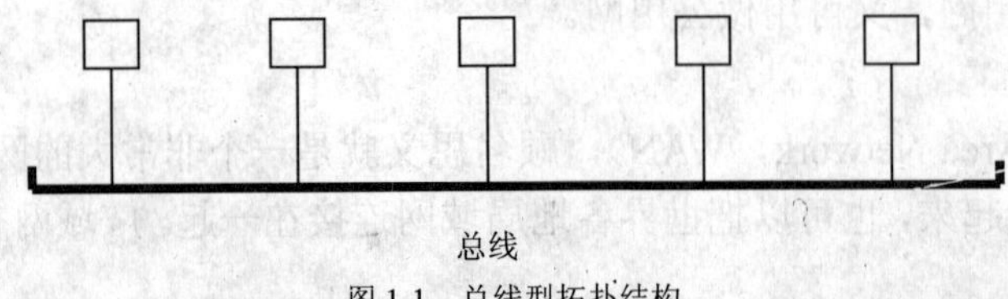

图 1-1　总线型拓扑结构

2．星型拓扑结构

星型拓扑结构如图 1-2 所示。在星型拓扑结构中，每个节点都由一个单独的通信线路与中心节点连接，其特点是具有一个控制中心，采用集中式控制。

优点：各工作站点的设计简单。

缺点：各站点间的信息交换必须由中心站中转或控制，当中心站出现超负载或中心站发生故障时，会导致整个网络停止工作。所以，中心站至关重要，应配备功能强、可靠性高的计算机系统。

3．环型拓扑结构

环型拓扑结构如图 1-3 所示。在环型拓扑结构中用一根封闭的电缆将所有的计算机连接起来，构成一个环路，信号在环上单向传输。

优点：信息单方向流动，数据传送通常是数字化的，对通信介质适应性强，网络的接口功能比较简单，网络扩充比较方便，数据传送率较高。

缺点：网络中一旦有某一个工作站发生故障，就有可能导致整个网络停止工作。因此，这种网络的设计必须考虑故障隔离，加强可靠性措施。

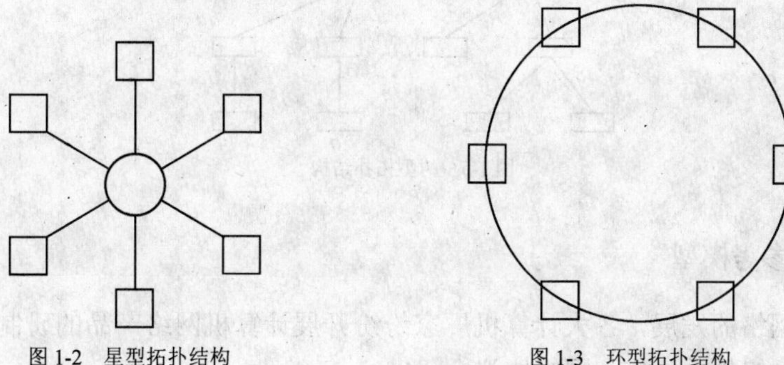

图 1-2　星型拓扑结构　　图 1-3　环型拓扑结构

4．网状拓扑结构

网状拓扑结构如图 1-4 所示。

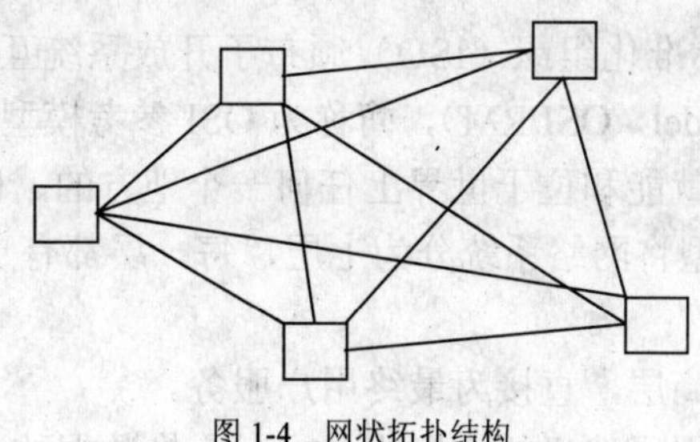

图 1-4　网状拓扑结构

网状拓扑的优点如下。

（1）网络可靠性高。一般通信子网中任意两个节点交换机之间，存在着两条或两条以上的通信路径，这样，当一条路径发生故障时，还可以通过另一条路径把信息送至节点交换机。

（2）网络可组建成各种形状，采用多种通信信道，多种传输速率。

（3）网内节点共享资源容易。

（4）可改善线路的信息流量分配。

（5）可选择最佳路径，传输延迟小。

网状拓扑的缺点如下。

（1）控制复杂，软件复杂。

（2）线路费用高，不易扩充。

5. 树型拓扑结构

树型拓扑结构如图 1-5 所示。树型拓扑结构可以看成是星型拓扑结构的扩展。在树型拓扑结构中，有一个根节点，根节点向下是枝节点和叶子节点。根部计算机的功能要比较强，可以是中型机或大型机，枝、叶节点的计算机可以是微机。

优点：可以比较充分地利用计算机资源。

缺点：大量数据要经过多级传输，系统的响应时间较长。

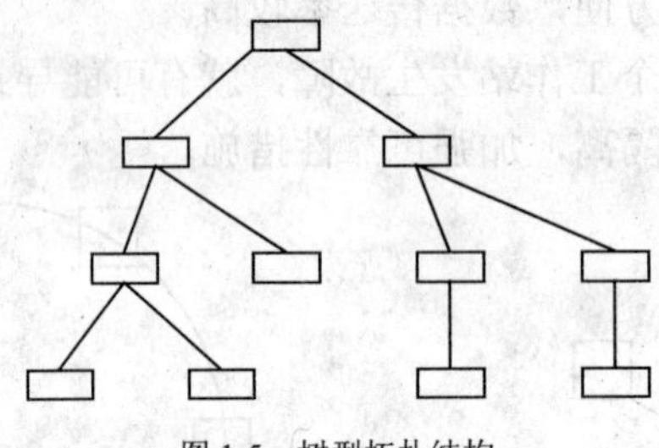

图 1-5　树型拓扑结构

1.1.5　OSI 参考模型

随着计算机网络的发展，各大计算机厂家纷纷开展计算机网络产品的研制和开发，同时也提出了各自的网络体系结构和网络协议。

许多公司都制定了自己的网络体系结构，这样一个公司所生产的设备很容易互连成网。而不同公司的设备，由于网络体系结构的不同，很难互连。因此，迫切需要制定网络体系结构的国际标准。

为此，1984 年，国际标准化组织（ISO）颁布了开放系统互联参考模型（Open System Interconnection Reference Model，OSI/RM），简称为 OSI 参考模型。所谓“开放”是指只要遵循 OSI 标准，一个网络系统就能和位于世界上任何一个地方的、也遵循同一标准的其他网络系统进行通信。OSI 参考模型将网络系统分为七层，每一层都有自己的协议和功能。

各层主要功能如下。

（1）应用层：该层是最高层，直接为最终用户服务。

（2）表示层：提供由应用层选择的一组服务，对交换数据的含义进行解释，管理数据的输入、交换显示和控制。

（3）会话层：支持联合起来表达实体之间的相互作用，提供会话管理服务和对话服务。

（4）传输层：提供一个综合传输服务，并且与下层提供的服务基本相关。

（5）网络层：是一个网络连接两个传输实体之间进行网络服务数据单元的交换，提供功能手段和过程手段。

（6）数据链路层：为网络实体间数据链路的建立、维持和释放提供功能手段和过程手续。

（7）物理层：为在数据链路实体之间物理连接的建立、维持和释放提供机械和电气功能及过程方面的所需特性。

1.2 Internet 基础

1.2.1 Internet 概述

1．什么是 Internet

Internet 是全球最大的、开放的，由众多网络互连而成的计算机互联网，意味着全世界采用开放系统协议的计算机都能互相通信。

2．Internet 的起源和发展

Internet 是在美国较早的军用计算机网 ARPAnet 的基础上经过不断变化而形成。ARPAnet 于 1969 年问世，初期只有 4 台主机，到 1983 年，ARPAnet 上的主机数已超过 1 000 台。

1983 年 ARPAnet 被分解成两个网络，一个仍称为 ARPAnet，是民用科研网；另一个称为 MILNET，是军用计算机网络。

1986 年，美国国家科学基金会（NSF）认识到计算机网络对科学研究的重要性，建立了国家科学基金网（NSFNET）。它是一个三级计算机网络，分为主干网、地区网和校园网，覆盖了美国主要的大学和研究所。NSFNET 后来接管了 ARPAnet，并将网络改名为 Internet。

1992 年，美国政府决定将 Internet 转交给一个叫因特网协会的国际性组织进行管理，在世界范围内促进其发展和应用，Internet 正式进入了商业网阶段，其规模迅速发展，使用范围不断扩大。

3．中国的 Internet

我国从 1994 年 4 月正式加入 Internet，目前中国 Internet 由十大互联网组成，即十大 Internet 服务提供商（Internet Service Provider，ISP）：

中国科技网（CSTNet）；

中国教育科研网（CERNET）；

中国公用计算机互联网（ChinaNet）；

中国网通公用互联网（CNCNet）；

宽带中国 China169 网；

中国移动互联网（CMNet）；

中国联通互联网（UNINet）；

中国国际经济贸易互联网（CIETNet）；

中国长城互联网（CGWNet）；

中国卫星集团互联网（CSNet）。

1.2.2 TCP/IP

TCP/IP（Transmission Control Protocol/Internet Protocol）即传输控制协议/网际协议，是 Internet 中采用的协议。

Internet 是将全世界的各种网络连接起来而形成的一个互联网。这些形式各异的网络采用不同的网络结构和协议，连接起来后在各网络之间采用什么样的规则来传输数据呢？这就像世界上有很多国家，每个国家都讲各自的语言，不同国家的人要进行交流的话，必须约定采用某一种共同语言（如英语）。TCP/IP 正是 Internet 上的共同语言，用来连接各种不同网络，并在这些网络间实现数据的可靠传输。

1.2.3 IP 地址和域名

1．IP 地址

为了实现 Internet 中各主机间的通信，每台主机都必须有一个全球唯一的地址，正如每一个住宅都有唯一的门牌号一样，才不至于在传输时出现混乱，这个地址叫 IP 地址。

目前用得最多的是 IPv4 地址，它是一个 32 位的二进制地址，例如，11000000 10101000 00000001 00000010。为了书写和表示方便，人们常将 32 位的 IP 地址每 8 位分为一组，每组转换成等效的十进制数字，并在每组之间加上一个圆点，转换方法如下：

11000000 10101000 00000001 00000010

192 168 1 2

这样，上例中得到的 IP 地址为 192.168.1.2。每一个 IP 地址都由网络号和主机号两部分构成，网络号标识计算机所连接的网络，主机号则标识该网络中某一台具体的计算机。通常，在一个局域网中，各计算机具有相同的网络号，不同的主机号。网络号就好比是现实生活中的街道号，而主机号则相当于是门牌号。对 IP 地址 192.168.1.2 而言，可以用 192.168.1 表示网络号，2 表示主机号，该 IP 地址的含义是：在 192.168.1 这个网络中，主机号是 2 的那台计算机。

IP 地址常用 A，B，C 三类，这三类 IP 地址范围如表 1-1 所示。

表 1-1 **IP 地址范围表**

类　型	第一段数字范围	包含主机台数
A	1～127	16777214
B	128～191	65534
C	192～223	254

随着网络主机的不断增多，IPv4 所提供的 IP 地址已经严重不足；同时，随着网络安全性要求的不断提高，目前我国已经开始研究并使用 IPv6 地址。IPv6 与 IPv4 的最大区别是地址空间从 32 位增加到 128 位，从根本上解决了 IP 地址不足的问题。

2．子网掩码

IP 地址中包含网络号和主机号两部分，那么每一部分的长度到底是多少呢？这就需要用到子网掩码了。配置一台计算机的 IP 地址时，既要配置其 IP 地址，还要配置该 IP 地址对应的子网掩码。

子网掩码的长度和 IP 地址的长度相同，也是 32 位，前面是连续若干个 1，后面是连续若干个 0，连续 1 的个数就代表了网络号的长度，连续 0 的个数则代表主机号的长度，例如下面的表示。

子网掩码：11111111 11111111 11111111 00000000（十进制表示为：255.255.255.0）

IP 地址：110000001010100000000001 00000010（十进制表示为：192.168.1.2）

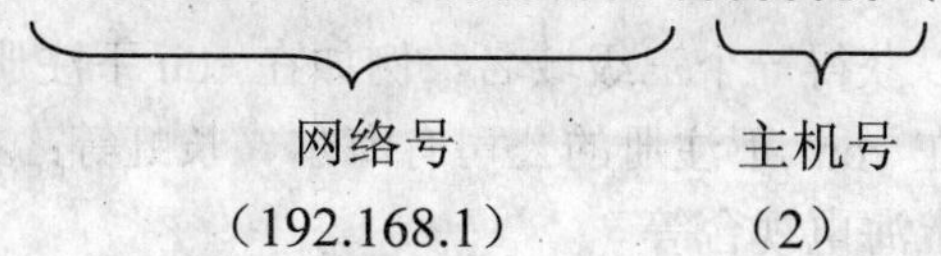

3．域名

（1）域名的作用与含义

IP 地址是数字，不便于使用和记忆，因此，Internet 中的计算机除 IP 地址外，还有另一种表示方法——域名。域名由代表一定意义的英文单词的缩写构成。例如，北京大学的一台 WWW 服务器可表示为

上例中各部分的含义是：WWW 表示是一台 WWW 服务器；pku 表示该服务器是北京大学的；edu 表示北京大学属教育机构；cn 表示中国。

（2）域名的格式

在 Internet 中，域名和 IP 地址一样，也必须是唯一的，由用户向 Internet 管理机构提出申请后统一分配。为了便于管理，域名被划分为具有层次结构的几部分，各部分之间用“.”分隔，域名格式如下：…三级域名.二级域名.顶级域名。

① 顶级域名

顶级域名一般代表国家名称，如顶级域名 cn 代表中国，jp 代表日本。

② 二级域名

我国将二级域名划分为“类别域名”和“行政区域名”两大类。其中，“类别域名”共 7 个，如表 1-2 所示。

表 1-2　　类别域名表

类 别 域 名	含　义
com	工、商、金融等企业
edu	教育机构
gov	政府部门
net	网络机构
org	非盈利性的组织
int	国际组织
mil	军事组织

“类别域名”表示所属类型，如北京大学的域名 www.pku.edu.cn 中，edu 表示教育机构。

“行政区域名”表示所在的省、自治区、直辖市，如 bj 为北京市，sh 为上海市，js 为江

苏省等。例如上海图书馆的域名 www.libnet.sh.cn 中，sh 表示上海。

③ 三级域名

在某个二级域名下注册的单位可以获得一个三级域名。例如在 edu 下注册的三级域名有北京大学、清华大学、浙江大学等；在 com 下注册的公司有海尔、长虹等；在 sh 下注册的三级域名有上海图书馆、上海热线、上海电视台等。

用户通过 IP 地址和域名都可以访问 Internet 中的主机。

1.3 IE 浏览器使用

1.3.1 IE 浏览器工作界面

一般在桌面上双击 Internet Explorer 图标，就可以启动 Internet Explorer（IE）。

图 1-6 IE 浏览器界面

IE 的界面主要包括以下几个部分（见图 1-6）。

- 标题栏：表明应用程序的名称。
- 菜单栏：提供了可操作的所有命令。
- 工具栏：提供了一些常规功能，单击这些按钮即可快速地启动这些常规功能。
- 地址栏：可输入需要连接的 Web 地址。
- 滚动条：有水平滚动条和垂直滚动条。
- 状态栏：显示当前加载文件和图像时的状态。

工具栏中常见的工具如下（见图 1-7）。

图 1-7 工具栏

- “后退”按钮：返回到上一个网页进行浏览。
- “前进”按钮：跳转到下一个网页进行浏览。
- “停止”按钮：终止或取消当前浏览器读取数据的操作。
- “刷新”按钮：重新读取当前网页的内容。
- “主页”按钮：返回到浏览器默认的网页。
- “搜索”按钮：搜索用户输入的相关信息。
- “收藏”按钮：打开或整理收藏夹，相当于书签的功能。
- “历史”按钮：显示网页操作过程中的历史记录。
- “频道”按钮：打开或管理频道。
- “全屏”按钮：用全屏幕方式显示浏览器窗口。
- “邮件”按钮：阅读、新建、发送电子邮件或新闻。
- “字体”按钮：改变字体大小、内码。
- “打印”按钮：打印当前网页的内容。
- “编辑”按钮：将当前网页的内容在 Word 中打开并进行编辑处理。

1.3.2 IE 浏览器浏览和搜索信息

浏览某个网页或信息，最直接的办法就是在地址栏输入网页地址或查询信息，然后按 Enter 键。当然也可以通过专门的搜索引擎来进行查找。网络信息检索的方法有很多，例如布尔检索、模糊检索、限制检索、相似检索等。

例如在地址栏中输入“北京大学”，如图 1-8 所示。

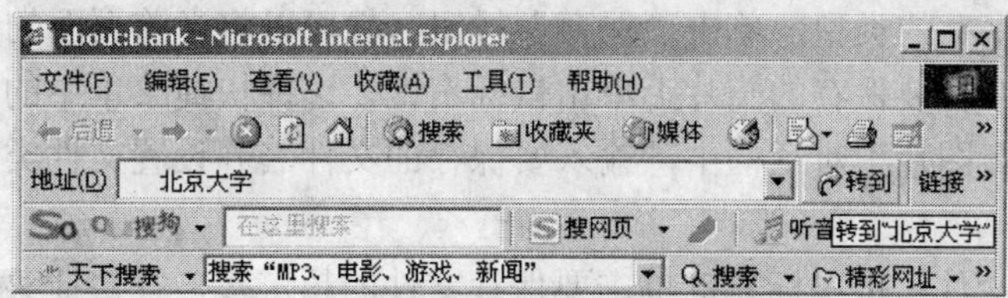

图 1-8 输入地址

单击“转到”按钮或按 Enter 键就可以跳转到北京大学首页，如图 1-9 所示。

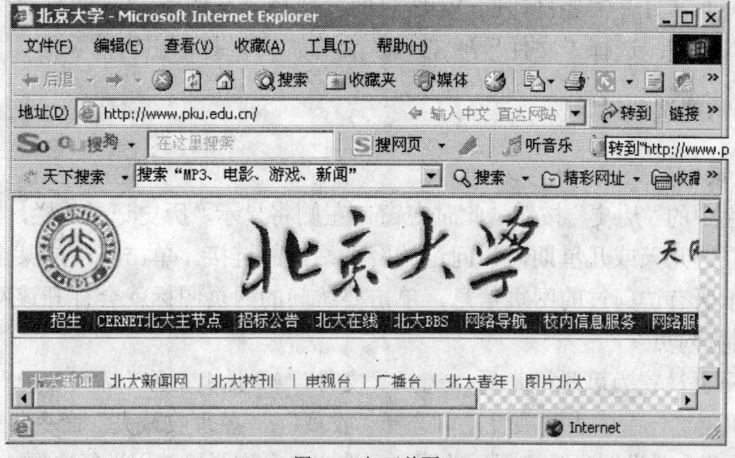

图 1-9 打开首页

1.3.3 使用收藏夹

利用收藏夹可以收集自己感兴趣的网页。打开要添加到收藏夹中的网页，选择“收藏”/“添加到收藏夹”命令，然后在“添加到收藏夹”对话框中，单击“创建到”按钮将它们组织到文件夹中。例如将北京大学网站地址添加到收藏夹中，如图 1-10 所示。

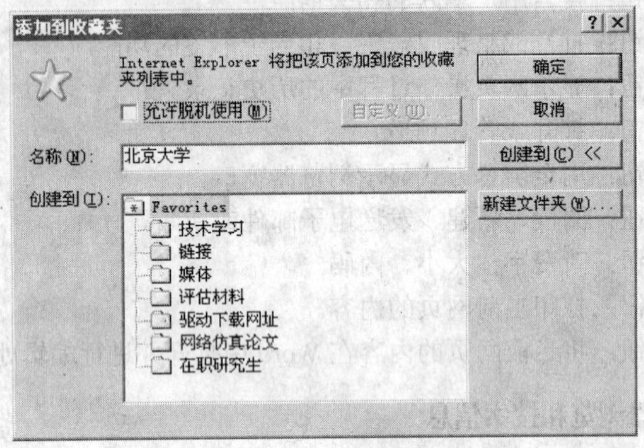

图 1-10 使用收藏夹

1.3.4 打印与保存信息

保存当前页面：打开需要保存的 Web 页面，选择“文件”/“另存为”命令，指定保存的位置、文件名和保存的类型，单击“保存”按钮，就可以将当前页面的内容保存起来。

保存当前图片：在要保存的图片上单击鼠标右键，选择快捷菜单中的“图片另存为”命令，在弹出的“保存图片”对话框中，输入要保存的文件名并设置文件类型，然后单击“保存”按钮。

保存目标链接文件：用鼠标右键单击要保存文件的超链接，在快捷菜单中选择“目标另存为”命令，在“另存为”对话框中输入要保存的文件名并设置文件类型，然后单击“保存”按钮。

打印当前页面：打开需要打印的 Web 页面，选择“文件”/“打印预览”命令，查看打印效果并做适当调整；选择“文件”/“打印”命令，可以打印出当前页面。

1.3.5 IE 常规选项设置

1．历史记录

单击工具栏中的“历史”按钮，此时在窗口左侧将显示“历史记录”栏，如图 1-11 所示，其中包含了在最近几天或几星期内访问过的网页站点的链接。单击其中的某个星期或日期，在其下方会显示所有访问过的网页信息，单击要访问的网页图标就会打开该网页。

2．脱机浏览网页

要将当前网页设置为可脱机查看，选择“文件”/“脱机工作”命令。

要设置脱机阅读已有的收藏项目，可选择“收藏”/“整理收藏夹”命令，打开“添加到收藏夹”对话框，单击要设置为脱机阅读的网页，选中“允许脱机使用”复选框，如图 1-12 所示。

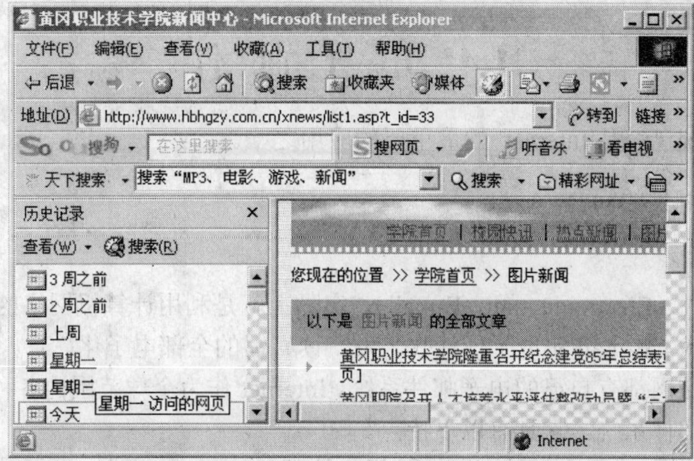

图 1-11　打开历史记录

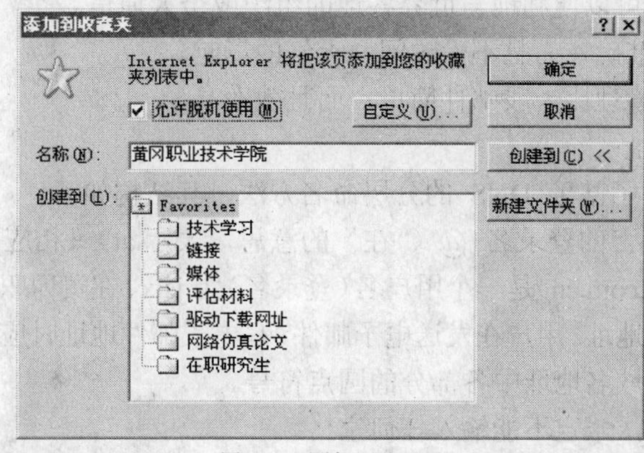

图 1-12　脱机浏览网页

3. 查看网页的源代码

HTML 源文件就是网页的源代码，即超文本标记语言，要查看和保存任何用户所访问的网页的代码，则先打开所要查看的网页，然后选择"查看"/"源文件"命令，即可打开代码窗口，如图 1-13 所示。

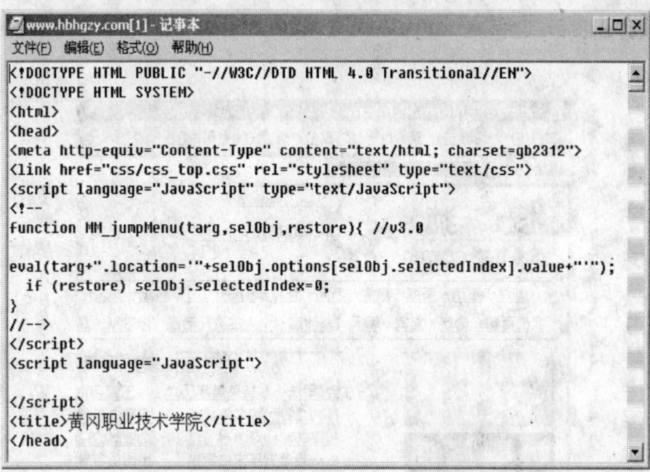

```
www.hbhgzy.com[1] - 记事本
文件(F) 编辑(E) 格式(O) 帮助(H)
<!DOCTYPE HTML PUBLIC "-//W3C//DTD HTML 4.0 Transitional//EN">
<!DOCTYPE HTML SYSTEM>
<html>
<head>
<meta http-equiv="Content-Type" content="text/html; charset=gb2312">
<link href="css/css_top.css" rel="stylesheet" type="text/css">
<script language="JavaScript" type="text/JavaScript">
<!--
function MM_jumpMenu(targ,selObj,restore){ //v3.0

eval(targ+".location='"+selObj.options[selObj.selectedIndex].value+"'");
  if (restore) selObj.selectedIndex=0;
}
//-->
</script>
<script language="JavaScript">

</script>
<title>黄冈职业技术学院</title>
</head>
```

图 1-13　查看网页源代码

1.4 电 子 邮 件

电子邮件系统已经是 Internet 的最重要的应用之一。

1.4.1 电子邮件的简介

1．电子邮件

所谓电子邮件（Electronic mail，E-mail），实际上就是利用计算机网络的通信功能实现信件传输的一种技术。E-mail 实现了信件收、发、读、写的全部电子化。

局域网和广域网都有自己的电子邮件系统。Internet 作为全球范围内各种网络的集合，有更加完善的电子邮件系统。它具有以下特点。

① 可以用计算机工具方便地书写、编辑或处理信件。

② 通过 Internet，可以便利地与世界各地的组织或个人通信。

③ 信件传递快速准确，而且不受时间、天气的影响。

④ 信件的收发与管理比一般邮件简单，而且效率高。

2．电子邮件的地址

电子邮件地址采用了基于 DNS 的分层命名方法，其结构如下。

用户名即“在主机上的登录名+@（“在”的意思，表示 at）+相应邮件服务器的域名”。

例如，jsjx@hbhgzy.com.cn 是一个用户名（登录名）为 jsjx、在黄冈职业技术学院的 mail 服务器上开设的电子邮件地址。用户在发送电子邮件，写电子邮件地址时应当注意如下几个问题。

- 千万不要漏掉域名地址中各部分的圆点符号。
- 在书写地址时，一定不能输入任何空格。
- 不要随便使用大写字母。

1.4.2 申请免费电子邮箱

本节以在 www.sohu.com 网站申请免费电子邮箱为例，说明申请免费电子邮箱的过程（本例中申请到的免费电子邮件地址为 xsddkf@sohu.com，用户名为 xsddkf，密码为 xsddkf）。

（1）在浏览器的地址栏里输入 http://www.sohu.com，进入到 sohu 网站的首页面，如图 1-14 所示。

图 1-14 进入首页

（2）单击主页左上方的“邮件”，打开一个新页面（见图 1-15），单击右上方的“注册”，这时会打开“搜狐用户服务条款”页，如图 1-16 所示。下拉滚动条浏览页面，如果同意以上条款则单击“我同意”按钮继续；否则单击“不同意”按钮退出。

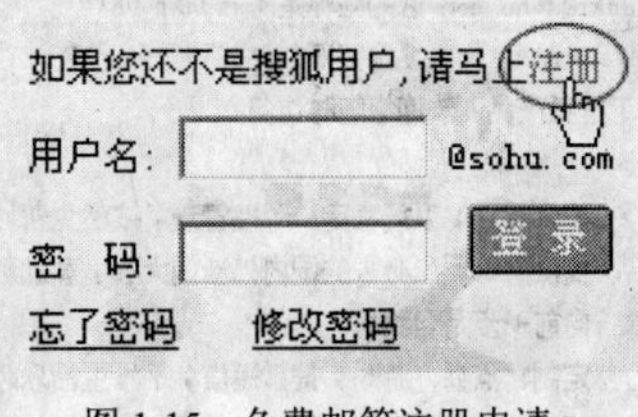

图 1-15 免费邮箱注册申请

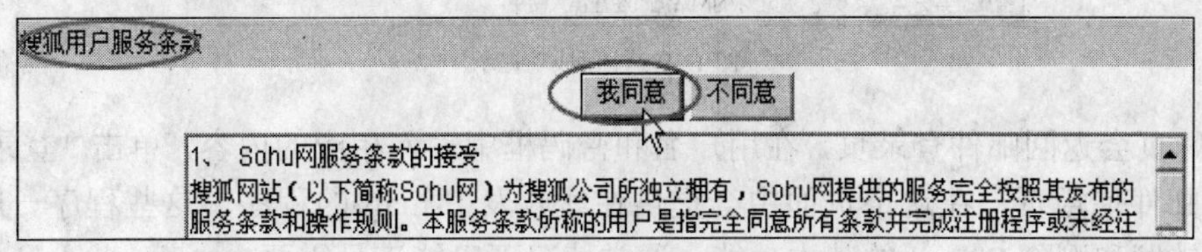

图 1-16 阅读服务条款

（3）打开个人详细资料页面，按要求填写各空白框，下拉滚动条，填写全部内容（注意：整个页面中所有打*号的必须填写，如图 1-17 所示，用户名最好取一个“独一无二”的英文名）后，单击“注册”按钮。如果出现出错信息，应根据提示进行相应的修改后，再进行注册。

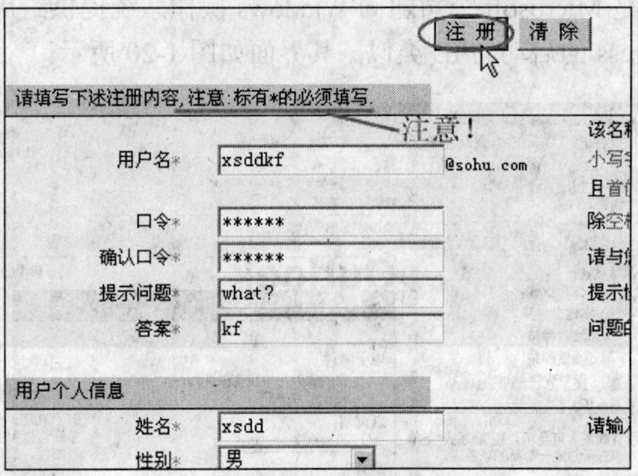

注 册 清 除
请填写下述注册内容，注意：标有*的必须填写.
注意！
用户名* xsddkf @sohu.com
口令* ******
确认口令* ******
提示问题* what?
答案* kf
用户个人信息
姓名* xsdd
性别* 男

图 1-17 填写注册资料

（4）打开搜狐提供的特殊服务页，如图 1-18 所示，一般单击“提交”按钮；如果想接受搜狐提供的特殊服务，可以填写相应的内容，然后再单击“提交”按钮。

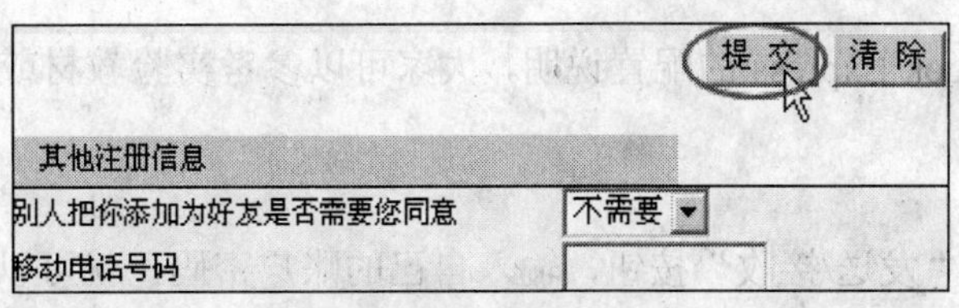

图 1-18 注册提交

（5）打开图 1-19 所示的注册成功页，到了这一步，其实电子邮件还没有注册成功，搜狐的电子邮件必须登录一次才能使用。单击中间的“搜狐邮件”进行登录。

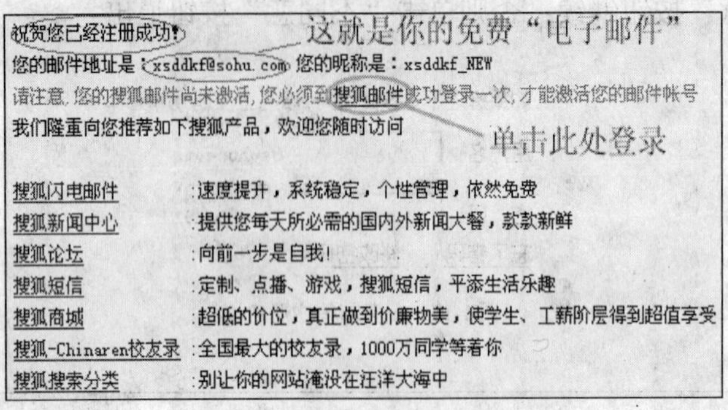

图 1-19　注册成功提示

（6）网页会返回邮件登录页，在用户名和密码框中输入相应的内容，单击“登录”按钮，就会打开邮件使用页。在这个页面中会提供在线收发 E-mail 的程序，这些程序一般都具有收、发、转发和删除 E-mail 的基本功能，通常情况下已能满足需要。

这样就申请到了一个属于自己的 E-mail 信箱。

1.4.3　使用 Outlook Express 收发电子邮件

1．Outlook Express 的界面

Outlook Express 是 Microsoft 公司随同 Windows 操作系统提供给用户的一个电子邮件处理软件。Outlook Express 的启动与 IE 类似，其界面如图 1-20 所示。

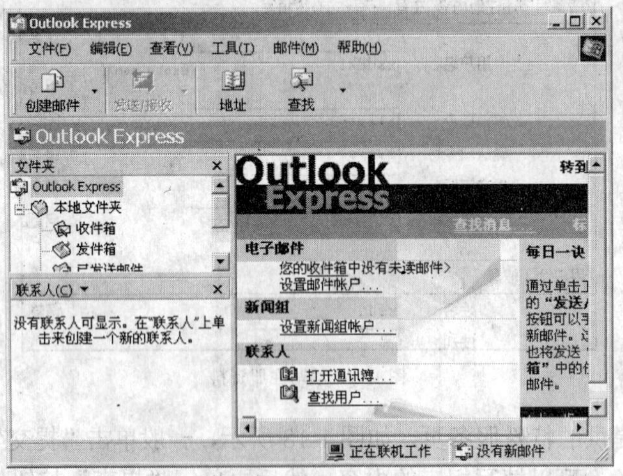

图 1-20　Outlook Express 界面

说明：关于 Outlook Express 的配置说明，大家可以参考实验教材或各网站邮件收发的帮助文件。

2．邮件

单击工具栏上的“发送/接收”按钮，输入自己的账户密码，就可以在“收件箱”中查看并阅读所收到的邮件了。

3．发送邮件

单击工具栏上的“新邮件”按钮，在显示的窗口（见图 1-21）中书写邮件，并填写收件人、主题等内容。

单击新邮件窗口左上角的“发送”按钮，新邮件就按收件人的电子邮件地址发送出去。当“已发送邮件”中包含该邮件时，表明 Outlook Express 已成功地发送该邮件。

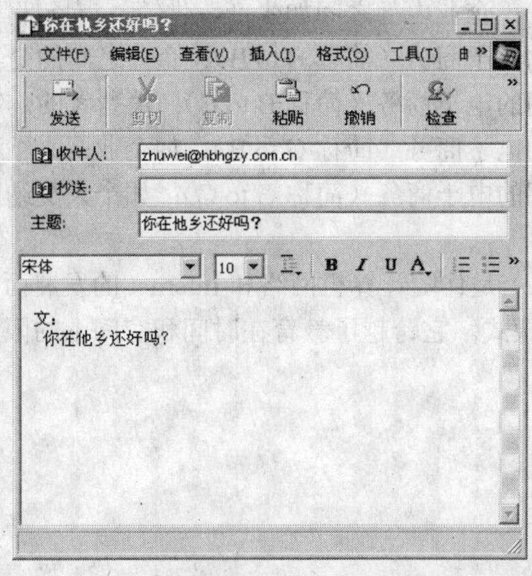

图 1-21　发送邮件

1.5　Internet 其他应用

Internet 除了以上介绍的 IE 浏览、邮件收发外，还有很多其他应用，这里简单介绍以下几种，大家可以参考其他资料学习运用。

1．远程登录

远程登录（Remote Login）是指本地用户利用登录账户通过 Internet 登录到远程计算机，并进行交互操作。在 Internet 上 Telnet 是标准的提供远程登录功能的应用。远程登录的目的在于访问远程服务器系统的资源。本地计算机如果能成功登录远程服务器，本地用户就像远程计算机系统的用户一样，在权限范围内，可访问远程服务器系统中的各种资源。

2．电子公告系统

电子公告系统（Bulletin Board System，BBS）与一般街头和校园内的公布栏性质相同，只不过 BBS 是通过计算机来获取资料、交流信息和寻求帮助的。在 BBS 里人们之间的交流打破了空间、时间的限制，参与 BBS 的人可以处于一个平等的位置与其他人进行任何问题的探讨。不过，BBS 也有自己的等级制度，不同级别的用户权限是不一样的，主要差别是上站时间、下载文件数量、写信权限有所不同。

3．文件传输服务

文件传输服务（FTP）是 Internet 中使用最广泛的应用之一，它的主要功能是完成从一个系统到另一个系统完整的文件复制，其目的是实现文件的共享，提供非直接使用远程计算机的能力，为用户提供透明和可靠高效地传输文件数据的服务。文件传输服务除可以通过 IE 浏览器和字符界面 FTP 软件外，还有一些专用的客户端软件，如 CutFTP，LeapFTP，FlashFXP 等。

4．电子商务

电子商务（E-Commercial）是指人们利用电子手段进行商业、贸易等商务活动。电子商务应用系统按商务的对象分类可以分为以下几种。

① 企业内部电子商务：企业内部之间如生产、供销、市场部门之间的信息与业务交换。

② 企业与企业之间的电子商务（简称 B to B）：企业之间的交易活动。

③ 企业与消费者之间的电子商务（简称 B to C）：消费者的购物活动。

④ 政府与企业之间的电子商务（简称 G to B）：如企业网上纳税。

⑤ 政府与消费者之间的电子商务（简称 G to C）：如个人交纳所得税。

5．网络教学

网络教学（E-Learning）是伴随计算机网络和 Internet 的发展而蓬勃兴起的一个教育与信息技术相结合的新型教育模式。它跨越了教育在时间和空间上的限制，使得教育资源的普遍共享成为可能。

第 2 章 FrontPage 2000

网络已经渗透到我们生活的方方面面，一个好的网站通常使人赏心悦目、收获颇多，那么如何制作出精美的网页、建立一个网站呢？本章主要介绍通过 FrontPage 2000 制作网页（见图 2-1）和建立网站的基础知识，对于初学者来说能起到较好的引导作用。

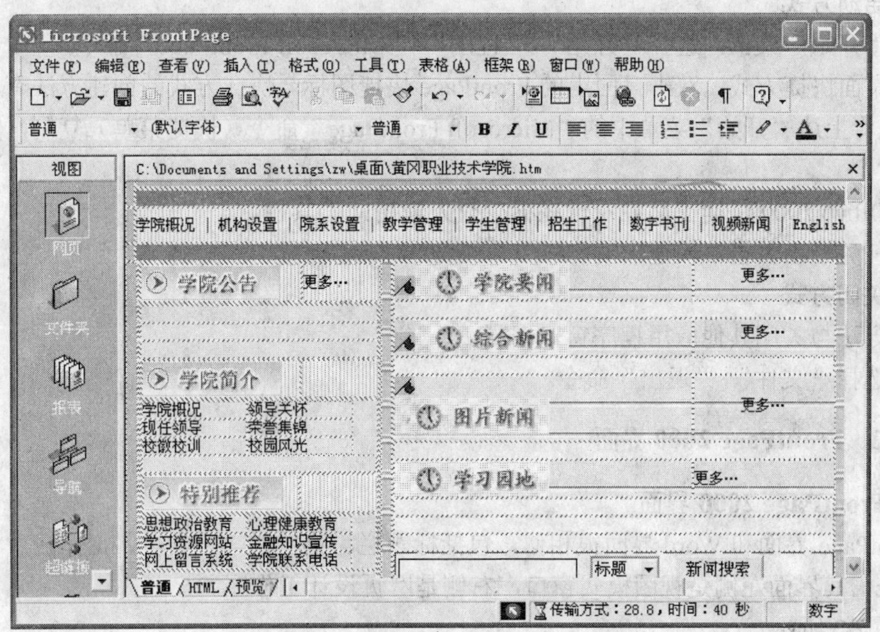

图 2-1 使用 FrontPage 2000 创建的网页的示例

2.1 FrontPage 2000 概述

2.1.1 FrontPage 2000 概述

FrontPage 2000 提供的特性、灵活性和功能可帮助用户更好地构建网站。它包括创建动态的高级网站时所需的专业的设计、创作、数据和发布工具。FrontPage 2000 对 Web 开发的促进作用主要体现在以下 3 个方面。

1. 设计

FrontPage 2000 使用增强的设计工具可创建更漂亮的网站。新的布局工具和图形工具使用户更容易设计完全符合自己需要的网站。

2．代码编写

FrontPage 2000 使用设计工具可生成更好的代码，也可使用户的代码技术得到扩展；使用内置的脚本撰写工具可获得交互式结果；使用专业的代码编写工具，用户可以更快、更高效、更准确地编写代码。

3．扩展

FrontPage 2000 使用第一个商业化推出的、完全支持 WYSIWYG（“What You See Is What You Get”，即“所见即所得”）的可扩展样式表语言转换（XSLT）编辑器，构建可扩展标记语言（XML）数据驱动网站，以新的方式实现与人的联系和对信息的访问。增强的发布功能和选项可帮助用户更快地将网页发布到网上。

2.1.2 FrontPage 2000 的启动与关闭

1．启动方式

① “开始”菜单：选择“开始”/“程序”/“Microsoft FrontPage”命令。

② 桌面快捷方式：双击桌面上的 FrontPage 快捷图标。快捷方式的创建方法有多种，最简便的是将上述“开始”菜单中的“Microsoft FrontPage”命令（快捷菜单）复制，然后粘贴到桌面上。

③ Office 2000 快捷工具栏：现在很少有人使用此工具栏。

④ 任务栏工具栏“快速启动”。

2．关闭方式

① 方法与关闭其他应用程序窗口相同。

② 选择“文件”/“退出”命令。

2.1.3 FrontPage 2000 界面

1．FrontPage 2000 界面

FrontPage 界面和 Word 界面很相似，包括标题栏、菜单栏、工具栏、工作区、状态栏等几个部分，其界面左侧是视图模式窗口，右侧是网页设计工作区。

如图 2-2 所示。

2．视图与模式

视图中的组框是用来切换视图的，单击里面的小图标就可以切换到不同的视图。FrontPage 共有 6 种视图，使用不同的视图可以从不同的侧面查看设计的 Web 站点。对一个 Web 站点而言，不断更新是很重要的。随着站点的成长，维护站点的工作量会越来越大。

（1）网页视图

单击“网页”按钮，切换到图 2-2 所示的网页视图，再单击工具栏上的“文件夹列表”按钮，窗口中增加了一个文件夹列表框。网页视图是用来显示选中的网页的，双击文件夹列表中的某一个 HTML 文件，在最右侧的工作区中就会显示该网页的内容，如图 2-3 所示。

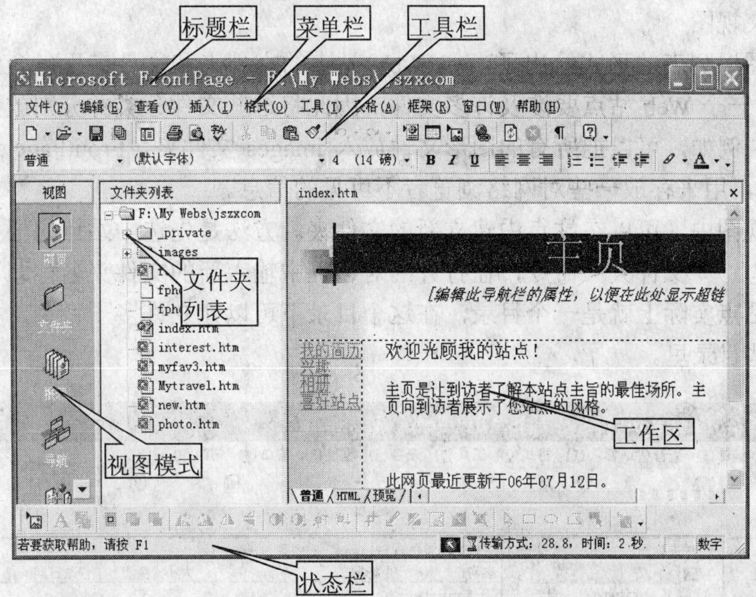

图 2-2　FrontPage 2000 界面

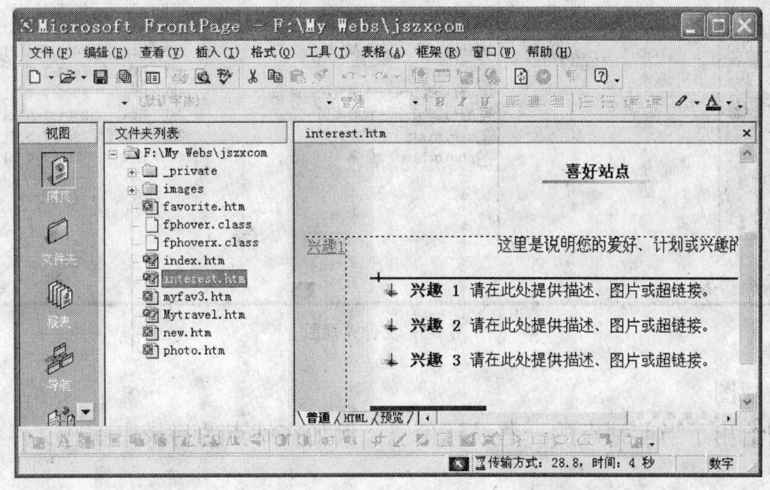

图 2-3　网页视图

此时工作区的左下角有 3 个切换显示模式的选项卡。单击“普通”标签，可切换到普通模式，在普通模式可以编辑网页的内容以及设置各种格式；单击“预览”标签可切换到预览模式，如果要察看当前编辑的文件在浏览器中的显示情况，就使用预览模式，在预览模式下，是不能编辑网页的；单击“HTML”标签，可以切换到 HTML 模式直接对网页对应的 HTML 文本文件进行编辑，从而为网页做一些特殊的设置。

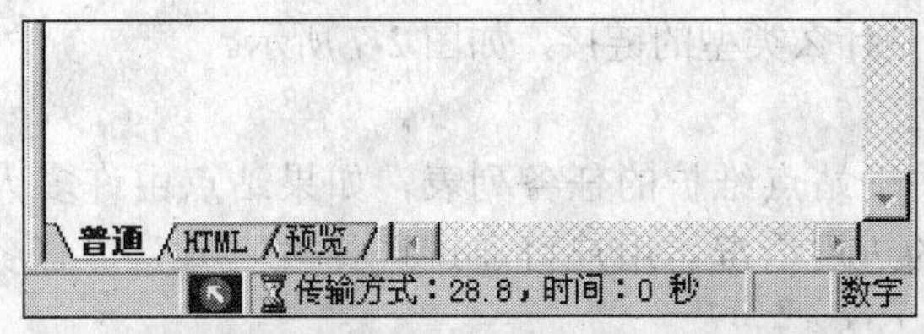

图 2-4　工作区的 3 种切换模式

（2）文件夹视图

文件夹视图以列表的形式给出了当前 Web 站点的文件夹和文件夹里包含的文件，如图 2-5 所示。由于一个 Web 站点要涉及许多文件，因此将这些文件分类并分别放到不同的文件夹就很有必要。例如，可以把所有的图形文件放入 images 文件夹。FrontPage 还提供了一个 _private 文件夹，用来存放一些对网络浏览者不可见的信息。

在文件夹视图中，可以在站点中建立新的文件夹。方法是先选中站点的根目录，再选择“文件”/“新建”/“文件夹”命令，在打开的对话框中输入新的文件夹名称即可。

其实一个站点实际上就是一个目录，在这个目录下可以建立许多子目录，并将站点的各种文件放在这些目录里。

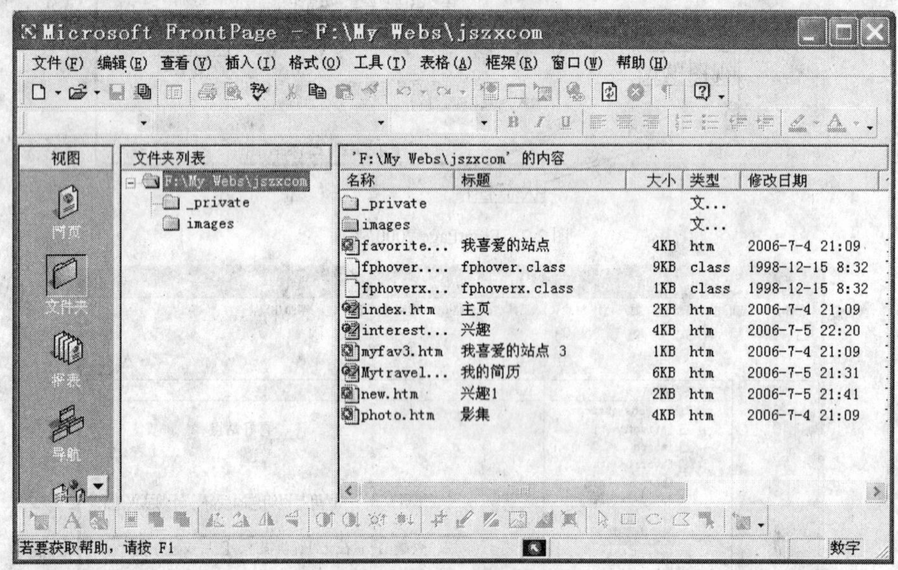

图 2-5 文件夹视图

（3）报表视图

报表视图给出了当前站点的一些统计信息。例如在站点的目录中哪些文件被链接进站点了，哪些没有。

（4）导航视图

导航视图可以方便地组织站点中各网页的层次关系，在视图中，每一个页框代表一个网页。如果站点设置了导航功能，就可以先在这里设置好各网页的层次关系，然后用导航栏把这种层次关系表现出来，如图 2-6 所示。

（5）超链接视图

超链接视图是用来查看选中网页中设置的超链接。通过它可以方便地知道在网页中设置了多少超级链接，以及是什么类型的链接，如图 2-7 所示。

（6）任务视图

任务视图里放着关于站点维护的任务列表，如果站点由许多人共同维护，就可以通过任务列表了解工作的进展情况。用户可通过选择“编辑”/“任务”命令，添加和分配任务。

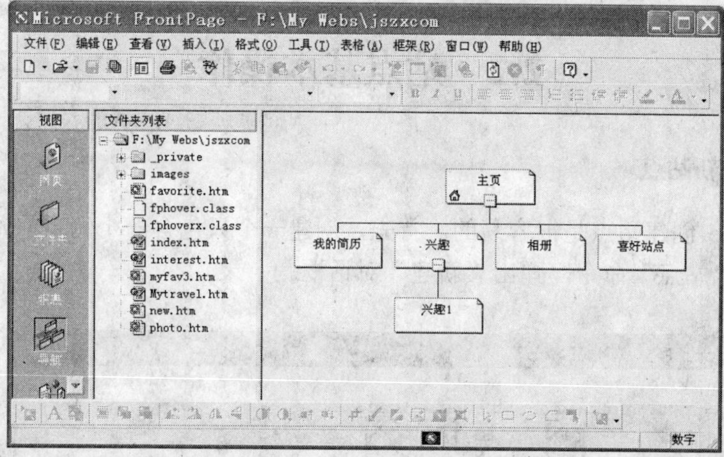

图 2-6 导航视图

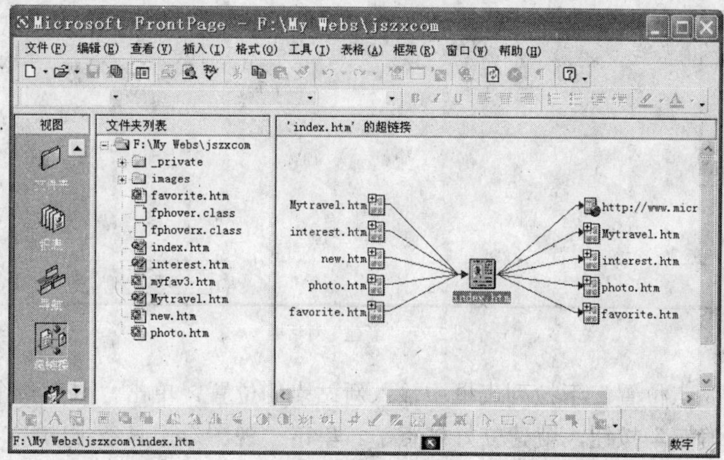

图 2-7 超链接视图

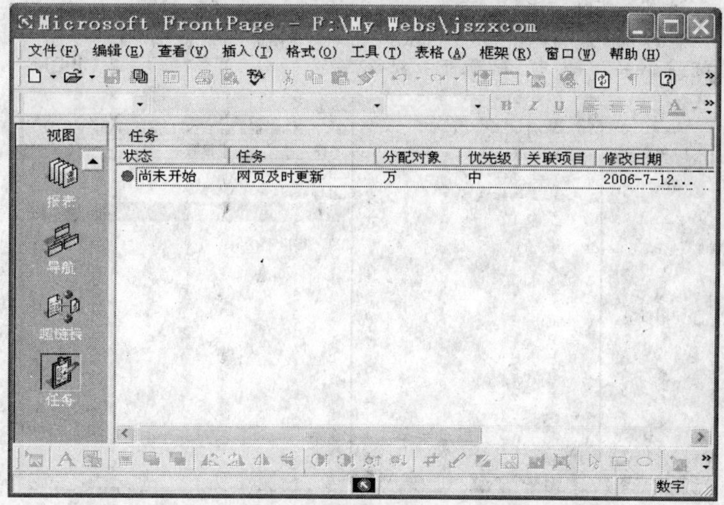

图 2-8 任务视图

2.2 站点基本操作

2.2.1 创建新站点

用 FrontPage 创建站点是很容易的。首先，创建一个只包含一个网页的站点。选择“文件”/“新建”/“站点”命令，弹出“新建”对话框。

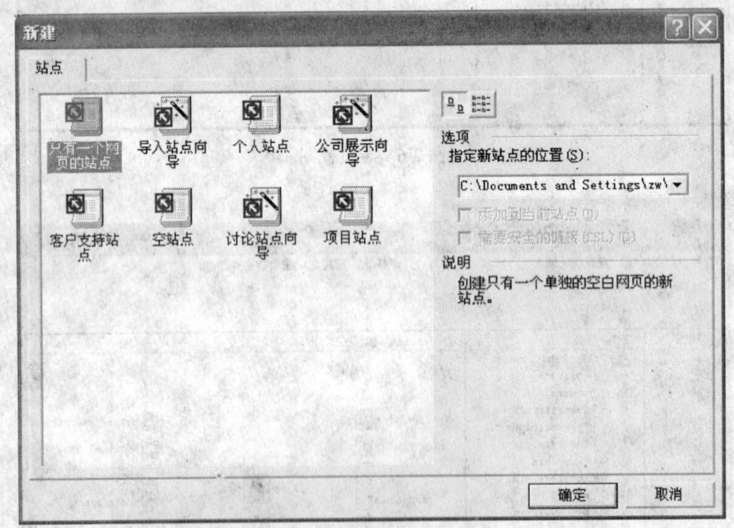

图 2-9 “新建”对话框

在“指定新站点位置”下拉列表框中输入新站点的位置，单击“只有一个网页的站点”图标，再单击“确定”按钮，就建立好站点了。单击“视图”工具条上的“文件夹”按钮，显示文件夹结构如图 2-10 所示。

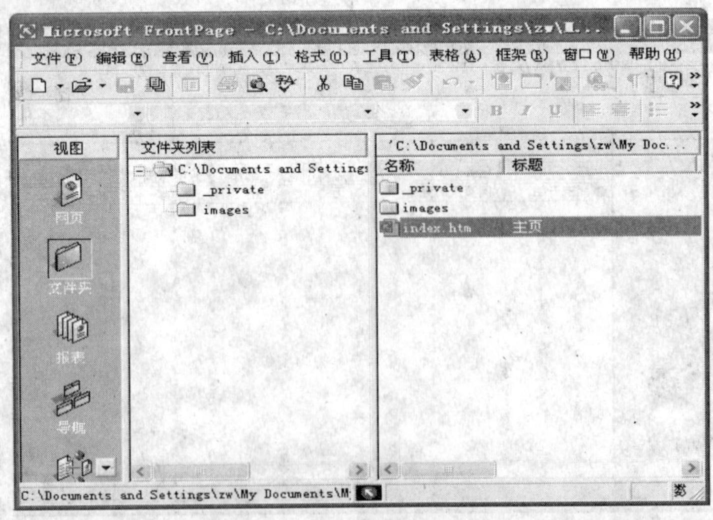

图 2-10 文件夹结构

在文件夹列表里有一个网页文件，名字叫做“index.htm”。每一个站点都要有一个主页，这个主页也是一个网页文件。浏览者访问站点时首先进入的就是站点的主页。主页的名字在默认情况下定义为“index.htm”。新建只包含一个网页的站点时，FrontPage 即自动创建了站点的主页。用户可以根据自己的需要对主页进行编辑。

在文件列表里除了主页之外，还有文件夹。新建站点时，FrontPage 都会在站点所在位置下新建两个文件夹，一个是“images”，另一个是“_private”。用户在编辑站点时可以在“images”文件夹里放置站点用到的图片；“private”文件夹比较特殊，其中的文件对浏览者来说是隐含的，用户可以把一些不想让浏览者看到的网页文件放在这个文件夹里，例如，可以在这个文件夹里存放注册用户的个人信息。

尽管每一个站点都要有一个主页，不过创建站点时用户仍然可以从一个空站点开始：选择“文件”/“新建”/“站点”命令，在“新建”对话框里，用户可以单击“空站点”图标来创建一个空站点。

“新建”对话框中还有许多其他图标，这是 FrontPage 提供的用来创建站点模板或向导。用户创建只有一个网页的站点或者创建空站点，都是从头开始来创建一个站点，这就好像盖房子一样，首先画图纸。然而，有许多的房子都具有相似的结构和用途，所以用户可以用一张图纸盖很多相似的房子，这样就节省了许多工作。

同样地，尽管站点的风格千差万别，但是有许多站点的功能和结构都是一样的，如果用户从头开始建立站点的话，就要做许多重复劳动，这时就可以使用模板或向导来建立站点。模板和向导的作用就好像盖房子的图纸一样，用户不必每次建立站点时都从头开始。

单击“个人站点”图标，用它可以迅速创建一个个人站点，输入站点所在的位置，单击“确定”按钮，即显示图 2-11 所示页面。

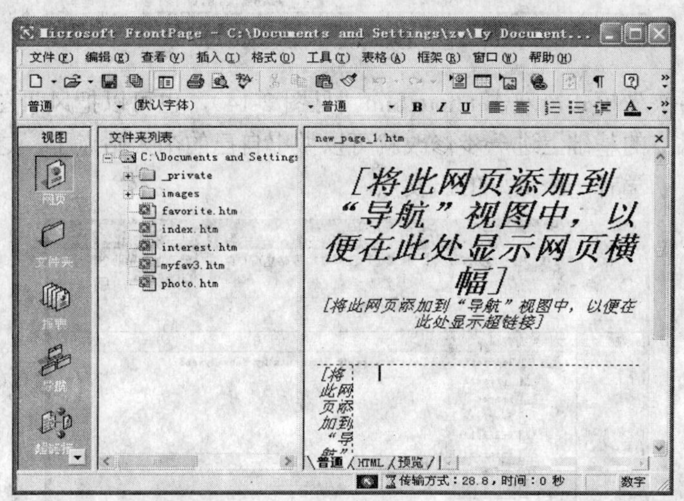

图 2-11 新建的个人站点

个人站点模板已经为用户规划好了站点的目录和建立了相关的页面，如图 2-12 所示。

单击“文件夹”按钮，双击 index.htm 文件图标，就打开刚建立的个人站点的主页。单击文字可把它改成用户所需要的内容，如图 2-13 所示。

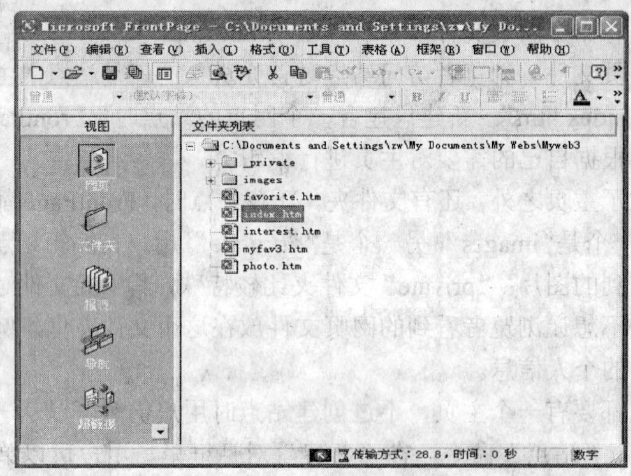

图 2-12 个人站点的文件夹

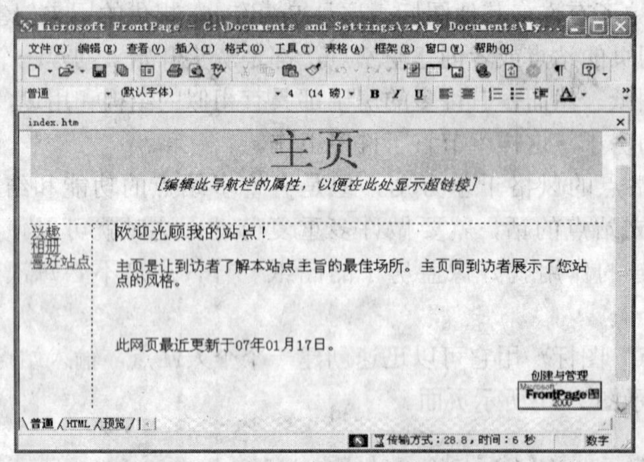

图 2-13 个人站点的主页

返回到“文件夹”模式，双击 photo.htm（见图 2-14），也可以把风景图片换成自己的照片，只要在新建站点的基础上进一步修改就可以做出自己的个人站点了。这不仅节省了许多力气，同时也给了初学者一个良好的出发点。

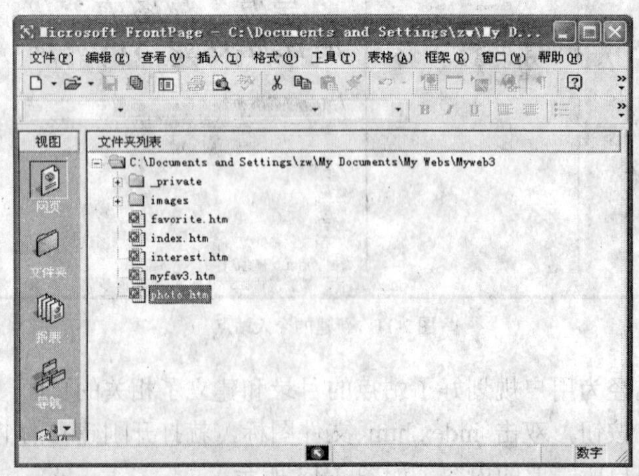

图 2-14 个人站点的修改

那么模板和向导有什么区别呢？用户安装软件时，一步步地用对话框提示用户完成安装过程的程序就是一个向导。在 FrontPage 里，向导也是一种模板，不过它是一种特殊的模板，它会以对话框的形式辅助用户完成站点的创建过程。

选择“文件”/“新建”/“站点”命令，FrontPage 提供了两个向导：公司展示向导和讨论站点向导。这两个向导使用起来都很方便，有兴趣的读者可以利用向导建立一个站点。

2.2.2　管理和维护站点

1．站点中的文件管理方法

使用 FrontPage 2000 管理站点中的文件、文件夹，如创建新文件夹，移动、复制文件（夹），文件（夹）重命名等的方法，与使用资源管理器相同，在此不再一一赘述。

2．管理范围

在利用“个人站点”模板创建的站点中，默认情况下可看到_private 和 images 两个文件，以及 5 个网页文件，即 index.Htm（主页）、interest.Htm（兴趣）、photo.Htm（影集）、favorite.Htm（我喜爱的站点）和 myfav3.Htm（我喜爱的站点 3）。

实际上，创建的文件（夹）不仅只有这些。因为在默认情况下，FrontPage 2000 隐藏站点中不需用户直接管理文件夹，如_borders，_theme 等。若需显示这些文件夹，则可选择“工具”/“站点设置”命令，在“站点设置”对话框的“高级”选项卡中，选中“显示隐藏目录中的文档”复选框后，单击“确定”按扭，如图 2-15 所示。用户可以在站点中创建（或删除）自己的文件夹。但若要删除站点中原有文件夹，则应慎重。特别是不要随意删除“隐藏”文件夹。

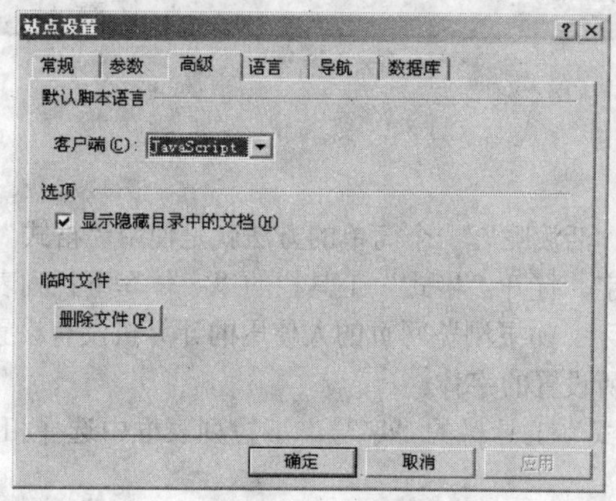

图 2-15　显示站点目录中隐藏的文件夹

2.3　网页制作

2.3.1　创建网页

创建页面最简单的方法就是单击 FrontPage“常用”工具栏上的“新建”按钮。它的右方有一个向下的小箭头，它是用来选择要新建的项目，如图 2-16 所示。可以用“新建”按钮新建网页、站点、文件夹和任务，默认状态下是新建网页。

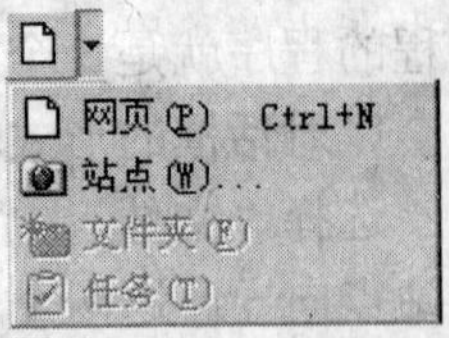

如果要新建网页，可以不用向下箭头键选择，而直接单击“新建”按钮。不过使用“文件”菜单的“新建”命令来新建网页能够有更大的选择。

图 2-16 “新建”按钮下拉菜单

选择“文件”/“新建”/“新建网页”命令，打开“新建”对话框。在“新建”对话框里，可以看到 FrontPage 提供的许多网页模板，可以用这些模板来建立相应的网页。在右下角的预览框里可以看到选中模板的外观，如图 2-17 所示。例如选择“两栏正文”网页，单击“确定”按钮，这样就创建了一个新的分为两栏的网页。

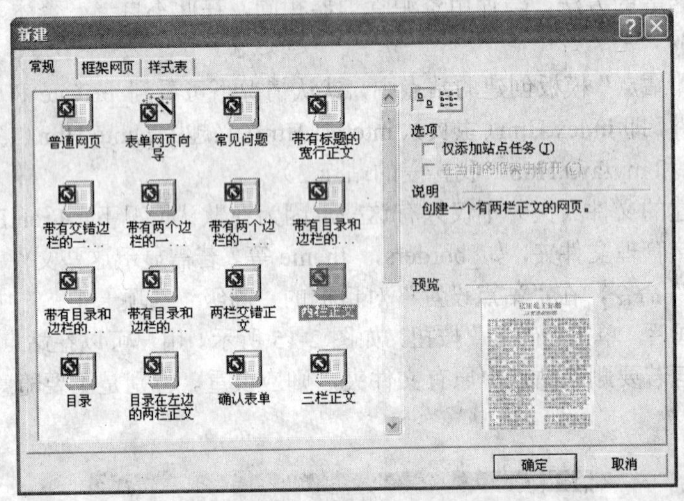

图 2-17 “新建”对话框

2.3.2 修饰文本

怎样使文字更丰富、活泼呢？一个简单的方法就是使用“格式”工具栏。

字体设置：选择文字，打开“格式”工具栏的“字体”下拉列表框，在里面选择相应的字体即可，如图 2-18 所示。如果浏览网页的人使用的计算机没有设置的字体，浏览器会用系统默认的字体代替用户所设置的字体。

字号设置：在“格式”工具栏的“字号”下拉列表框中选择相应字体即可，如图 2-19 所示。

图 2-18 “字体”下拉列表框

图 2-19 “字号”下拉列表框

“格式”工具栏上的 B，I，U 按钮的作用是：按下 B 按钮，被选中的文字就会变为粗体；按下 I 按钮，被选中的文字就会变为斜体；按下 U 按钮，被选中的文字就会带下画线字的颜色：单击“格式”工具栏“字体颜色”按钮旁的向下箭头，选择适当的颜色，文字的颜色就随之改变了，如图 2-20 所示。

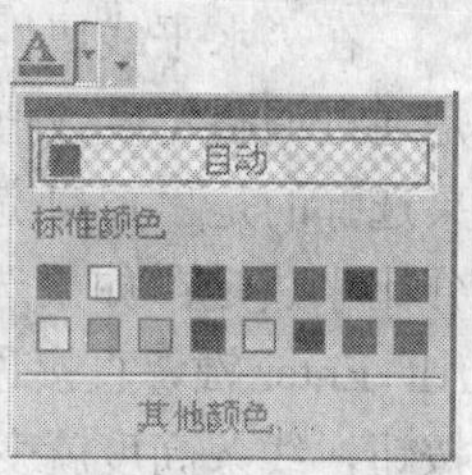

图 2-20　设置文字颜色

选择“格式”/“字体”命令，打开“字体”对话框，其中“字符间距”选项卡（见图 2-21）用来设置文字的间距，在“间距”下拉列表框中可以选择字符的间距是普通、扩充还是紧缩。

在 FrontPage 中每一行都有一个底线，“定位”下拉列表框用于设置文字相对于底线的距离，也就是把文字上下移动，例如选择“上移”，文字就向上移动了。预览框中的黑线就是行的底线。

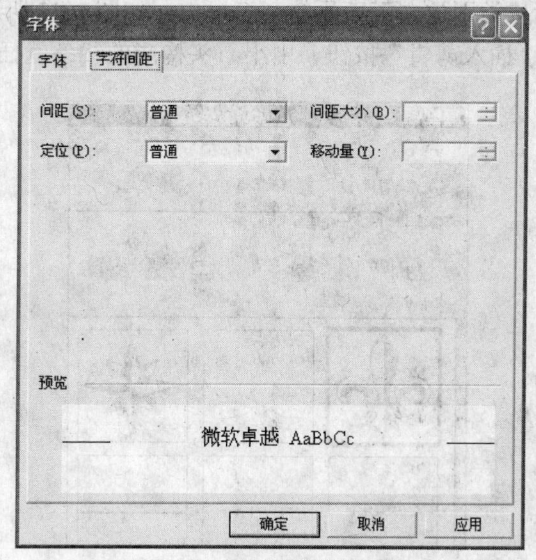

图 2-21　“字符间距”选项卡

2.3.3　插入水平线

在网页中适时地插入水平线可以使层次分明。最简单的方法是插入水平线使需要分隔的部分分开。把插入点调整到插入水平线的位置，选择“插入”/“水平线”命令即可。

要改变线条颜色，双击插入的线条，在弹出的“水平线属性”对话框的“颜色”下拉列表框中选择相应的颜色，单击“确定”按钮即可，如图 2-22 所示。

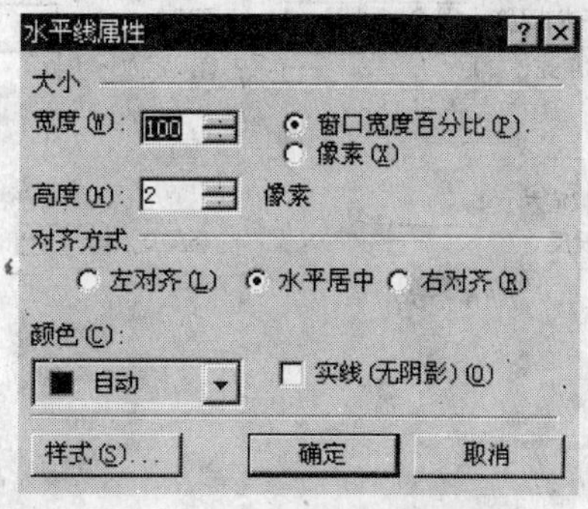

图 2-22　“水平线属性”对话框

在“水平线属性”对话框中有“窗口宽度百分比”和“像素”两个单选钮，它们的作用是通过调整宽度数值设置线条的宽度，但是这个数值的单位却是由它后面的选择决定的。如果选择的是“窗口宽度百分比”单选钮，就表示线条的宽度由它占所在浏览器窗口宽度的百分比来决定；如果选择“像素”单选钮就表示线条宽度是 100 像素。单击选中水平线，按 Alt+Enter 键，直接进入“水平线属性”对话框，调整线条“高度”为 5 个像素，单击“确定”按钮，线条高度就变高了。

水平线变化有限，装饰性不强。我们还可以插入更丰富的线条来修饰页面，那就是线条图像。线条图像就是一个特别狭长的图像。将水平线选中，按 Del 键，将水平线删除，选择“插入”/“图片”/“剪贴画”命令，在打开的“剪贴画库”对话框中选择“图片”选项卡，FrontPage 提供的剪贴画按类别放在了下面的列表框中，如图 2-23 所示。选择“Web 框架”，选择小石头图像，单击“插入剪辑”按钮，由小石头构成的线条就插入完成了。

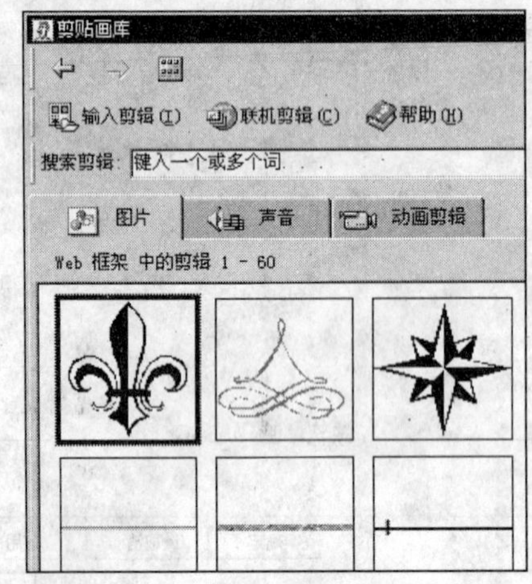

图 2-23 “剪贴画库”对话框

如果想把线条缩短一点，可以在线条上单击鼠标右键，选择快捷菜单中的“图像属性”命令，打开“图片属性”对话框（见图 2-24），选择“外观”选项卡，选择“指定大小”复选框，将宽度的单位设置为百分比，将宽度调整为 80，单击“确定”按钮即可。

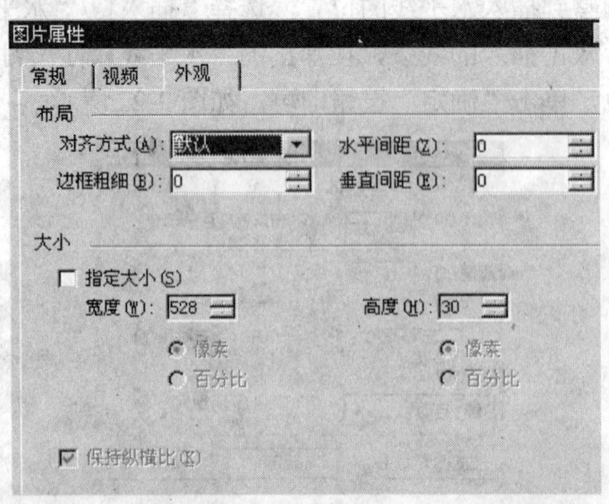

图 2-24 “图片属性”对话框

2.3.4 插入时间标记

在 Internet 上会经常看到，许多网页中都有一个最新更新日期，用来告诉用户页面上一次更新是什么时候。

时间标记当活动网页被重新编辑或自动更新之后，会自动改变。这设置起来也很容易：在页面末尾输入“更新时间”，选择“插入”/“日期与时间”命令，在“日期时间属性”对话框（见图 2-25）中选择“该网页上次编辑日期”单选钮，如果要改变日期的格式，可以在“日期格式”下拉列表框中选择合适的格式。

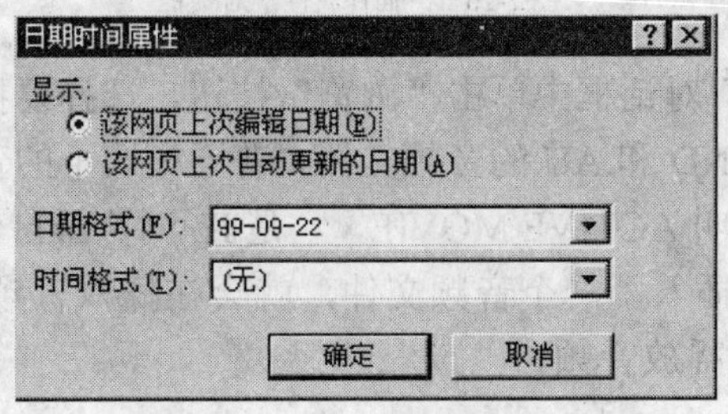

图 2-25 “时间日期属性”对话框

2.3.5 插入图形

要在网页中插入图形首先要看图形是什么格式的，也就是它扩展名是什么。只有扩展名为.GIF 和.JPEG 的图形文件才能成为页面的一部分。因为这两种图形格式不仅应用广泛，而且有利于节省存储空间。如果图形不是这种格式，使用了其他格式的图形文件，在保存网页时 FrontPage 会提示进行格式转换（FrontPage 可以自动进行格式转换）。

在默认情况下，FrontPage 认为要插入的图片总是放在用户建立的站点目录或它的子目录下的。可以说站点就是一个目录，我们把编辑的许多网页文件放在同一个目录下，这个目录为站点的主目录。这些网页引用的图形一般也放在这个目录下。当然，也可以在这个目录下建立其他的子目录，再把所有的图形放在子目录里。所以搜索下拉列表只允许在主目录或主目录下的子目录中进行选择。如果要插入的图片不在主目录下，在“选择文件”对话框中进行选择。

还可以从 Internet 上插入一个图形。选择“插入”/“图片”命令，在 URL 栏内输入图片的地址，单击“确定”按钮即可。由于是插入网上的图片，因此在插入图形以后，应该保存一下网页，使图形存到站点内。

2.3.6 使用多媒体

1．使用音频

网页除了显示图形和文字之外，还能实现多媒体功能。对多媒体的良好支持是 FrontPage 的一个突出的特色。我们能够很容易地在网页里播放音频和视频。

选择“插入”/“高级”/“插件”命令，打开“插件属性”对话框，如图 2-26 所示。

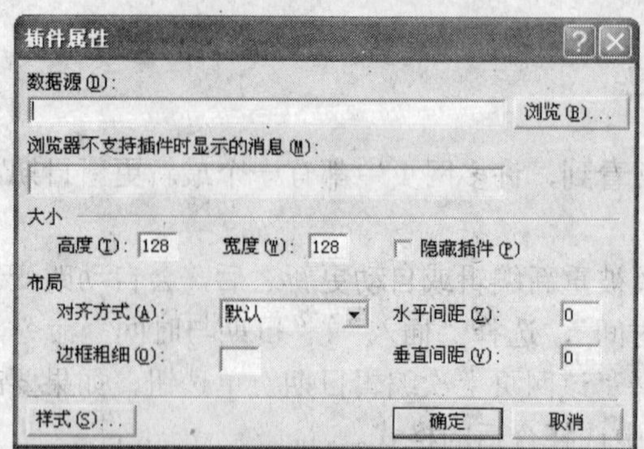

图 2-26 “插件属性”对话框

在打开的“插件属性”对话框中单击“浏览”按钮，选择要播放的音频文件，可以选择扩展名为.WAV，.MID，.SND 和.AU 的音频文件。普通模式下的音频图标如图 2-27 所示。

图 2-28 所示的播放器叫 ACTIVE MOVIE，它是 IE 浏览器自带的一个媒体播放插件。浏览器检测到用户在网页里插入了一个音频文件，就会在插入音频的位置显示一个 ACTIVE MOVIE 播放器，并用它来播放音频。

图 2-27 普通模式下的音频图标

图 2-28 预览模式音乐自动播放

最新版本的 IE 和 Netscape Navigato 都带了播放多媒体的必要插件，不过如果浏览者的浏览器没有带插件或没有安装，最好给他们一个不能播放文件的提示信息。例如在刚才插入的音频文件图标上单击鼠标右键，选择快捷菜单中的“插件属性”命令，在“插件属性”对话框（见图 2-29）的“浏览器不支持插件时显示的消息”文本框中输入“对不起，您的浏览器不支持这种文件格式的播放”，这样，当使用的浏览器不能播放音频时，浏览者就会在网页上看到提示信息。

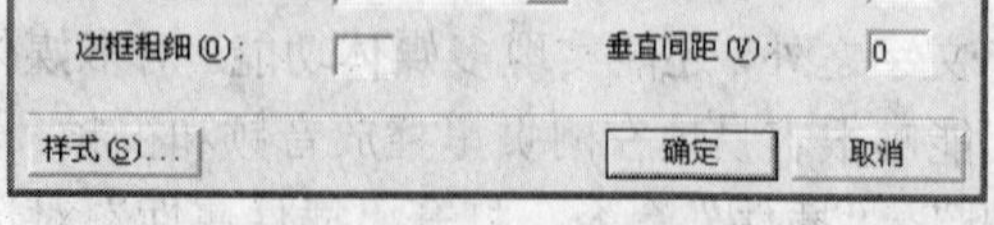

插件属性
数据源(D):
file:///C:zw/music.wav
浏览(B)...
浏览器不支持插件时显示的消息(M):
对不起，您的浏览器不支持这种文件格式的播放
大小
高度(T): 128 宽度(W): 128 隐藏插件(P)
布局
对齐方式(A): 默认 水平间距(Z): 0
边框粗细(O): 垂直间距(V): 0
样式(S)... 确定 取消

图 2-29 “插件属性”对话框

我们可以改变音频图标的大小：单击音频图标，拖动图标四周的小黑点，图标就变大了，切换到预览模式，播放控件也就变大了。这和改变图片大小的操作方法是一样的。也可以精确地调整插件在网页中显示的大小：在普通模式下的音频图标上单击鼠标右键，选择快捷菜单中的“插件属性”命令，只要修改“插件属性”对话框“大小”部分的数值就可以调整插件的大小。在“布局”部分中：“对齐方式”用来调整插件与网页中其他文字的对齐方式，这也和图片的对齐方式一样；“水平间距”和“垂直间距”用来调整插件与周围文本的距离，“边框粗细”用来设置图标边界的宽度。

选择“插件属性”对话框中的“隐藏插件”复选框，单击“确定”按钮，可把浏览器不支持插件时显示的消息去除，如图 2-30 所示。切换到预览模式，插件没有了，音乐却在播放。这说明插件仍然在播放音频文件，只不过被隐藏起来罢了。刚才还除去了浏览器不支持插件时显示的消息，这样就实现了网页的背景音乐。

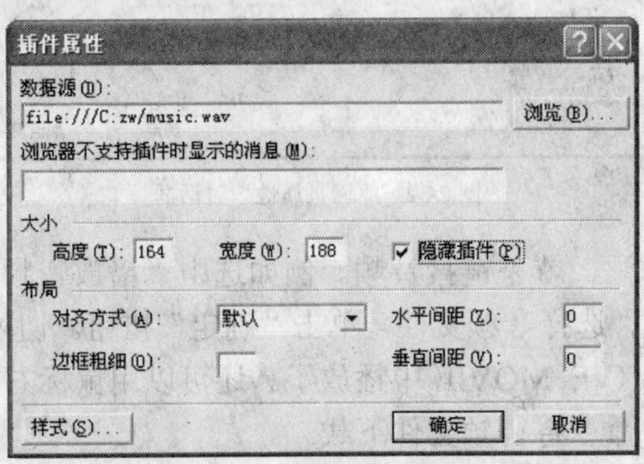

图 2-30　“插件属性”对话框

在网页内单击鼠标右键，选择快捷菜单中的“网页属性”命令，打开“网页属性”对话框，在“常规”选项卡中单击“背景音乐”部分的“浏览”按钮，如图 2-31 所示，选择插入的音频文件，单击“确定”按钮。

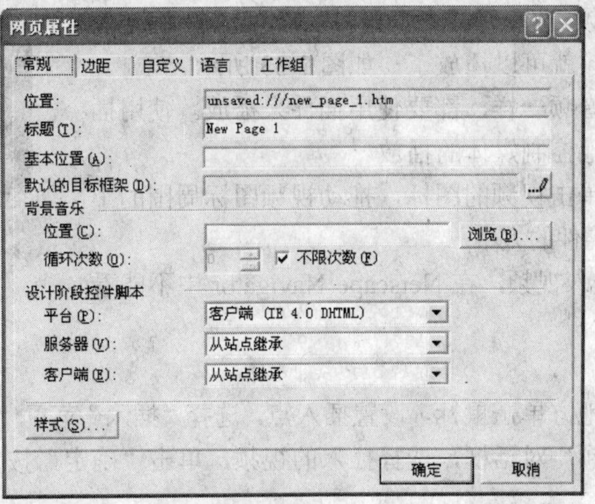

图 2-31　“网页属性”对话框

在默认情况下，“不限次数”复选框是选中的，表示文件将不断循环播放。也可以设置播放的次数：再次进入“网页属性”对话框，去除“不限次数”复选框的选中，这时就可以调整播放次数了，如图 2-32 所示。因为插入的音频不使用插件播放，所以播放的方式是事先设置好的，在浏览网页时，用户是控制不了的。

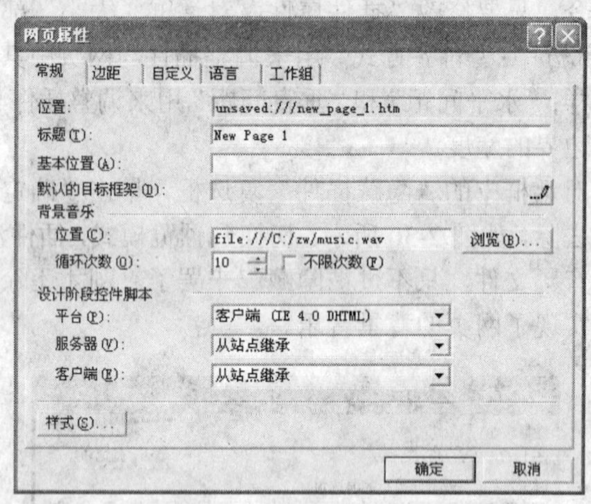

图 2-32 “网页属性”对话框

使用音频还有一种方法，就是链接音频。例如选中“播放音频”文字，单击“常用”工具栏上的“超链接”按钮，选择音频文件，单击“确定”按钮。切换到浏览器，单击超链接，音频文件就在独立的 ACTIVE MOVIE 中播放了。还可以用鼠标右键单击超链接，选择快捷菜单中的“目标另存为”命令将音频文件下载。

2．使用视频

用 FrontPage 不仅可以灵活地使用音频，同时也可以很方便地控制视频。这和使用音频的方法差不多，可以使用嵌入、插入和链接的方法使用视频。

（1）嵌入视频

单击要插入视频的地方，设置好插入点，选择“插入”/“高级”/“插件”命令，单击“浏览”按钮，选择视频文件，单击“确定”按钮，选择“确定”。切换到页面模式，视频就可以播放了，如图 2-33 所示。

图 2-33 视频播放器

嵌入视频和嵌入音频一样，都要使用插件来播放。使用插件，浏览者可以方便地控制媒体的播放。

回到普通模式，单击视频的图标，拖动视频图标周围的小黑点，可改变播放器控件的太小。

只有 IE 才支持嵌入视频，在 Netscape Navigator 中不能看到插入的视频。

（2）插入视频

在要插入视频的地方单击鼠标，设置插入点，选择“插入”菜单/“图片”命令，选择“视频”选项，打开“视频”对话框，选择插入的视频，单击“确定”按钮。切换到预览模式，视频自动播放了。

在默认设置下视频是自动播放的，也可以改变设置：切换到普通模式，在插入的视频上单击鼠标右键，选择快捷菜单中的“图片属性”命令，打开“图片属性”对话框，选择“视频”选项卡，如图 2-34 所示，这个选项卡列出了插入视频的设置，可以更改视频源来插入换一个插入的视频；“重复”部分用来设置播放的遍数和每遍播放的间隔时间；“播放”部分中的“打开文件时”表示视频将在打开网页进行浏览时播放；“当鼠标悬停于其上时”表示当鼠标在视频位置上经过时开始播放视频。

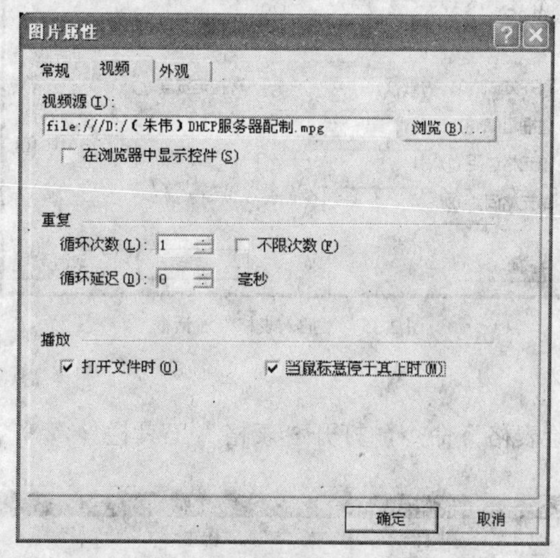

图 2-34 “图片属性”对话框

（3）链接视频

选中要作为超链接的文字，单击“常用”工具栏上的“超链接”按钮，选择要链接的文件，单击“确定”按钮，超链接就做好了。

我们可以用嵌入、插入和链接的方法来使用视频和音频，最常用的方法是链接方法，一般来说，音频、视频文件都比较大，把它们放在站点里就不是很合适，而链接可以指向 Internet 上的任何位置，这样就可以在其他地方存放媒体文件，甚至链接到别的站点的音频、视频文件上，同时链接还可以让用户方便地进行媒体文件的下载；嵌入的方法可以使音频、视频和网页融为一体，也被许多浏览器支持，可以用它来增强网页的吸引力；插入音频、视频文件目前只能在 IE 中才有效，不过它既可以在设计时设置媒体播放的方式，也可以响应浏览者激发的事件，同时不需要插件来播放，制作网页特效时就可以采用它。

2.3.7 使用表格

在 FrontPage 的诸多功能中，制表功能也是一个很重要的方面。不仅可以利用表格显示一些有规律的数据，而且还可以对表格中的单元格进行调整，在其中放入文本和图形，达到对网页进行布局的目的。

1．插入表格

首先把插入点调整到要插入表格的位置，单击“常用”工具栏上的“插入表格”按钮，拖动鼠标，直到高亮的格子的行列数与要插入的表格相同为止。

实际上这种方法创建单元格只能将各单元格的行高和列宽设置为一样，如果要在创建表格时对表格进行设置，可以使用插入表格命令。设置好插入点后，选择“表格”/“插入”/“表格”命令，在“插入表格”对话框中进行行、列等属性的设置。如果要指定宽度，则选中

“指定宽度”复选框，“像素”可设置表格的绝对宽度，“百分比”是指表格宽度为浏览器宽度的百分比。本次设置自动变为下一次创建表格的默认设置。

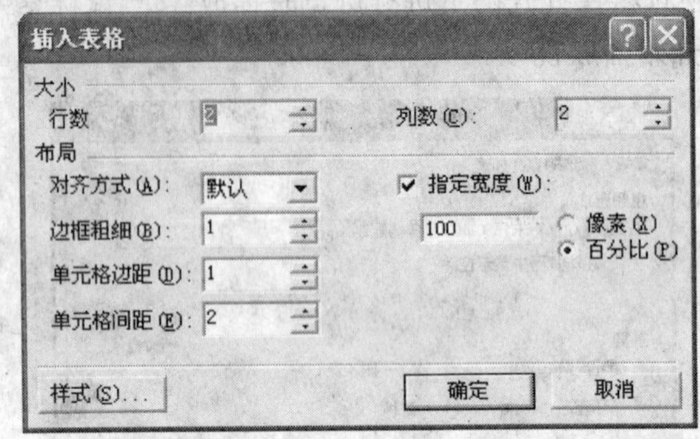

图 2-35 “插入表格”对话框

2．绘制表格

选择“表格”/“手绘表格”命令，打开“表格”工具栏。

图 2-36 “表格”工具栏

单击“手绘表格”按钮，用拖动鼠标的方法画一个表格。双击鼠标退出画表格状态。如果画错了就单击“擦除”按钮，在要擦除的线条上拖动，这时线条会变红，放开鼠标，线条就被擦除了。

“表格”工具栏的其他按钮都与“表格”菜单中的各命令相对应，它们的使用方法与 Word 是一样的。

3．表格属性的设置

表格做好后，在表格中单击鼠标右键，选择快捷菜单中的“表格属性”命令，可打开“表格属性”对话框对表格的属性进行设置，如图 2-37 所示。将表格框线的粗细设为 0 时，表格的线条将不可见。

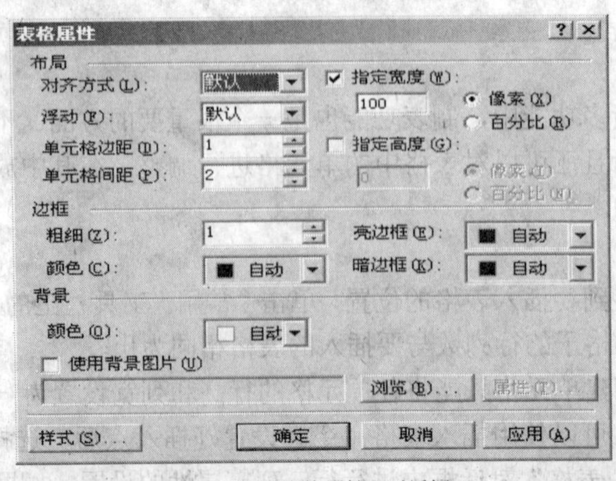

图 2-37 “表格属性”对话框

在表格中单击鼠标右键，还可以设置表格中每一个单元格的属性。

2.3.8 超链接及书签

1．用文本和图形建立链接

首先选择要进行链接的文字，然后选择“插入”/“超链接”命令，在文件列表框内选择当前站点的某一网页文件（如 index.htm），在 URL 文本框中显示了该文件的地址。单击“确定”按钮，超链接就制作成功了。

切换到预览模式，当把鼠标指向链接文字时鼠标变成手形，单击它，就切换到对应的网页了。如果在普通模式下，则需要按住 Ctrl 键，鼠标才变成小手状。单击鼠标也能激活超链接。

还可以将超链接指向其他站点的网页。在“创建超链接”对话框（见图 2-38）里，在“URL”下拉列表框直接输入要连接的网页或网站的地址。如果不清楚要建立超链接的地址，只要单击“URL”下拉列表框后面的“放大镜”按钮就可以用浏览器在 Internet 上查找要链接的网页，FrontPage 会自动记录找到的地址。

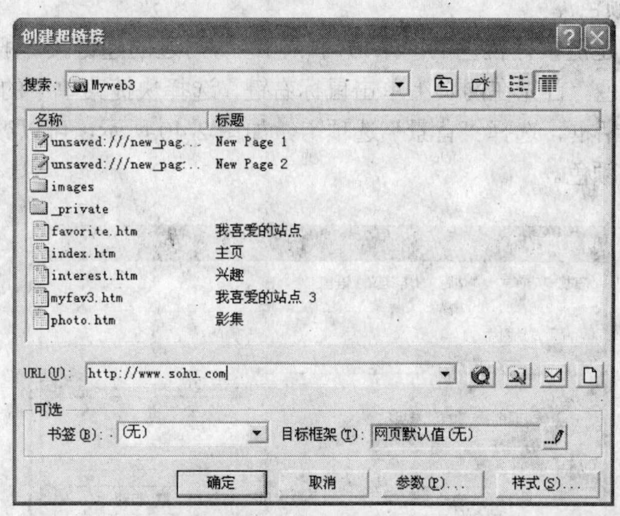

图 2-38 “创建超链接”对话框

如要改变已经设置好的超链接，首先回至普通模式，在要改变的超链接上单击鼠标右键，选择快捷菜单中的“超链接属性”命令，在打开的对话框中输入新的 URL 地址就可以了。要想取消超链接，删除所有 URL 地址框里的内容就可以了。

图形超链接和文字超链接的制作方法是一样的，只要在建立超链接时选择图形即可。

电子邮件超链接：首先选中要作为超链接的文本，一般文本就是邮箱地址，单击“超链接”按钮，单击“信封”按钮，在“创建电子邮件超链接”对话框（见图 2-39）中输入邮箱地址，单击“确定”按钮，退出对话框，超链接就建立好了。电子邮件的超链接主要是激活 Outlook。

2．书签

不仅可以用超链接的方法在多个网页之间进行跳转，也可以在同一个页面里跳转。它的最大优点是可以使我们迅速跳到网页的某部分。

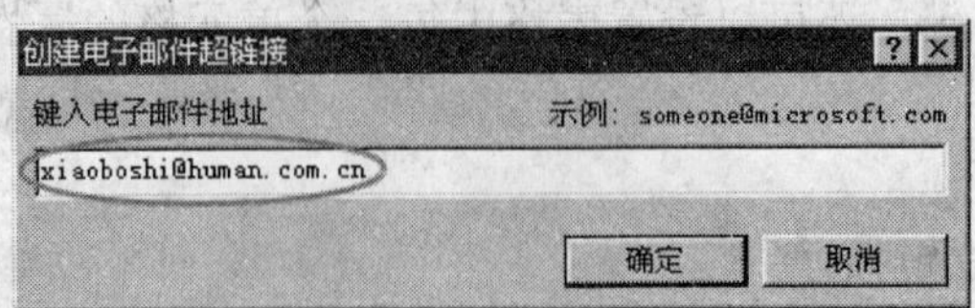

图 2-39　创建超链接

首先要定义书签。书签可以是字符串，也可以是光标所在位置。选择“插入”/“书签”命令，打开对话框，输入书签名称，定义书签。书签定义后，文字被加了下划虚线，如果是光标位置，则出现一个小旗。

接着建立到书签的链接。选中“书签名称”，把它作为超链接文本，单击“常用”工具栏上的“超链接”按钮，在可选组框里的书签下拉列表中选择相应的书签，单击“确定”按钮。“书签名称”就变为超链接了。

修改书签：选择“插入”/“书签”命令，在对话框中选中要修改的书签，选择“转到”，跳到相应位置，这时可以直接修改书签名称，也可以单击“清除”按钮删除书签。

3．设置超链接颜色

在默认情况下，超链接是蓝色的，未访问、已经访问过的超链接一般用不同的颜色相区别，可以改变这些颜色。首先在网页上单击鼠标右键，选择快捷菜单中的“网页属性”命令，进入“网页属性”对话框，选择“背景”选项卡，如图 2-40 所示，可以改变一般的、已访问的和当前的超链接的颜色。

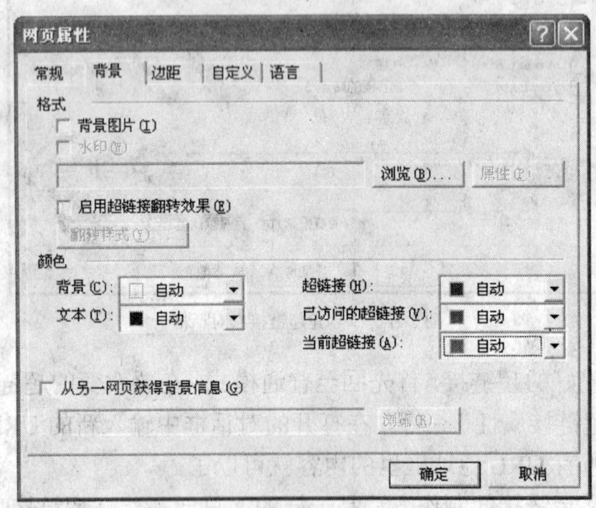

图 2-40　超链接颜色设置

2.3.9　表单创建

表单在网页设计布局中是一个很重要的元素，我们通常在网页上看到的文本框、下拉列表、复选框等都是表单控件。

在插入某个控件时，系统会自动添加一个表单。根据布局需要，用户也可以自己首先插入一个表单，如图 2-41 所示。

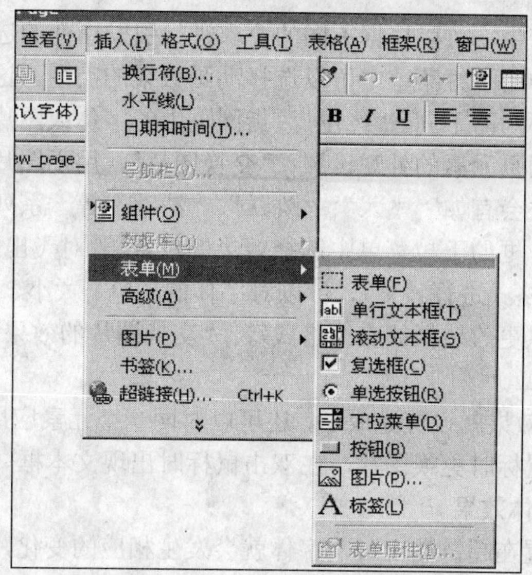

图 2-41 创建表单菜单

2.4 网页动态效果实现

2.4.1 什么是 DHTML

所谓 DHTML 即动态 HTML（Dynamic HTML），并不是一门新的语言，它只是 HTML，CSS 和脚本的一种集成。

实现 DHTML 效果一般有两种方式：一是直接编写代码或修改代码（在 Internet 上以“DHTML 特效”、“网页特效”等关键字搜索，可以找到大量代码）；二是通过网页编辑工具实现，在 FrontPage 中可以使用“DHTML 效果”等工具栏创建 DHTML 效果。

2.4.2 FrontPage 制作动态效果

1．为网页中的元素添加动画效果

在浏览网页时看到当网页打开时有一段文字从屏幕的右方飞入，或是当把鼠标放图片上时，图片就会发生改变。

（1）选择“格式”/“动态 HTML 效果”命令，这时在窗口中就会出现“DHTML 效果”工具栏（见图 2-42）。

图 2-42 “DHTML 效果”工具栏

（2）选择相应的元素，在“开启”对话框的下拉菜单中选择引发动画的事件。共有 4 种引发动画的事件：“单击”，指当鼠标单击时引发动态效果；“双击”，指鼠标在双击时引发动态效果；“鼠标悬停”，指鼠标放在网页的元素上时引发动态效果；“网页加载”，指引发动画效果是在网页被开启时产生。可以根据不同的要求进行引发事件的选择。

（3）在“启用”框中的下拉菜单中可以选择动画效果的类型。这些类型是根据选择的元素与引发动画的事件的不同而不同。“飞出”，指网页中的字体或图片在特定的事件下从屏幕上飞出；“格式”，用于网页元素的外观设置；“交换图片”，用于图片动画的交换；在选择鼠标悬停为引发事件时，还会有如“飞入”、“跳跃”、“波动”等一系列的动态效果。

（4）在“选择设置”框的下拉菜单中选择效果的设置。“对飞出的设置”，可以对方向式移动类型做出选择；“对格式进行设置”，可以对字体的颜色、大小、效果、间距等进行设置；“对边框进行设置”，可以更改边框或底纹格式等；“交换图片的效果”，在选择对图片的效果中，可以更改图片。

这样动态的 HTML 效果就设置完成了，还可以对同一个元素应用多重效果，如在网页加载时进行波动，在单击鼠标时更换图片，在双击鼠标时出现文本框。

2．向超链接添加字体效果

当来访者把鼠标放置在超链接上时，字体就会发生相应的变化，这样就能很好地区分普通字体与超级链接。

（1）在网页视图模式下，在网页的空白处单击鼠标右键，在出现的快捷菜单中选择“网页属性”命令，然后在弹出的对话框中选择“背景”选项卡（见图 2-43）。

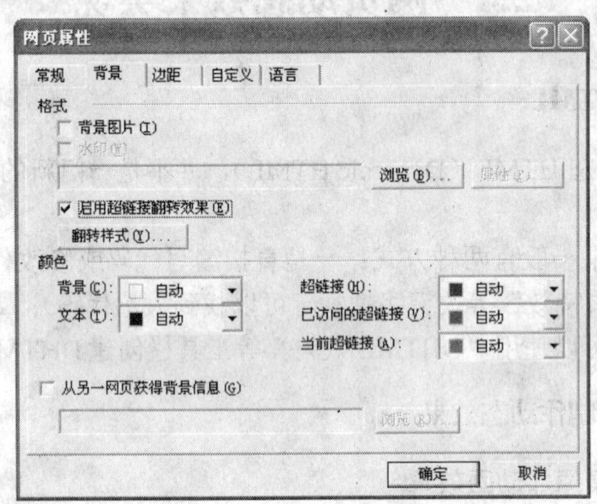

图 2-43　动态 HTML 效果设置

（2）选中“启用超链接翻转效果”复选框，单击“翻转样式”按钮。

（3）设置超链接样式时（见图 2-44），可以对字体的大小、颜色、效果以及字间距等进行设置。

设置完成后，单击预览窗口，把鼠标放置到超链接的文字上，就会出现设置后的效果。通过这项设置可以对全部的超链接进行设置，也可以对单独的超链接进行设置。对单独的超链接进行设置时就选中此链接，如在整个页面中单击鼠标右键进行的设置，则是对整个页面的设置。

3．创建过渡效果

当浏览者进入或是退出网页时，就会出现特殊的效果，如进入到网页时网页的显示会从中央向两边扩展。

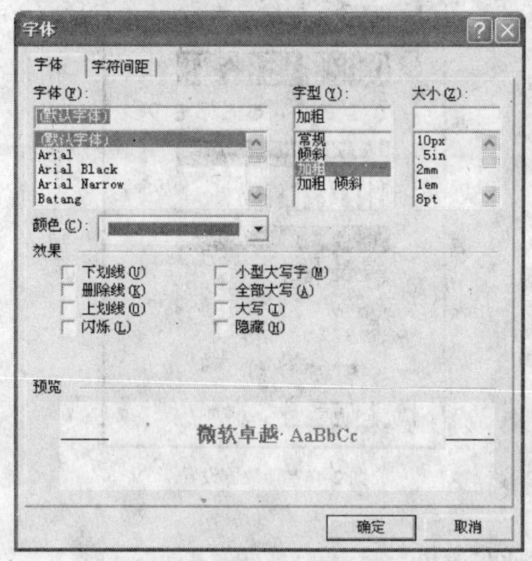

图 2-44　字体设置

（1）进入到网页视图模式下，选择“格式”/“网页过渡”命令，打开“网页过渡”对话框（见图 2-45）。

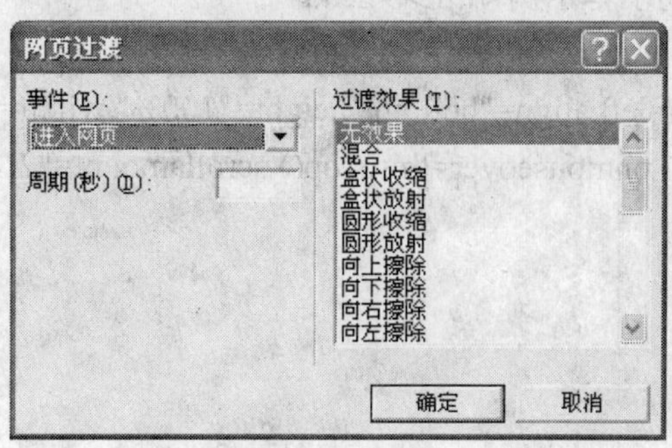

图 2-45　过渡效果设置

（2）对网页过渡的各项进行设置。在“事件”下拉列表框内，选择引发过渡效果的事件。在“过渡效果”列表框中选择不同的过渡效果，各种效果都可以在创建过程中进行预览，从而选择最满意的效果。对过渡时间的选择，在“周期”文本框内，输入过渡效果所进行的时间即可（单位为 s）。

4．插入计数器

为网页插入计数器，可以了解站点被访问的情况，在 FrontPage 中，只要插入一个计数器就可以实现访问统计的目的。

（1）打开网页，在底部适当的位置输入文字“您是第个访问者”。

（2）将光标定位在文字“您是第”后面，选择“插入”/“组件站点计数器”命令，出现“站点计数器属性”对话框（见图 2-46）。在对话框的“计数器样式”部分选择计数器样式，然后设置计数器的初始值为 0，设置计数器位数为 6，单击“确定”按钮。

（3）保存该网页，用浏览器浏览。

图 2-46 计数器设置

2.4.3 利用代码制作动态效果

1．水平滚动文本

```
<html>
<head><title>水平滚动字幕示例</title><head>
<body>
<MARQUEE direction=left align="bottom" height="100%" width="100%"
onmouseout=this.start() onmouseover=this.stop() scrollamount="2" scrolldelay="1">
热烈欢迎你的到来!
</marquee>
</body>
</html>
```

效果如图 2-47 所示。

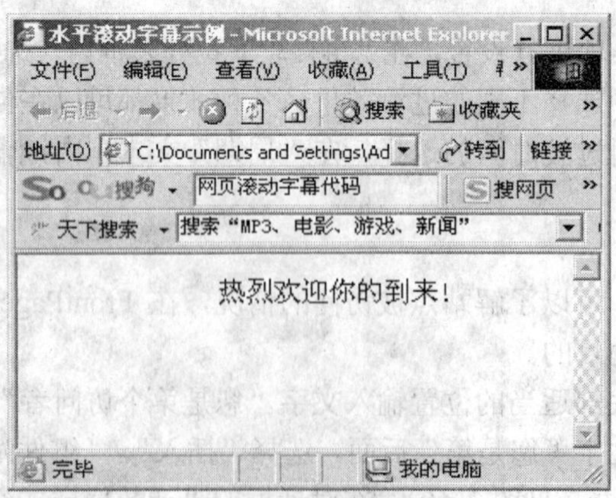

图 2-47 水平滚动文本

2．垂直滚动文本

```
<html>
```

```
<head><title>垂直滚动字幕示例</title><head>
<body>
<MARQUEE direction=up height=200 onmouseout=this.start()
onmouseover=this.stop() scrollAmount=1 scrollDelay=1>
垂直滚动字内容
</marquee>
</body>
</html>
```

效果如图 2-48 所示。

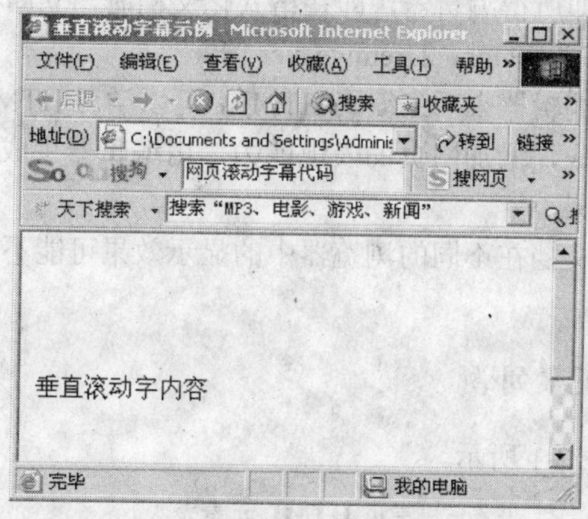

图 2-48 垂直滚动文本

2.5 HTML 基础

2.5.1 HTML 概念

超文本标记语言（Hypertext Markup Language，HTML）是在 SGML（标准广义标记语言）的基础上发展而来的。

2.5.2 HTML 的工作原理

如果在浏览器中任意打开一个网页，然后在窗口中空白位置单击鼠标右键，选择快捷菜单中的"查看原文件"命令（或者选择"查看"/"原文件"命令），则系统会启动"记事本"，其中就包含一些文本信息。

这些文本其实就是网页的本质——HTML 源代码。HTML 是表示网页的一种规范（或者说是一种标准），它通过标记符定义了网页内容的显示。例如，用〈TABLE〉标记符可以在网页上定义一个表格。

超文本是相对普通文本而言的，与普通文本按顺序定位不同，超文本最典型的特点就是文本中包含指向其他位置的链接，通过这些链接使文档组织成了网状结构（这实际上也是 WWW 信息组织的基本原理）。例如，我们可以把常规意义上的文本理解为普通文本，而把由链接组织起来的电子文档理解为超文本。

在 HTML 文档中，通过使用标记符可以告诉浏览器如何显示网页，即确定内容的显示格式。浏览器按顺序读取 HTML 文件，然后根据内容范围的 HTML 标记符解释和显示各种内容。例如，如果为某段添加〈H1〉…〈/H1〉标记符，则浏览器会以比一般文字大的粗体字显示该段内容。

HTML 中的超文本功能，也就是超链接功能，使网页之间可以链接起来，网页与网页的链接构成了网站，而网站与网站的链接就构成了多姿多彩的 WWW。

要创建一个 HTML 文档，只需要有两个基本工具：HTML 编辑器和 Web 浏览器。

HTML 编辑器是用于生成和保存 HTML 文档的程序。HTML 编辑器分为两种：基于文本或代码的编辑器；所见即所得编辑器，即在格式化文档时，立即可以显示出类似于浏览器窗口显示的结果。例如：FrontPage，Dremweaver 等。

学习使用普通的文本编辑器来手工编码 HTML，可以学习 HTML 的结构和标志，理解网页中各种元素和成分的构成，增加网页的表现能力。用编辑器生成的 HTML 文档，要使用 Web 浏览器来观看它的效果。

需要注意的是：同一文档在不同的浏览器中的显示效果可能不一样，同时在不同的计算机上也可能不同。

2.5.3 常见 HTML 元素列举

常见 HTML 元素如表 2-1 所示。

表 2-1 **常见 HTML 元素表**

语　法	说　明
<html> </html>	此标记符说明此文档是一个 HTML 文档
<head> </head>	此标记符包含文档的头部信息
<body> </body>	此标记符包含文档体，也就是文档的正文
<title> </title>	此标记符包含的内容是文档的标题
<font> </font>	此元素用于设置所包含字体的大小、颜色和“字体”
<table> </table>	此标记符用于定义表格，所有表格中的内容都应包含在此标记符中
<th> </th>	此标记符定义了表格中的一个标题单元格
<td> </td>	此标记符定义了表格中的一个数据单元格
<tr> </tr>	此标记符定义了一个表格行，它包含<th>和<td>标记符
<link>	此元素定义了文档的关联关系
<img>	此元素定义了一个行内图像

HTML 元素还有很多，有兴趣的读者可以参阅其他书籍学习。

2.6 站点的规划与发布

2.6.1 网站规划

在设计制作一个网站之前，如果缺乏对网站的仔细规划，那么很可能导致创建的站点内容上的乏味和使用上的蹩脚，站点访问量不高。如果对站点进行大规模的改动，改动的工作量可能会很大。因此，设计一个网站要深谋远虑、仔细规划，不仅要确定网站观众，以及网站内容及表现，还要考虑站点风格、色彩搭配等多方面因素。网站的规划设计可以从以下几个方面来完成。

1．确定站点的类型

首先要确定设计的网站是一个什么类型的网站，Internet 上的站点大体上可分为以下几种类型。

（1）ICP，ISP 网站：接入提供商的站点，也是专业网络企业站点。

（2）传统企业的网站。

（3）政府网站。

（4）专业组织网站。

（5）个人网站。

2．确定创建网站的目的

在创建 Web 站点前，必须明白创建该站点的目的，也就是希望用户访问这个站点后得到什么信息。为了明确创建目的，应当思考以下几个问题。

（1）打算与访问网站的客户共享什么信息。

（2）打算从站点的用户那里收集什么信息。

（3）有多少时间和经费花费在站点的维护上。

3．确定观众

确定观众是设计 Web 站点时要做的最重要的事情，实际上是必须要做的市场调查。必须确定希望谁来访问这个站点，然后规划如何使这个站点能吸引这些人。为了使站点能更好地面向预计的用户，要解决几个具体的问题。

（1）预计客户的背景。

（2）预计客户的年龄组。

（3）预计客户的兴趣。

（4）预计客户的职业等。

4．确定网站的内容和规模

明确了为什么要建立站点和站点的观众后，就应当规划网站的内容，在规划网站的内容时，可采取以下步骤。

（1）细化目标，初步整理出网站所需要包含的相关内容。

（2）确定每个逻辑组包括的信息，每个逻辑组制作的页面数量。

（3）明确网站所有的内容，组织所有要做的网页。

5．确定网站的色彩与风格

色彩与风格最能体现网站的设计理念，也最能给人留下深刻的印象，同时也能体现网站设计的专业性。

6．确定浏览方式

合理的浏览方式也是至关重要的，常见的浏览方式有分级浏览、线性浏览和随意浏览几种。在实际设计时，应该根据需要选择或结合使用各种浏览方式。

2.6.2 网站的发布

1．预览网页的效果

在 FrontPage 中预览网页有两种方法：一种是打开需要预览的网页，单击网页视图窗口底部处的“预览”选项卡；另一种是打开需要预览的网页，选择“文件”/“在浏览器中预览”命令。

2．网站内容的发布

要进行网站内容的发布，首先要向网络服务提供商申请网站的存储空间。目前大多数网络服务提供商提供网站的存储空间，例如：http://diy.zjip.com 等。如果在 http://diy.zjip.com 上申请了网站的存储空间和域名地址，就可以发布网站内容。其步骤如下。

（1）在 FrontPage 窗口中，选择“文件”/“打开站点”命令，如图 2-49 所示，打开“打开站点”对话框，选择站点文件所在的文件夹，单击“打开”按钮。

（2）选择“文件”/“发布站点”命令，打开“发布站点”对话框（见图 2-50）。在“指定发布站点的位置”下拉列表框输入 ftp://diy.zjip.com，然后单击“发布”按钮即可依据提示步骤来进行网站内容的发布，如图 2-51 所示。

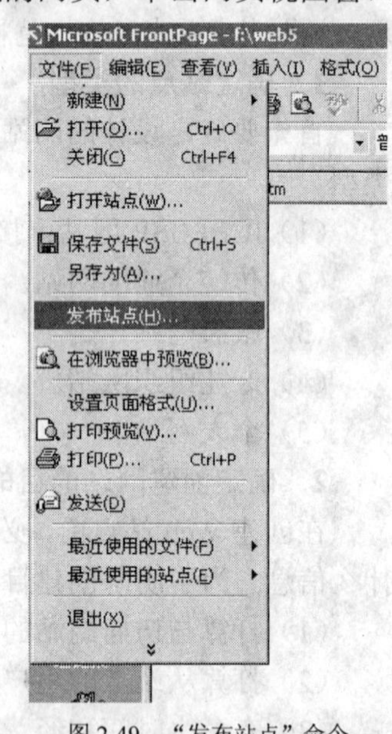

图 2-49 “发布站点”命令

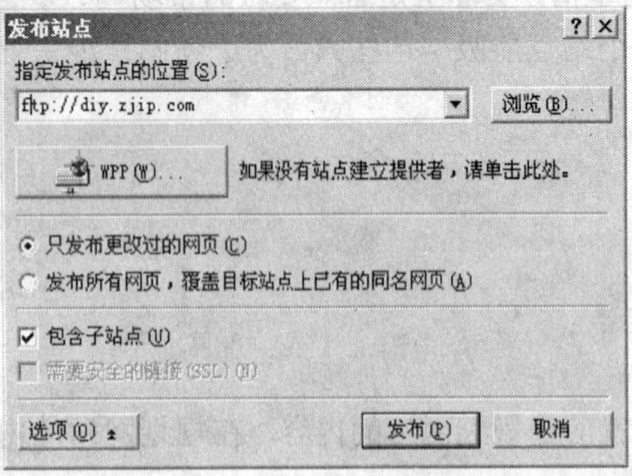

图 2-50 “发布站点”对话框

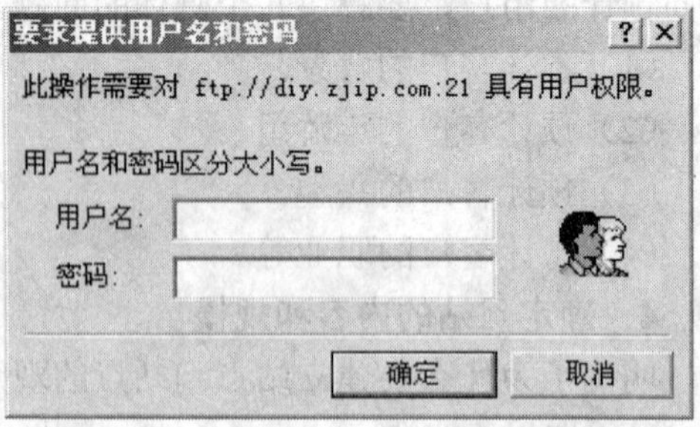

图 2-51 发布站点时的用户权限

第3章 多媒体技术基础

多媒体技术是一门还在迅速发展的综合性电子信息技术。20 多年前，人们曾经把几张幻灯片配上同步的声音称为多媒体。今天，随着微电子、计算机、通信和数字化音像技术的迅速发展，给多媒体技术赋予了全新的内容。世界各国都投入了大量的人力、物力和财力研究多媒体技术。与此同时，多媒体技术和应用已遍及到国民经济与社会生活的各个角落，正在对人类的生产方式、工作方式乃至生活方式带来巨大的变革。

这一章将讨论多媒体技术的定义、特征，各类媒体的特点，多媒体的应用和发展及多媒体的关键技术等基础知识。

3.1 多媒体基本知识

3.1.1 多媒体概念

1．多媒体

多媒体一词的核心是媒体，媒体在计算机领域有两种含义：一是指存储信息的实体，如磁盘、光盘、磁带、半导体存储器等，一般称为媒质；二是指表示和传播信息的载体，如字符、声音、图形、图像和动画等，常称为媒介。多媒体技术中的媒体指的是后者。以上有关媒体的概念比较窄了一点，通常“媒体”概念的范围是相当广泛的，可分为以下 5 种类型。

（1）感觉媒体（Preception Medium）：指能直接作用于人的感觉器官（听觉、视觉、味觉、嗅觉和触觉），并使人产生直接感觉的媒体。

人类感知信息的第一个途径是视觉，人们从外部世界获取的信息中 70%～80%是从视觉获得的；10%左右是通过听觉获得的；第三个途径是通过嗅觉、味觉和触觉，获取的信息量约占 10%。目前，计算机可以处理文字、图形、图像、动画和视频等视觉媒体和声音、语言、音乐等听觉媒体，触觉媒体也可以由计算机识别和处理。

（2）表示媒体（Representation Medium）：指为了传播感觉媒体而人为研究和创建的媒体，它以编码的形式反映不同的感觉媒体。它的目的是为了更有效地将感觉媒体从一个地方传播到另一个地方，以便于对其进行加工、处理和应用。例如，日常生活中的条形码和电报码等，在计算机中使用的文本编码、声音编码、图像编码、动画和视频编码等。

（3）表现媒体（Presentation Medium）：指将感觉媒体输入到计算机中或通过计算机展示感觉媒体的物理设备，即获取和显示感觉媒体信息的计算机输入和输出设备。例如，显示器、打印机、音箱等输出设备，键盘、鼠标、话筒、扫描仪、数码相机、摄像机等输入设备。

（4）存储媒体（Storage Medium）：指存储表示媒体数据的物理设备。例如，软盘、硬盘、磁带、光盘、内存和闪存等。

（5）传输媒体（Transmission Medium）：指将表示媒体从一个地方传播到另一个地方的物理设备，即传输数据的物理设备。例如，电缆、光纤、无线电波的发送与接收设备等。

在使用多媒体计算机时，人们首先通过表现媒体的输入设备将感觉媒体转换为表示媒体，再存放在存储媒体中，计算机将存储媒体中的表示媒体进行加工处理，然后通过表现媒体的输出设备将表示媒体还原成感觉媒体，反馈给用户。可以看出，5 种媒体的核心是表示媒体，所以通常将表示媒体称为媒体。因此，可以认为多媒体就是多样化的表示媒体。常见的多媒体有文字、图形、图像、声音、动画和视频等。

国际电信联盟（ITU）对多媒体含义的表述是：使用计算机交互式综合技术和数字通信网技术处理的多种表示媒体，使多种信息建立逻辑连接，集成为一个交互式系统。

2．多媒体技术

多媒体技术是指把文字、图形、图像、动画和视频等多媒体信息通过计算机进行数字化采集、压缩/解压缩、编辑、存储等加工处理，再单独或以合成形式表现出来的一体化技术。多媒体技术有 4 个方面的内涵：计算机处理技术、信息处理技术、人机交互技术以及关于多种媒体和多种应用综合的技术。

目前，多媒体技术正向 3 个方向发展：一是计算机系统本身的多媒体化；二是多媒体技术与视频点播、智能化家电、网络通信等技术相结合，使多媒体技术进入教育、咨询、娱乐、企业管理和办公自动化等领域：三是多媒体技术与控制技术相互渗透，进入工业自动化及测控等领域。

在不发生混淆的情况下，人们又将“多媒体技术”简称为“多媒体”。

3.1.2 多媒体技术的基本特征

多媒体技术主要有以下 5 个方面的基本特性。

1．数字化

传统媒体信息都是模拟信号，而多媒体技术处理的都是二进制数字信息，这正是信息能够集成的基础。多媒体数据具有数量大、差别大、类型多、输入输出设备复杂等特点。

2．多样性

多媒体技术的多样性是指多媒体种类的多样化。多媒体的多样性使计算机能处理的信息空间得到扩展和放大，不再局限于数值、文本，而是广泛采用图像、图形、视频、音频等信息形式来表达思想。使人类的思维表达不再局限于线性的、单调的、狭小的范围内，而有了更充分、更自由的余地，即计算机变得更加人性化。多媒体就是把计算机处理的信息多样化（或称多维化），使它在信息交互过程中有更加广阔和更加自由的空间。

3．交互性

多媒体技术的交互性是指人们可以介入到各种媒体的加工、处理过程中，从而使用户更有效地控制和应用各种媒体信息。交互性可以增加对媒体信息的注意和理解，延长信息保留的时间。电视机有图像、声音和文字显示，但观众只能被动收看，因此人与电视节目之间的关系是非交互式的。交互式工作是计算机固有的特点，人们可以使用键盘、鼠标器、触摸屏、话筒等设备，通过计算机程序去控制各种媒体的播放。人驾驭多媒体，人是主动者而多媒体是被动者。

交互性一旦被赋予了多媒体信息空间，便会带来巨大作用。从数据库中检索出某人的照片、声音及文字材料，只是多媒体交互性的初级应用；通过交互特征使用户介入到信息过程中（不仅仅是提取信息），则为中级应用；当人们在一个与信息环境一体化的虚拟信息空间中遨游时，达到了交互应用的高级阶段。这就是虚拟现实（VirtualReality，VR），也是当今多媒体研究中的热点之一。

4．集成性

多媒体技术的集成性是指不同的媒体信息有机地结合到一起，形成一个完整的整体。这种集成性主要表现在以下两方面，即多种信息媒体的集成和处理这些媒体的设备的集成。

多种信息媒体的集成：各种信息媒体应该成为一体，而不应分离，应尽可能地实现多通道的输入、多媒体信息的统一存储与组织、多媒体信息合成、多通道输出等。总之，不应再像早期那样，只是使用单一的形态进行获取和理解信息，而应更加看中媒体之间的关系及其蕴涵的大量信息。

处理这些媒体的设备的集成：多媒体的各种设备应该成为一体。从硬件来说，应该具有能够处理多媒体信息的高速及并行的 CPU 系统，大容量的存储、适合多媒体多通道的输入输出外设和宽带的通信网络接口。对于软件来说，应该有集成的、一体化的多媒体操作系统，适合于多媒体信息管理和使用的软件系统及创作工具，高效的各类应用软件等。这些还要在网络的支持下，集成构造出支持广泛信息应用的信息系统。

5．实时性

音频与视频信息都是与时间有关的媒体信息，在加工、处理、存储和播放它们时，需要考虑时间因素，应保证它们的连续性。这就需要对访问数据的速度、压缩/解压缩的速度、播放速度提出很高的要求，这就是多媒体的实时性。

信息载体的多样性、并互性和集成性是多媒体技术的 3 个主要特征。其中“交互性”是多媒体技术的关键特征，从这个角度就可以初步判断哪些不是“多媒体”。例如电视不具备计算机一样的交互性，不能对内容进行控制和处理，它就不是“多媒体”。

3.1.3　多媒体技术的应用

像计算机技术一样，多媒体技术的应用也越来越广泛，下面简单介绍几种。

1．娱乐

娱乐是目前多媒体技术应用最多的一个领域，目前一般的游戏都用到了动画、实时三维图形、视频播放、预录声音或生成声音等多媒体技术。

2．教育

在现代教育方面，越来越多地将多媒体技术应用到教育教学软件当中，这些软件使用大量的图形、图像、动画、视频和音频，并具有很好的交互性。计算机辅助教学（CAI）和培训软件允许个人以适合自己的速度学习，并可用逼真的图像表现所需信息。

3．视频制作

视频制作是另一种对多媒体技术需求较多的应用，它要用到视频捕获、图像压缩、解压缩、图像编辑和转换等特殊技术，此外，还有音频同步、添加字幕和图形重叠等多媒体技术。

4．信息咨询

可以利用多媒体技术建立无人值班的信息亭，用户自己操作、询问，即可获得帮助。信息咨询常用于机场、银行、旅游胜地等地方。

5．虚拟现实技术

虚拟现实技术可以用来模拟复杂动作和仿真，利用计算机和其他相关设备将人们带入一个美妙的虚拟世界。它在驾驶训练、产品介绍、人体医学研究等许多方面已广泛采用。

6．远程传输

多媒体技术在 Internet 上的应用是其最成功的表现之一。如果 Internet 只能传送字符，就不会受到这么多人的青睐。

展望未来，因为多媒体技术具有集文字、声音、图形、图像、动画、视频于一体，集电视录像、光盘存储、电子印刷和计算机通信技术之大成的特点，所以必然会将把人类引入更加直观、自然、美好和更加广阔的信息领域。

3.1.4 多媒体计算机的硬件配置

具有多媒体功能的计算机被称为多媒体计算机，其中应用最广泛、最基本的是多媒体个人计算机（Multimedia Personal Computer，MPC）。多媒体个人计算机是指使用对象为个人的多媒体计算机。多媒体计算机系统是一个由复杂的硬件系统和软件系统有机结合在一起的综合系统。它把音频、视频等媒体与计算机系统融合起来，并由计算机系统对各种媒体进行数字化处理。

MPC 的最大特点是改善人机接口界面，拓宽了计算机的应用领域。其硬件系统是指构成计算机系统各种实体的总称，它是一些实实在在、看得见摸得着的机器部件。通常所看到的计算机，总会有一个机箱，里边有各式各样的电子元件，还有键盘、鼠标、显示器和打印机等，这些都是计算机的硬件，它们是组成计算机的物质基础。

（1）计算机平台：指多媒体计算机系统中，除多媒体功能所必需的硬件以外的基本主机系统，包括 CPU、内存、总线、显示系统、各种驱动器和输入输出设备等。

多媒体涉及的数据量非常庞大，而多媒体信息表现的生动性和实时性又要求计算机运行速度快，甚至实时地处理这些庞大的媒体数据，所以多媒体技术对计算机平台的要求很高。这包括要求配置高档次的 CPU、足够大的内存、快速的大容量存储设备、性能好的显示设备等。

（2）CD-ROM 驱动器：是多媒体计算机的标准配置之一。它是大容量的数据存储设备，同时还是 CD，VCD 的播放器。近年来，CD-ROM 驱动器发展非常迅速，主要表现为其数据传输速率的成倍提高，占用 CPU 时间的大幅度减少，数据存储格式的不断革新等方面。早期的 CD-ROM 的速率是 150KB/s，即 1 倍速（1x）；第二代 CD-ROM2x 的速率为 300KB/s。2000 年已有 CD-ROM48x 面世，以后又推出了速率更高的 CD-ROM 和 DVD 等。

（3）多媒体接口卡：根据多媒体系统获取、编辑音频或视频的需要插接在计算机上，以解决各种媒体数据的输入输出问题。多媒体接口卡是建立制作和播放多媒体应用程序工作环境必不可少的硬件设施。常用的接口卡有声卡、语音卡（具有音频信号获取、压缩/解压缩、MIDI 合成等功能）、视频压缩卡（具有视频信号获取、压缩/解压缩等功能）、VGA/TV 转换卡、视频捕捉卡、视频播放卡等。

（4）多媒体外部设备：其种类繁多，按功能可分为如下 4 类。

- 视频、音频输入设备：例如摄像机、录像机、数码照相机、话筒、扫描仪等。
- 视频、音频输出设备：例如电视机、投影仪、音响等。
- 人机交互设备：例如键盘、鼠标、触摸屏、显示器、打印机、光笔等。
- 存储设备：例如软盘、硬盘、磁带、闪存、光盘等。

3.1.5 多媒体软件

软件系统是指在计算机硬件基础上运行的程序及其相关的资料。程序是由一系列指令组成的，每条指令一般都能激发机器进行相应的操作。

（1）系统软件：多媒体系统软件是多媒体系统运行的环境基础，主要由多媒体操作系统组成，任务是控制多媒体硬件设备的使用，协调窗口软件环境的各项操作。它具有实时多任务处理能力，支持多媒体数据格式，可以综合使用各种媒体，具有灵活传输和处理多媒体数据的功能。例如：Microsoft 公司的 Windows，Apple 公司的 QuickTime 等。

（2）创作软件：用于各种媒体的开发和创作。这些软件至少具有多媒体编辑和播放的功能，还可以将文本、图形、音频、图像和视频等多种媒体综合在一起，并赋予交互能力。例如 Windows 环境下的"录音机"使用工具软件、多媒体创作平台软件 Authorware，ToolBOOK，PowerPoint 等。

（3）应用软件：多媒体应用软件是在多媒体创作平台上设计开发的面向应用领域的软件系统。例如：计算机辅助教学系统（CAI）、技术培训软件、有声像的电子出版物、视频会议系统、多媒体数据库系统等。多媒体应用软件是多媒体计算机赖以生存的物质基础，没有丰富的多媒体应用软件，多媒体市场就不会得到迅速发展。

3.2 多媒体信息处理技术

3.2.1 音频处理技术

音频是多媒体技术的重要特征之一。PC 自问世以来虽就带有扬声器，但它只能实现一些简单的发声功能，且产生的声音十分单调。自从配备了声卡，计算机才能真正实现声音的录放和合成功能，为计算机的应用开辟了一个图文并茂与声像结合的新世界。

音频是携带信息的重要媒体。音频可以增强对其他类型媒体表达的信息的理解，例如配音讲述可加强对文本的理解与记忆，一段动听的音乐可烘托气氛，增强图像的表现效果。

1．数字音频的基础知识

（1）模拟音频和数字音频

① 模拟音频：声音是由物体的震动产生的。物体的振动引起空气的相应振动，并向四周传播，当传到人耳时又起耳膜的振动，通过听觉神经传到大脑，即可使人感到声音。这种声音的振动经过话筒的转换，可以形成声音波形的电信号，这就是模拟音频信号。模拟音频信号可以以磁的形式存储在磁带中。

② 数字音频：数字音频是由许多 0 和 1 组成的二进制数，可以以声音文件（WAV 或 MIDI 格式）的形式存储在磁盘中。例如使用音频卡（即声卡）的 A/D 转换器（模拟到数字转换器），将模拟音频信号进行采样和量化处理，即可获得相应的数字音频信号。

（2）数字音频的要素

数字化音频的过程如图 3-1 所示。

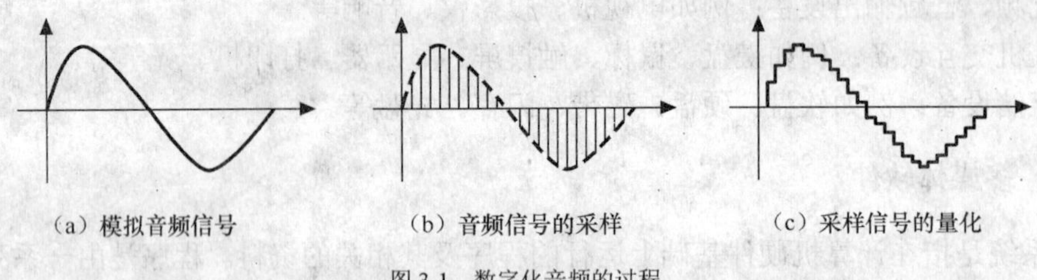

（a）模拟音频信号　　（b）音频信号的采样　　（c）采样信号的量化

图 3-1　数字化音频的过程

对模拟音频信号进行采样量化编码后，得到数字音频。数字音频的质量与它的 3 个要素有关。这 3 个要素及其含义如下。

① 采样频率。采样就是将模拟音频转换为数字音频时，在时间轴上每隔一个固定的时间间隔对声音波形曲线的振幅进行一次取值。采样频率就是每秒钟抽取声音波形振幅值的次数，单位为 Hz。显然，采样频率越高，转换后的数字音频的音质和保真度越好，但生成的声音文件的字节数越大。目前常采用的标准采样频率有 11.025kHz，22.05kHz 和 44.1kHz。

② 量化位数。量化位数就是将模拟音频转换为数字音频时，采样获得的数值所使用的二进制位数。例如，量化位数为 16 时，采样的数值可以使用 2^{16}=65536 个不同的二进制数之一来表示。量化位数越高，转换后的数字音频音质越好，声音的动态范围越大，但生成的声音文件字节数越多。所谓声音的动态范围就是重放后声音的最高值与最低值的差值。目前常用的量化位数有 8 位、16 位和 32 位等。

③ 声道数。声道数就是指所使用的声音通道的个数。声道数可以是 1 或 2。当声道数为 1 时，表示是单声道，即声音有一路波形；当声道数为 2 时，表示双声道，即声音有两路波形。双声道比单声道的声音更丰满优美，有立体感，但生成的声音文件的字节数要大。

3 个要素不但影响了数字音频的质量，而且决定了生成的数字音频文件的数据量。计算生成的数字音频文件数据量大小的公式为

WAV 格式的声音文件的字节数/秒=（采样频率×量化位数×声道数）/8

其中，采样频率的单位是 Hz，量化位数的单位是位，除以 8 是一个字节为 8 位。例如，用 44.1kHz 的采样频率对模拟音频信号进行采样，采样点的量化位数为 32，录制了 4s 的双声道声音，获得的 WAV 格式的声音文件的字节数为（44100×32×2×4）/8=1411200。

2．数字音频文件的种类

数字音频文件的种类很多，有 WAV 波形，MIDI，MP3，VOC，VOX，PCM，AIFF，MOD 和 CD 唱片等数字音频文件。在多媒体应用中主要使用下述数字音频文件。

（1）WAV 波形数字音频文件

WAV 是 Windows 中使用的标准数字音频文件，其扩展名为.wav。该数字音频文件保存的是模拟音频经声卡采样和数字化后的数字音频数据。WAV 波形数字音频文件较大，实际使用中，常常需要将它进行压缩使用。例如，在 Authorware 多媒体设计软件中，可将 WAV 波形数字音频文件转换为扩展名为.swa 的数字音频压缩文件，然后再使用。

（2）MIDI 数字音频文件

MIDI 是 Musical Instrument Digital Interface（乐器数字化接口）的缩写。它是由世界主要

乐器制造厂商建立起来的一个数字音乐国际标准，用来规定计算机音乐程序、电子合成器和其他电子设备之间的交换信息和控制信号的方法。它可以使不同厂家生产的电子音乐合成器互相发送和接受彼此的音乐数据。

MIDI 格式的声音文件记录的不是数字化后的声音波形数据，而是一系列描述乐曲的符号指令，这些符号指令表示了音乐中的各种音符（包含按键、持续时间、通道号、音量和力度等信息）、定时和 16 个通道的乐器定义。因此，在相同音乐的情况下，MIDI 格式文件比 WAV 格式文件要小得多。播放 MIDI 音乐时，根据 MIDI 文件中的指令进行播放。

MIDI 采用合成声音技术。常见的合成声音技术有调频（FM）技术和波表技术。调频（FM）技术利用两个或多个正弦声波模拟合成各种自然声音；波表技术是预先将各种自然声音（主要是乐器的声音）录制下来，并存储在音频卡的存储器当中。

MIDI 音乐的播放有两种方法：一种是采用电子音乐设备，另一种是由音序器送到合成器，还原成模拟音频后，通过音箱发出声音。在计算机中，可以使用 MIDI 音乐播放器进行播放，例如使用 Windows 中的媒体播放器就可以播放 MIDI 音乐。

（3）MP3 数字音频文件

MP3 是 MPEGLayer3 的简称，它是经过高压缩比（可达 12:1）压缩后的数字音频文件。MP3 数字音频的音质与高保真的 CD 音乐的音质相差很小，是目前非常流行的一种数字音频文件。因为 MP3 数字音频文件是高压缩比的数字音频文件，在播放时需要经过解压缩运算，所以为了达到好的播放效果，对计算机的配置要求比较高，不过目前购置的计算机一般都可以满足它的播放与制作要求。目前，美国网络技术公司已开发出了新的 MP4 数字音频格式，它的压缩比可达 15:1。

3．声卡

（1）声卡（音频卡）的功能和分类

声卡是计算机录制声音、处理声音和输出声音的专用功能卡。它的主要功能如下。

① 录制声音。外部声源发出的声音可以通过话筒或线路送到声卡中。声卡可以将它们进行采样、A/D 转换、压缩处理，得到压缩的数字音频信号，再通过计算机将数字音频信号以文件的形式存储到磁盘中。

② 播放声音文件。播放声音文件时，调出声音文件，将它进行解压缩，再经过 D/A 转换器（数字到模拟的转换器）进行转换，获得模拟声音信号，然后经过放大，由音频卡输出，再经过外接的功率放大器放大，推动喇叭发出声音。

③ 播放 CD 光盘。音频卡可与 CD-ROM 光盘驱动器相连，可像 CD 机那样播放 CD 光盘中的歌曲。

④ 编辑与合成处理。可以对声音文件进行多种特殊效果的处理。例如：增加回音、倒波声音、淡入淡出、交换声道、声音移位（从左到右或从右到左）等。

⑤ 控制 MIDI 电子乐器。计算机可以通过声卡控制多台带 MIDI 接口的电子乐器。

⑥ 语音识别。较高级的声卡具有初级的语音识别功能。

音频卡的分类主要是根据其采样的量化位数大小，常见的有 8 位、16 位和 32 位声卡。

（2）声卡与外部设备的连接

声卡与外部设备的连接如图 3-2 所示。

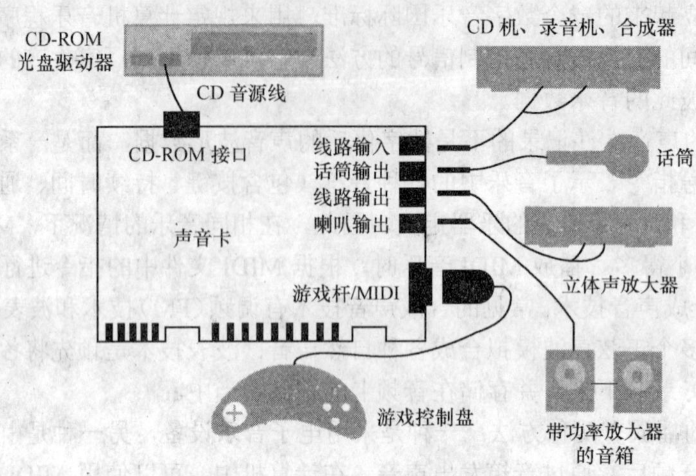

图 3-2 声卡与外部设备连接图

连接方法如下。

① CD-ROM 接口用来连接 CD-ROM 光盘驱动器。

② 线路输入孔用来连接具有线路输出的音频设备，如 CD 机、录音机和合成器等。

③ 话筒输入插孔用来连接话筒。

④ 线路输出插孔用来连接具有线路输入的音频设备，如 CD 机和录音机等。

⑤ 喇叭输出插孔用来连接耳机或具有功率放大电路的音箱；游戏杆 / MIDI 接口用来连接游戏杆或 MIDI 电子音乐设备。也可使用 MIDI 套件，同时连接游戏杆和 MIDI 电子音乐设备。

3.2.2 图形与图像处理技术

1．彩色的基本概念

（1）彩色的三要素

任何一种颜色都可以用亮度、色调和色饱和度这 3 个物理量来确定，它们叫彩色的三要素。

亮度：用字母 Y 表示，它是指彩色光作用于人眼时引起人眼视觉的明亮程度。它与彩色光光线的强弱有关，而且与彩色光的波长有关。

色调：表示彩色的颜色种类，即通常所说的红、橙、黄、绿、青、蓝、紫等。

色饱和度：表示颜色的深浅程度。对于同一种色调的颜色，其色饱和度越高，颜色越深，在某一色调的彩色光中掺入的白光越多，彩色的色饱和度就越低。色调与色饱和度合称为色度，用 F 表示。

（2）三基色和混色

人们在对人眼进行混色实验时发现：只要用 3 种不同颜色的光按一定的比例混合就可以得到自然界中绝大多数的颜色。例如，将红、绿、蓝 3 种光投射在白色屏幕上的同一位置，不断改变三束光的强度比，就可以在白色屏幕上看各种颜色。通常把具有这种特性的 3 种颜色叫三基色。彩色电视中使用的三基色就是红（R）、绿（G）、蓝（B）三色。

对三基色进行混色实验可得到如下结论：红+绿=黄，蓝+黄=白，绿+蓝=青，红+绿+蓝=白，黄+青+紫=白，如图 3-3 所示。通常把黄、青、紫叫三基色的补色。

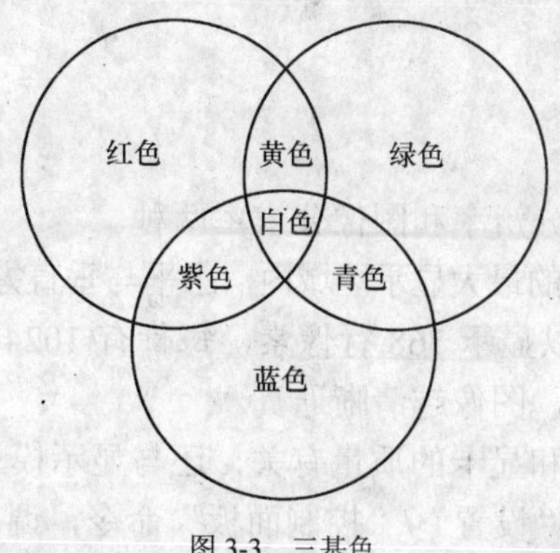

图 3-3　三基色

2．图像的分类

数字图像的种类有两种，一种是点阵图（也叫位图），另一种是矢量图。通常把点阵图称为图像，把矢量图称为图形。

（1）点阵图

点阵图也叫位图，它是由许多颜色不同、深浅不同的中圆点（像素）组成的。像素是组成图像的最小单位，许许多多的像素构成一幅完整的图像。在一幅（也叫一帧）图像中，像素越小，数目越多，则图像越清晰。例如，每帧电视画面大约有 40 万个像素。

当用人眼观察由像素组成的画面时，为什么看不到像素的存在呢？这是因为人眼对细小物体的分辨力有限，当相邻两个像素对人眼所张的视角介于 1'～1.5'时，人眼就无法分清两个像素点了。图 3-4 左图所示为一幅在 Windows 的画图软件中打开的点阵图像；用放大镜放大后的点阵图像（部分）如图 3-4 右图所示。可以看出，放大后的点阵图像明显是由像素组成的。

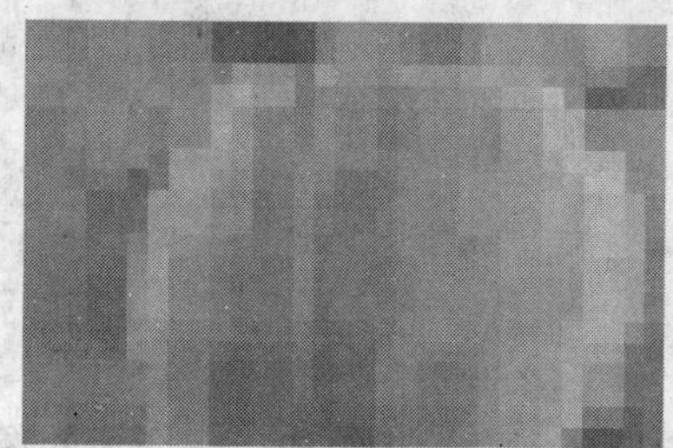

图 3-4　点阵图

点阵图的图像文件记录的是组成点阵图的各像素点的色度和亮度信息，颜色的种类越多，图像文件越大。通常，点阵图可以表现得更自然、逼真，更接近于实际观察到的真实场景。但图像文件一般较大，在将它放大、缩小和旋转时，会产生失真。

（2）矢量图

矢量图由一些基本的图元组成，这些图元是一些几何图形，例如：点、线、矩形、多边形、圆和弧线等。这些几何图形均可以由数学公式计算后获得。矢量图的图形文件是绘制图形中各图元的命令。显示矢量图时，需要相应的软件读取这些命令，并将命令转换为组成图形的各个图元。由于矢量图是采用数学描述方式的图形，所以通常由它生成的图形文件相对比较小，而且图形颜色的多少与文件的大小基本无关。另外，在将它放大、缩小和旋转时，不会像点阵图那样产生失真。

3．图像的主要参数

（1）分辨率

通常，分辨率可分为显示分辨率和图像分辨率两种。

① 显示分辨率：指在屏幕的最大显示区域内，水平与垂直方向的像素个数。例如，1024×768 像素的分辨率表示屏幕可以显示 768 行像素，每行有 1024 个像素，即 786432 个像素。屏幕可以显示的像素个数越多，图像越清晰逼真。

显示分辨率不但与显示器和显卡的质量有关，还与显示模式的设置有关。单击 Windows 桌面的“开始”按钮，再选择“设置”/“控制面板”命令，调出“控制面板”对话框，再双击该对话框中的“显示”图标，调出“显示属性”对话框，选择“设置”选项卡，如图 3-5 所示。用鼠标拖曳调整该对话框内“屏幕区域”栏的滑块，可以调整显示分辨率。

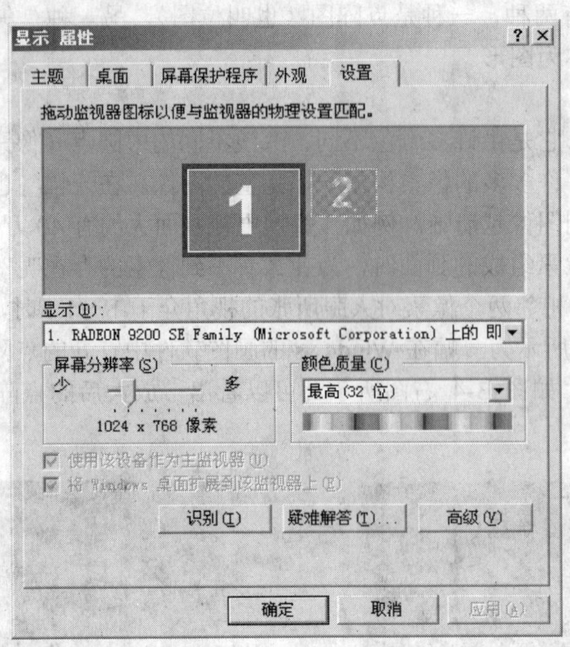

图 3-5 “显示属性”对话框

② 图像分辨率：指组成一幅图像的像素个数。例如，400×300 像素的图像分辨率表示该幅图像由 300 行，每行 400 个像素组成。它既反映了该图像的精细程度，又反映了该图像的大小。如果图像分辨率大于显示分辨率，则图像只会显示其中的一部分。在显示分辨率一定的情况下，图像分辨率越高，图像越清晰，但图像的文件也越大。

（2）颜色深度

点阵图像中各像素的颜色信息是用若干二进制数据来描述的，二进制的位数就是点阵图像的颜色深度。颜色深度决定了图像中可以出现的颜色的最大个数。目前，颜色深度有 1，4，8，16，24 和 32 几种。

例如，颜色深度为 1 时，表示点阵图像中各像素的颜色只有 1 位，可以表示两种颜色（黑色和白色）；颜色深度为 8 时，表示点阵图像中各像素的颜色为 8 位，可以表示 2^8=256 种颜色；颜色深度为 24 时，表示点阵图像中各像素的颜色为 24 位，可以表示 2^{24}=16777216 种颜色，它是用 3 个 8 位来分别表示 R，G，B 颜色，这种图像叫真彩色图像；颜色深度为 32 时，也是用 3 个 8 位来分别表示 R，G，B 颜色，另一个 8 位用来表示图像的其他属性（透明度等）。

颜色深度不但与显示器和显卡的质量有关，还与显示设置有关。利用“显示属性”（设置）对话框中的“颜色”下拉列表框可以选择不同的颜色深度。

（3）颜色模式

颜色模式（Mode）有灰度（Grayscale），RGB，HSB，CMYK，Lab 几种。它们的特点如下。

灰度模式：该模式只有灰度色（图像的亮度），没有彩色。在灰度色图像中，每个像素都以 8 位或 16 位表示，取值范围为 0（黑色）～255（白色）。

RGB 模式：即用红（R）、绿（G）、蓝（B）三基色来描述颜色的方式。对于真彩色，R，G，B 三基色分别用 8 位二进制数来描述，共有 256 种。R，G，B 的取值范围为 0～255，可以表示的彩色数目为 256×256×256=16777216 种颜色。这是计算机绘图中经常使用的模式。

HSB 模式：该模式是利用颜色的三要素来表示颜色的，它与人眼观察颜色的方式最接近，是一种定义颜色的直观方式。其中，H 表示色调（也叫色相，Hue），S 表示色饱和度（Saturation），B 表示亮度（Brightness）。这种方式与绘画的习惯相一致，用来描述颜色比较自然，但在实际使用中不太方便。

CMYK 模式：该模式是一种基于四色印刷的印刷模式，是相减混色模式。C 表示青色，M 表示品红色，Y 表示黄色，K 表示黑色，是一种最佳的打印模式。虽然 RGB 模式可以表示的颜色较多，但打印机与显示器不同，打印纸不能创建色彩光源，只可以吸收一部分光线和反射一部分光线，它不能打印出这么多的颜色。CMYK 模式主要用于彩色打印和彩色印刷。

Lab 模式：该模式是由 3 个通道组成，即亮度，用 L 表示；a 通道，包括的颜色从深绿色（低亮度值）到灰色（中亮度值），再到亮粉红色（高亮度值）；b 通道，包括的颜色是从亮蓝色（低亮度值）到灰色（中亮度值），再到焦黄色（高亮度值）。L 的取值范围是 0～100，a 和 b 的取值范围是-120～120。这种模式可以产生明亮的颜色。

Lab 模式可以表示的颜色最多，且与光线和设备无关，其处理的速度与 RGB 模式一样快，是 CMYK 模式处理速度的数倍。

4．图形图像的文件格式

对于图形图像，由于记录的内容不同和压缩的方式不同，其文件格式也不同。不同的文件格式具有不同的文件扩展名。每种格式的图形图像文件都有不同的特点、产生背景和应用范围。常见的图像文件格式有 BMP，PCX，GIF，JPG，TIF，TGA，PNG 和 PSD 等。

BMP 格式：是 Windows 操作系统下的标准格式。利用 Windows 的画图软件可以将图像存储为 BMP 格式。该格式结构较简单，每个文件只存放一幅图像。对于压缩的 BMP 格式图像文件，它使用行编码方法进行压缩，压缩比适中，压缩和解压缩较快；对于非压缩的 BMP 格式，是一种通用的格式，这种 BMP 格式图像文件可以适用于一般的软件，但文件较大。

PCX 格式：是 MS-DOS 操作系统下的常用格式，在 Windows 操作系统下还没有普及使用。该格式与 BMP 格式一样，结构也较简单，压缩方法基本一样，压缩比适中，压缩和解压缩较快。各种扫描仪生成的图像均采用这种格式。

GIF 格式：是 GompuServe 公司指定的图像格式，常用于网页制作。因为该公司开放了该格式的使用权，所以它应用较广，适用于各种计算机平台，各种软件一般均支持这种格式。它能将图像存储为背景透明的形式，可以将多幅图像存成一个图像文件，形成动态效果。

JPG 格式：是用 JPEG 压缩标准压缩的图像文件格式，JPEG 压缩是一种高效率的有损压缩，压缩时可将人眼很难分辨的图像信息进行删除，使压缩比较大。这种格式的图像文件不适合放大观看和制成印刷品。由于它的压缩比较大，文件较小，所以应用较广。

TIF 格式：是由 Aldus 和 Microsoft 公司联合开发的，最初用于扫描仪和桌面出版业，是一种工业标准格式。它被许多图形图像软件支持。这种格式有压缩和非压缩两种，非压缩的 TIF 格式可独立于软件和硬件环境。

TGA 格式：是 Truevision 公司为支持图像捕捉和本公司的显卡而设计的一种图像文件格式。这种格式支持任意大小的图像，图像的颜色可以从 1 位到 32 位，具有很强的颜色表达能力。目前，它已经广泛应用于真彩色扫描和动画设计领域，是一种国际通用的图像文件格式。

PNG 格式：是为了适应网络传输而设计的一种图像文件格式。在大多数情况下，它的压缩比大于 GIF 图像文件格式，利用 Alpha 通道可以调节图像的透明度，可提供 16 位灰度图像和 48 位真彩色图像。它可取代于 GIF 和 TIF 图像文件格式。它的一个图像文件只可存储一幅图像。

PSD 格式：是 Adobe Photoshop 图像处理软件的专用图像文件格式。它可以存储成 RGB 或 CMYK 模式，可以将不同图层分别存储，这样便于图像的修改和制作各种图像的特殊效果。

5．图形图像的获取方法和制作工具

（1）图形图像素材的获取方法

图形、图像均可以用相应的软件绘制而成。绘制图形、图像时，可以用鼠标来绘制，也可以用光笔来绘制。

可以用数码照相机或摄像机来采集画面，再用相应的软件将其转换为点阵图像。

可以用图形扫描仪将杂志、画报或书籍中的图像扫描到计算机中，存储为点阵图像。

还可以将计算机显示屏上的图像采集下来。采集的方法有两种，一种方法是按 PrintScreen 键，将屏幕图像放置到 Windows 的剪贴板中，再用图像处理软件将剪贴板中的图像粘贴到画布中；另外一种方法是使用抓图软件来采集屏幕中需要的图像。

（2）图形图像制作工具

① 矢量图形绘制软件

CorelDRAW：是加拿大 COREL 公司的产品，是世界上最流行的矢量图形绘制软件，它还具有点阵图像处理功能，目前已经推出了 CorelDRAW 10.0。

Fireworks：是美国 Macromedia 公司的产品，是将矢量绘图和点阵图像处理合二为一的专业图形图像设计软件。它还具有 Web 设计功能。它与该公司生产的 Dreamwaver 和 Flash 合称为网页制作的梦幻组合，目前已推出了中文版 Fireworks MX。

FreeHand：是美国 Macromedia 公司的产品，也是广告业和多媒体制作业广泛使用的一种矢量绘图和图像处理软件，目前已经推出了中文版 FreeHand MX 9.0。

Illustractor：是美国 Adobe 公司的产品，在世界上也有一定的用户。

② 点阵图像处理软件

Photo Editor（照片编辑器）：是 Microsoft 公司的 Office 软件中所带的一个点阵图像处理

中文软件，它的使用方法很简单。

Ulead Photo Impact：是美国 Ulead 公司的产品，它的使用方法简单。

Photoshop：是美国 Adobe 公司的产品。它在世界上具有很高的知名度，几乎所有的计算机绘图人员都会使用这种图像处理软件。它也可以绘制矢量图形和制作单间的动画。

Paint Shop Pro：目前已成为加拿大 COREL 公司的产品。它具有油画的风格。

3.2.3 动画与视频处理技术

1．动画与视频的产生与电视制式

（1）动画与视频的产生

人们认识到，只要将若干幅稍有变化的静止图像顺序地快速播放，而且每两幅图像出现的时间小于人眼视觉惰性时间（每秒钟传送 24 幅图像），人眼就会产生连续动作的感觉（动态图像），即实现动画和视频效果。

实践和理论证明，如果图像的传送速度不小于每秒钟传送 48 幅图像，则人眼就有不闪烁的活动图像的感觉；如果传送图像的速度比每秒钟传送 48 幅图像小，则人眼会有明显的闪烁感。如果传送图像的速度过高，则人眼会感到图像重叠。

动画一般是由人们绘制的画面组成的，视频一般是由摄像机摄制的画面组成的。动画和视频都可以产生 AVI，MOV 和 GIF 等格式的文件。

（2）电视制式

电视制式就是一种电视的播放标准。不同的电视制式，对电视信号的编码、解码、扫描频率和画面的分辨率均不相同。不同制式的电视机只能接受相应制式的电视信号。在计算机系统中，要求计算机处理的视频信号应与计算机相连接的视频设备的制式相同，否则会使播放的效果变差，甚至无法播放。下面介绍几种常见的电视制式。

① NTSC 制式：是 1953 年美国研制的一种与黑白电视兼容的彩色电视制式。它规定：每秒钟播放 25 帧画面，每帧图像有 526 行像素，场扫描频率为 60Hz，隔行扫描，屏幕的宽高比为 4:3。

② PAL 制式：是在 NTSC 制式的基础上，1962 年前联邦德国研制的一种与黑白电视兼容的彩色电视制式。它规定：每秒钟播放 25 帧画面，每帧图像有 625 行像素，场扫描频率为 50Hz，隔行扫描，屏幕的宽高比为 4:3。

③ SECAM 制式：是 1965 年法国研制的一种与黑白电视兼容的彩色电视制式。它规定：每秒钟播放 25 帧画面，每帧图像有 625 行像素，场扫描频率为 50Hz，隔行扫描，屏幕的宽高比为 4:3。它采用的编码和解码方式与 PAL 制式完全不一样。

④ HDTV 制式：是 High Definition TV（高清晰度电视）的缩写。它规定：传送的信号全部数字化，每帧的扫描行数在 1000 行以上，分辨率较高，逐行扫描，屏幕的宽高比为 16:9。它是正在发展的电视标准，世界上已经有一些国家开始播放 HDTV 制式的电视节目，我国也将在近几年开始播放 HDTV 制式的电视节目。

2．动画的分类和全屏幕与全运动视频

（1）动画的分类

按照计算机处理动画的方式划分，动画可分为造型动画（Cast-based Animation）和帧动画（Frame Animarion）两种。它们的特点介绍如下。

① 造型动画：对每一个活动对象的属性（包括位置、形状、大小和颜色等）分别进行动画设计，用这些活动的对象组成完整的动画画面。造型动画通常属于三维动画，计算机进行造型的动画处理比较复杂。

② 帧动画：由一帧帧图像组成的。帧动画一般属于二维动画，通常有两种。一种是帧帧动画，即人工准备出一帧帧图像，再用计算机将它们按照一定的顺序组合在一起，形成动画；另一种是关键帧动画，即用户用计算机制作两幅关键帧图像，它们的属性（位置、形状、大小和颜色等）不一样，然后由计算机通过插值计算自动生成两幅关键帧图像之间的所有过渡的图像，从而形成动画。

按照对象运动的方式划分，动画可分为关键帧动画和算法动画两种。其中，算法动画是采用计算机算法，对对象或模拟摄像机的运动进行控制，从而产生动画。

（2）全屏幕视频和全运动视频

视频可分为全屏幕视频和全运动视频。全屏幕视频是指现实的视频图像充满整个屏幕，因此它与显示分辨率有关。全运动视频是指以每秒 30 帧的速度刷新画面进行播放，这样可以消除闪烁感和使画面连贯。一些计算机是无法实现全屏幕视频和全运动视频的，它只能以每秒 15 帧的速度进行播放，可以在屏幕上开一个小窗口，进行全运动视频的播放。对于这些计算机，可以加入解压卡来提高刷新画面的速度。随着计算机的不断发展，全屏幕全运动的视频播放正在成为现实。

3．数字视频的获取和视频卡的分类

（1）数字视频的获取

视频信号有两种，一种是模拟视频信号，另一种是数字视频信号。NTSC，PAL 和 SECAM 制式的电视信号均是模拟视频信号，用普通摄像机摄制的视频信号也是模拟视频信号。HDTV 制式的电视信号是数字视频信号，用数字摄像机摄制的视频信号也是数字视频信号。

数字视频信号还可以通过对模拟视频信号进行视频的数字化来获得。视频的数字化是指在一定的时间内以一定的速度对模拟视频信号进行采样，再进行模 / 数转换、色彩空间变换等处理，将模拟视频信号转换为相应的数字视频信号。

模拟视频信号转换为相应的数字视频信号后，存储在计算机中的数据是相当大的，因此还需要将这些视频数据压缩后再进行保存。常用的压缩编码方法有无损压缩（也叫冗余压缩）和有损压缩（也叫熵压缩）。视频信号压缩通常采用 MPEG-压缩，压缩比可达 100:1～200:1。

（2）视频卡的分类

① 视频采集卡。它可以从模拟视频信号中实时或非实时地捕捉静态画面和动态画面，将它们转换为数字图像或数字视频存储到计算机中。常用的视频采集卡有 Creative 公司的 Video Blaster 系列的视频采集卡（SEl00，FS200 和 RT300 等），Intel 公司的 ISVRPro 视频采集卡等。

② 视频输出卡。计算机显卡输出的视频信号，不能直接输出到电视机中播放或录制到录像机的磁带中。视频输出卡可以将计算机中的数字视频信号进行编码，获得 NTSC 或 PAL 制式的电视视频信号，再输出到电视机中播放或录制到录像机的磁带中。

③ 电视接收卡。它有一个高频调谐器和一个电视接收天线，可以接收电视高频信号，并转换成数字视频信号，将电视节目在计算机的显示器中播放。

④ 解压缩卡。它可将 VCD 或 DVD 中的视频压缩 MPEG 文件进行硬件解压缩，还原成

普通的数字视频，并进行播放。目前，586/166 以上的计算机可使用软解压的方法播放 VCD 或 DVD 中的视频压缩 MPEG 文件，但采用解压缩卡进行硬解压可以使播放效果更好。目前，大多数的解压卡还具有视频输出卡的功能，可直接将视频信号输出到电视机或录像机中。

4．动画制作工具和视频处理软件

常见的动画制作工具如下。

Flash：是美国 Macromedia 公司的产品，不但可以制作 SWF 格式的动画，还可以制作 SWF 格式的图形。这种格式的文件很小，适于制作网页。它是二维动画制作工具。

Animator Studio：是美国 Autosesk 公司的产品，是一种集图像处理、二维动画制作、音乐编辑与合成、脚本编辑和动画播放于一体的二维动画制作工具。

Ulead GIF Animator：是美国 Ulead 公司的产品，它可以快速将一幅幅图像进行编排和特效处理，生成 GIF 和 AVI 格式的动画。

Ulead COOL 3D：是美国 Ulead 公司的产品，可以较容易地制作三维文字和图形动画。因界面简洁、操作容易，越来越受到广大用户的喜爱。

POSER：是美国 Meta Creations 公司的产品，它可以较容易地制作人体三维动画。它因界面简洁、操作容易，逐渐被许多计算机爱好者接受。

3DS MAX：是美国 Autodesk 公司的产品，它是三维绘图和动画制作工具中的佼佼者，被广泛应用于广告、装潢装饰、动画制作、建筑设计、多媒体设计、工业设计等立体设计领域，是目前国内外市场上使用最广泛、功能最完善的三维图形设计工具之一。

MAYA：是 Aliasl Wavefront 公司开发的多平台并具有非线性动画编辑功能的影视动画制作工具，是一种专业级的三维图像和动画制作工具。它是在造型方面蕴含着巨大创造力的软件。它提供了工业领先的多边形建模工具和强大的细分表面建模功能。

常见的视频处理软件如下。

Video For Windows：是一套用于视频简单编辑和播放 AVI 格式视频文件的软件。

QuitTime：是 Apple 公司推出的用于播放 Macintosh 计算机使用的视频文件的软件。QuitTime 格式包括了音频的 AIFF 格式和视频的 MOV 格式，文件的扩展名为.mov。

豪杰超级解霸：是中国豪杰计算机有限公司制作的影视播放软件。它在国内市场的占有率达 95%以上，在东南亚及北美等市场均有不俗表现。它还可以将 CD，VCD 和 DVD 影像文件转换为 AVI 等格式的影视文件。

绘声绘影：是美国 Ulead 公司推出的一种业余的数字视频处理软件。它界面简洁、操作容易。

Ulead Media Studio Pro：是美国 Ulead 公司推出的一套专业级的数字视频和音频处理软件。

Premiere：是美国 Adobe System 公司推出的一种专业级的数字视频处理软件。它可以配合硬件进行视频的捕捉、编辑和输出。

第 4 章 图像处理软件 Photoshop

Photoshop 是 Adobe 公司开发的图像处理软件，自从 20 世纪 80 年代诞生以来，版本不断升级。本章以中文 Photoshop 7.0 软件为标准来进行学习。

Photoshop 功能强大，处理图像灵活直观，所见即所得，是图形图像处理方面性能卓越的软件之一，是图像设计师进行图像编辑的优秀工具。

其主要功能如下。

（1）绘图功能，它提供了许多绘图及色彩编辑工具。

（2）图像编辑功能，包括对已有图像或扫描图像进行编辑，例如放大和裁剪等。

（3）创意功能，许多原来要使用特殊镜头或滤光镜才能得到的特技效果用 Photoshop 软件就能完成，也可产生美学艺术绘图效果。

（4）扫描功能，使用 Photoshop 可以与扫描仪相连，从而得到高品质的图像。

4.1 Photoshop 基本操作

4.1.1 工作界面

启动中文 Photoshop 7.0。双击打开“Adobe Photoshop 7.0”文件夹中的“鲜花”（Flower）图像文件。此时 Photoshop 7.0 工作界面如图 4-1 所示。可以看出 Photoshop 7.0 窗口是一个标准的 Windows 窗口，它也有标题栏、菜单栏、工具栏、状态栏等。

将鼠标指针移到窗口、调板或其他地方，单击鼠标右键，会弹出一个快捷菜单。快捷菜单中列出当前状态下最可能要进行的操作命令。

1．工具箱、选项栏、状态栏

（1）工具箱

Photoshop 7.0 的工具箱由 6 类工具组成，如图 4-2 所示，从上至下分别是：“进入 Adobe Online”图标、“图像编辑工具”栏、“切换前景色和背景色工具”栏、“切换标准和快速蒙版模式编辑工具”栏、“切换显示方式工具”栏和“跳至 ImageReady”图标。单击“进入 Adobe Online”图标，可以访问 Adobe 站点；单击“跳至 ImageReady”图标，可跳转到 Adobe Image Ready 软件状态。利用“图像编辑工具”栏内的工具，可以进行输入文字、选择选区、移动图像或选择的选区、绘制图像、编辑图像、注释和查看图像等操作。

图 4-1　Photoshop 7.0 工作界面

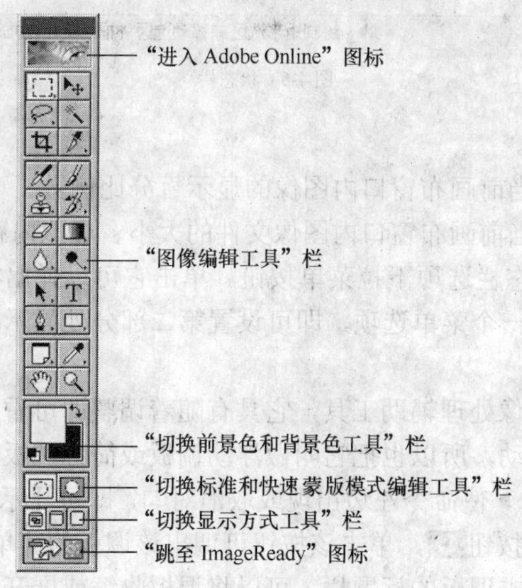

图 4-2　工具箱

① 工具箱的显示与隐藏：选择"窗口"/"工具"命令，取消"工具"命令左边的对勾，将工具箱隐藏；再选择"窗口"/"工具"命令，又可显示工具箱。

② 工具箱的移动：用鼠标拖曳工具箱顶部的蓝色矩形条，可将工具箱移动。

③ 显示工具箱内按钮名称：将鼠标移到工具箱内的按钮上，稍等片刻，即可显示该按钮的名称和快捷键，如图 4-3 所示。

④ 工具组内工具的切换：用鼠标单击（左键单击或右键单击）工具组按钮（其右下角有黑色小箭头），可调出工具组内所有工具按钮，再单击其中一个按钮，即可完成工具组内工

具的切换。例如，单击按下⬚按钮，稍等片刻，即可调出该工具组内所有工具图标，如图 4-4 所示。另外，按住 Alt 键并单击工具按钮，或者按住 Shift 键并按工具的快捷键，也可完成工具组内大部分工具的切换。

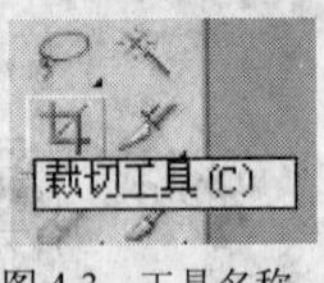

图 4-3　工具名称

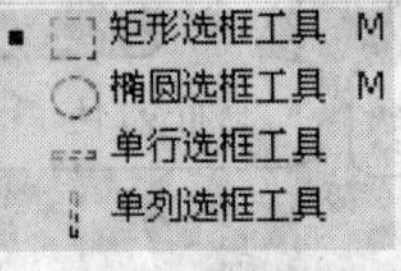

图 4-4　工具切换

（2）选项栏

在单击选中“图像编辑工具”栏内的大部分工具后，选项栏会产生相应的变化。利用它可以对选中的工具进行参数设置。例如，单击选中“文字工具”后，其选项栏如图 4-5 所示。选择“窗口”/“选项”命令，可将选项栏显示或隐藏。

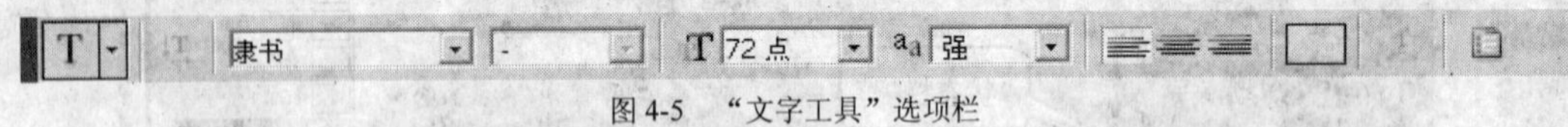

图 4-5　“文字工具”选项栏

（3）状态栏

状态栏位于 Photoshop 7.0 窗口的最底部，它由 4 部分组成，如图 4-6 所示，从左到右主要有 3 部分，用来显示有关的信息。

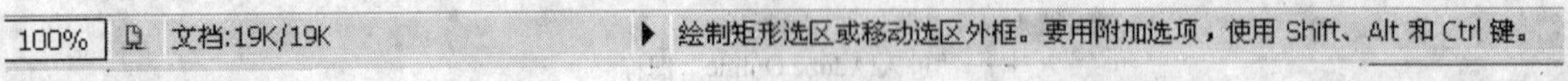

100%　文档:19K/19K　绘制矩形选区或移动选区外框。要用附加选项，使用 Shift、Alt 和 Ctrl 键。

图 4-6　状态栏

它们的作用分别如下。

- 第一部分：显示当前画布窗口内图像的显示百分比例数。可在文本框内修改数字。
- 第二部分：显示当前画布窗口内图像文件的大小、虚拟内存大小、效率等信息。
- 第三部分：是状态栏选项下拉菜单按钮。单击它可以弹出状态栏选项的下拉菜单。单击选中该下拉菜单中的一个菜单选项，即可设置第二部分处显示的信息内容。

2．调板

调板是非常重要的图像处理辅助工具，它具有随着调整即可看到效果的特点。由于它可以方便地拆分、组合和移动，所以也把它叫做浮动调板或简称调板。选择“窗口”/“××”（××是调板的名称）命令，使命令左边出现或取消对勾，即可显示或隐藏相应的调板。调板的右上角均有一个黑箭头按钮⊙，单击该按钮可调出该调板的菜单（叫调板菜单），利用它可以扩充调板的功能。双击调板的标题栏，可以将调板收缩或展开。

（1）“颜色”调板：如图 4-7 所示，可调整颜色，用来设置图像的前景色和背景色。

（2）“色板”调板：如图 4-8 所示，它以色块样式的方式，快速设置图像的前景色。

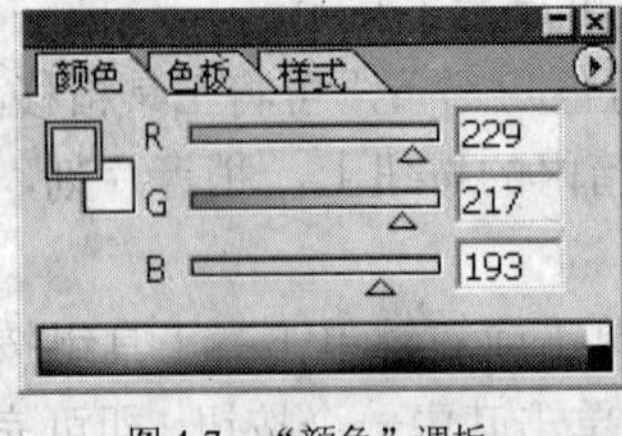

图 4-7　“颜色”调板

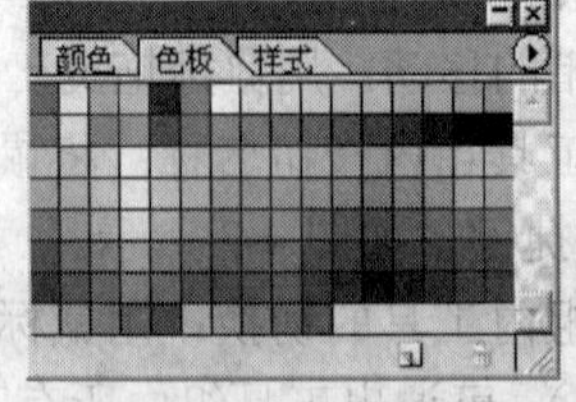

图 4-8　“色板”调板

单击某一个色块，即可改变图像的前景色。

（3）“样式”调板：如图 4-9 所示，它是几种典型的填充样式。单击“样式”图标，可给当前图层内的文字和图像填充相应的内容，获得特殊效果，如图 4-10 所示。

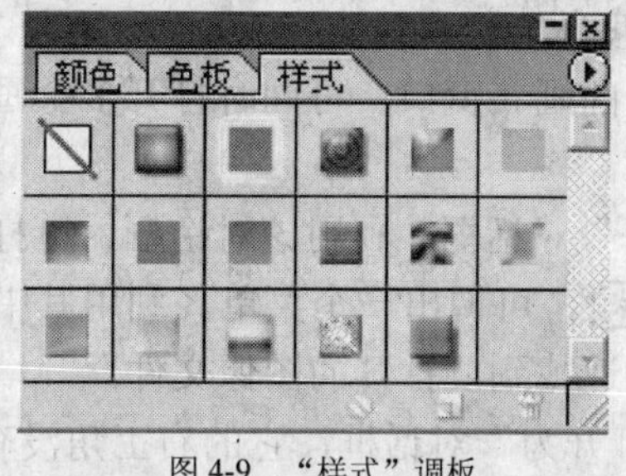

图 4-9　“样式”调板

PHOTOSHOP
特效样式

图 4-10　特殊效果

（4）“导航器”调板：如图 4-11 所示，用鼠标拖曳“导航器”调板内的滑块或改变文本框内的数据，可以快速调整图像的大小。当图像大于画布窗口时，用鼠标拖曳“导航器”调板内的红色正方形，可调整图像的显示区域。

（5）“信息”调板：如图 4-12 所示，它可以显示鼠标指针的当前坐标值和所在处颜色的 RGB 和 CMYK 数值，以及选择区域的大小与位置坐标值等。

图 4-11　“导航器”调板

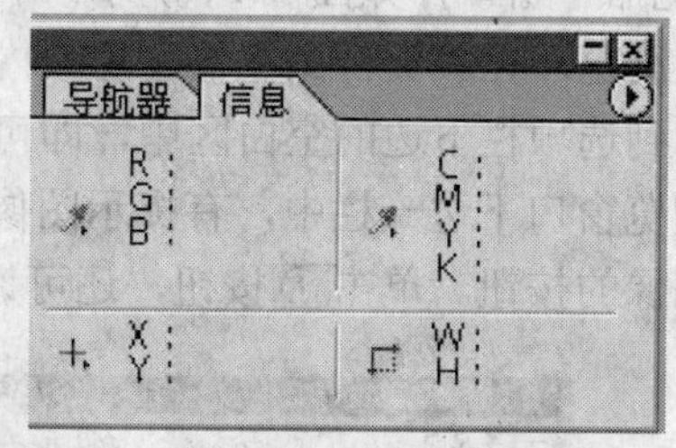

图 4-12　“信息”调板

此外，还有“字符”调板、“段落”调板、“历史记录”调板、“图层”调板、“通道”调板、“路径”调板、“动作”调板和“工具预设”调板等。

4.1.2　新建、打开和存储图像文件

1．新建图像文件

建立画布窗口：选择“文件”/“新建”命令，弹出“新建”对话框，如图 4-13 所示。

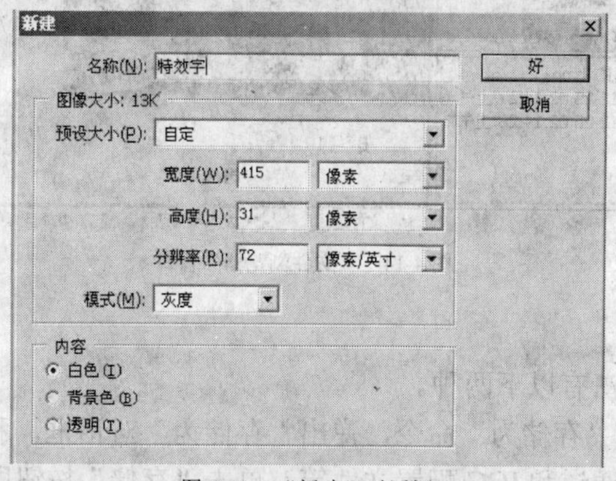

图 4-13　“新建”对话框

- “名称”文本框：输入图像文件的名称。
- “图像大小”栏：用来设置图像的尺寸大小（可选择像素、英寸、厘米等单位），设置图像的分辨率和图像模式（有位图、灰度、RGB 颜色、CMYK 颜色和 Lab 颜色 5 种）。
- “内容”栏：用来设置画布的颜色和透明度状态。

设置完后，单击“好”按钮，即可增加一个新的画布窗口，可同时打开多个画布窗口。

2．打开图像文件

（1）选择“文件”/“打开”命令，弹出“打开”对话框。利用该对话框，可打开选定的图像文件。单击该对话框右上角的“偏好”按钮[✻]，可调出一个菜单。利用其中的菜单选项可存储用户爱好的文件夹和文件类型，以利于迅速找到要打开的图像文件。

（2）选择“文件”/“打开为”命令，弹出“打开为”对话框，它的右上角没有“偏好”按钮[✻]。该对话框的使用方法与“打开”对话框的使用方法基本一样。

（3）选择“文件”/“最近打开文件”命令，可弹出下一级菜单，该菜单是最近打开的图像文件的名称。单击某一个图像文件名，即可打开相应的图像文件。

3．浏览图像文件

Photoshop 7.0 增加了一个文件浏览功能。单击选项栏内的“文件浏览”按钮，即可展开“文件浏览器”窗口，如图 4-14 所示。利用该窗口可以快速找到所需的图像文件，并可以方便地进行浏览。在“文件浏览器”窗口内找到所需要的图像，然后双击该图像或用鼠标将该图像拖曳到选项栏下边的空白区中，即可将选中的图像导入 Photoshop 7.0。

在浏览窗口下边一栏中，有提示图像个数信息，有旋转浏览窗口中选中图像的按钮，删除选中图像的按钮。单击[▸]按钮，还可调出改变浏览窗口显示方式的菜单。

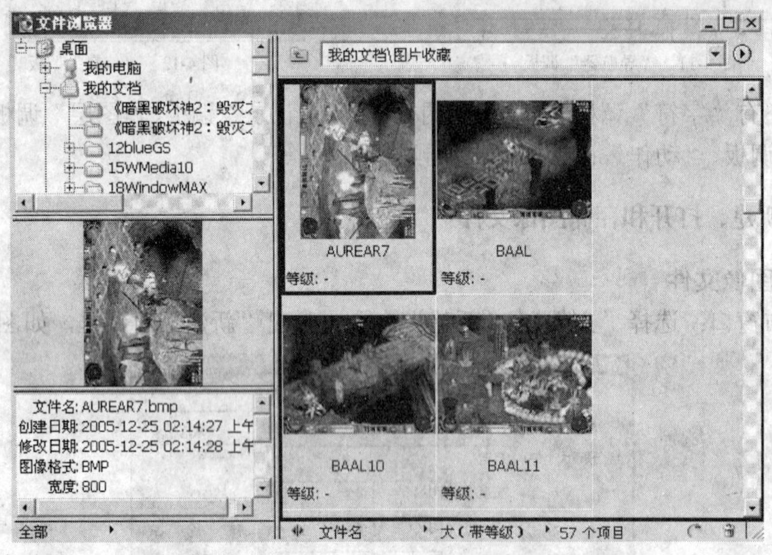

图 4-14　“文件浏览器”窗口

4．存储图像文件

存储图像文件的方法有以下两种。

（1）选择“文件”/“存储为”命令，弹出“存储为”对话框。利用该对话框，可以确定是否存储图像的图层、通道和 ICC 配置文件等。单击“存储”按钮即可调出对应于图像格式的对话框，利用它可以设置与图像格式有关的一些选项，单击“好”按钮，即可存储图像。

（2）选择“文件”/“存储”命令，如果是第一次存储新建的图像文件，则会弹出“存储为”对话框，以后的操作方法与“存储为”对话框的操作方法一样；如果不是第一次存储新建的或打开的图像文件，则不会弹出“存储”对话框，而是直接进行图像文件的存储。

在存储文件时，只有采用 Photoshop 格式，才可以存储图像的图层、通道和蒙版等；如果采用 TIFF 格式存储，可以存储图像的通道等。

4.1.3　图像的显示和图像大小的调整

1．使用菜单命令改变图像的显示比例

- 选择“视图”/“放大”命令，可使图像显示比例放大。
- 选择“视图”/“缩小”命令，可使图像显示比例缩小。
- 选择“视图”/“满画布显示”命令，可使图像以最佳比例显示。
- 选择“视图”/“实际像素”命令，可使图像以 100%比例显示。
- 选择“视图”/“打印尺寸”命令，可使图像以实际的打印尺寸显示。

2．使用工具箱的“缩放工具”改变图像的显示比例

单击工具箱的“缩放工具”按钮。此时的选项栏如图 4-15 所示。确定是否选择复选框，再单击选项栏中的不同按钮，可实现不同的图像显示。

图 4-15　选项栏

- 选取“缩放工具”后，再单击画布窗口内部，即可将图像显示比例放大。
- 按住 Alt 键，再单击画布窗口内部，即可将图像显示比例缩小。
- 用鼠标拖曳选中图像的一部分，即可使该部分图像布满整个画布窗口。

3．使用“导航器”调板改变图像的显示比例和显示部位

“导航器”调板如图 4-12 所示。用鼠标拖曳“导航器”调板内的滑块或改变文本框内的数据，可以改变图像的显示比例。当图像大于画布窗口时，用鼠标拖曳“导航器”调板内的红色矩形，可调整图像的显示区域。

4．改变图像的显示模式

图像的显示模式有 3 种，通过选取按钮，可改变图像显示模式。

- 单击“标准屏幕模式”按钮可使图像以默认的显示模式显示图像。
- 单击“带有菜单栏的全屏模式”按钮可全屏显示图像，同时顶部保留菜单。
- 单击“全屏模式”按钮可以全屏显示图像，顶部不保留菜单。

5．使用工具箱的“抓手工具”改变图像的显示部位

只有在图像大于画布窗口时，才有必要改变图像的显示部位。

（1）单击工具箱的“抓手工具”按钮，再在画布窗口内的图像上拖曳鼠标，即可调整图像的显示部位。双击工具箱的“抓手工具”按钮可使图像尽可能大地显示在屏幕中。

（2）在已使用了工具箱内的其他工具后，按下空格键，可临时切换到“抓手工具”，此时可调整图像显示部位；松开空格键后又回到原工具状态。

（3）用鼠标拖曳“导航器”调板内的红色矩形，可调整图像的显示区域。

6．改变图像大小和画布大小

（1）选择“图像”/“图像大小”命令，弹出“图像大小”对话框，如图 4-16 所示。利用该对话框，可以采用两种方法调整图像的大小，还可以改变图像的清晰度及算法。

（2）选择“图像”/“画布大小”命令，弹出“画布大小”对话框，如图 4-17 所示。利用该对话框，可以改变画布的大小，同时对图像进行裁切。图像裁切的部位可通过单击“定位”栏中的按钮来实现。设置完后，单击“好”按钮，如果设置的新画布比原画布小，会弹出一个提示框，单击其内的“继续”按钮，即可完成画布大小的调整和图像的裁切。

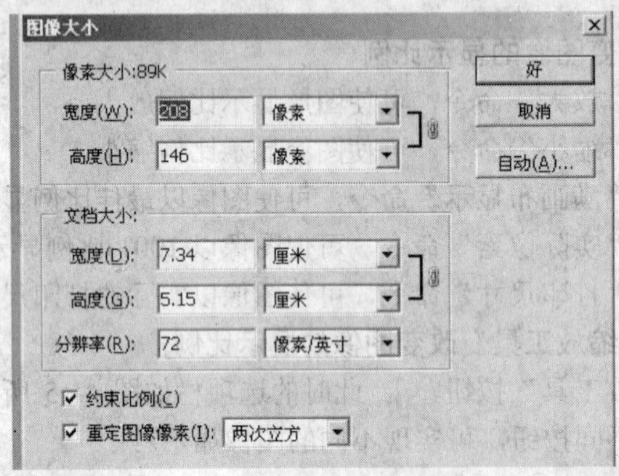

图 4-16 “图像大小”对话框

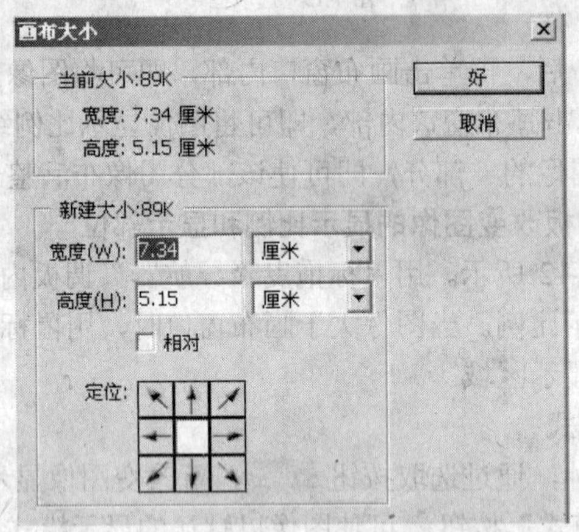

图 4-17 “画布大小”对话框

（3）单击工具箱的“裁切工具”按钮 ，在图像上拖曳，也可裁切图像，改变图像的大小。

4.1.4 图像的定位与测量

1．使用网格和标尺

（1）使用网格：选择“视图”/“显示”/“网格”命令，即可在画布窗口内显示或隐藏网格。它不会随图像输出。

（2）使用标尺：选择“视图”/“标尺”命令，即可在画布窗口内的上边和左边显示出标尺，如图 4-18 所示。再次选择“视图”/“标尺”命令，又可取消标尺。

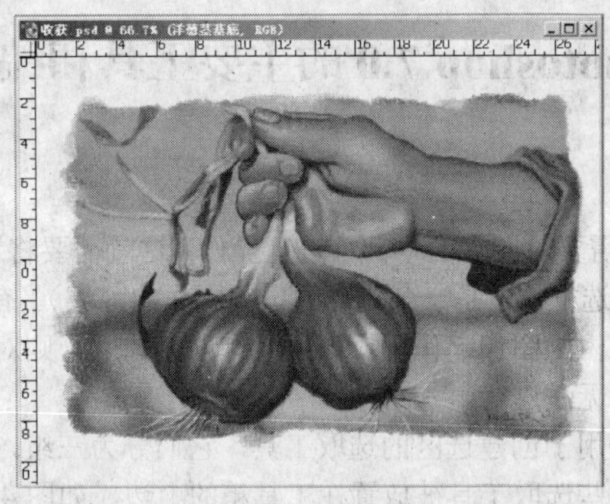

图 4-18　显示标尺

2．使用参考线

（1）在标尺上单击，再拖曳鼠标到窗口内，即可产生水平或垂直的蓝色参考线。参考线不会随图像输出。

（2）选择“视图”/“参考线”命令，取消该命令左边的对勾，或者选择“视图”/“清除参考线”命令，即可清除所有参考线。

（3）将鼠标指针移到参考线处时，鼠标指针变为带箭头的双线状，拖曳鼠标可以调整参考线的位置。选择“视图”/“锁定参考线”命令，即可锁定或解除参考线的锁定。

3．使用测量工具

单击“测量工具”（也叫度量工具）按钮，可以精确地测量出画布窗口内任意两点间的距离和两点间直线与水平直线的夹角。“测量工具”与“吸管工具”在同一个工具组内。其操作方法如下。

（1）单击“测量工具”按钮。

（2）用鼠标在画布窗口内拖曳出一条直线，如图 4-19 所示。此时观察“信息”调板内“A:”右边的数据，可获得直线与水平直线的夹角；观察“D:”右边的数据，可获得两点间的距离，如图 4-20 所示。

（3）测量的结果也会显示在“测量工具”的选项栏内。单击选项栏内的“清除”按钮，即可清除用于测量的直线。选取其他工具，也可以取消图 4-19 所示的用于测量的直线。该直线不会与图像一起输出。

图 4-19　拖曳出直线

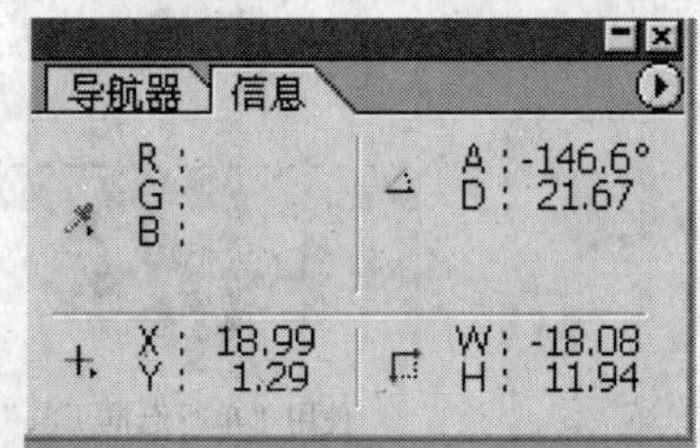

图 4-20　“信息”调板

4.2 Photoshop 7.0 的主要工具和编辑操作

4.2.1 创建选区

在 Photoshop 中，常需要对图像的一部分进行操作，这就需要将这一部分图像选取出来，构成一个选区（选区也叫选框，它是一条流动的虚线围成的区域）。有了选区后，则当前所有的图像编辑操作只对选区内的图像起作用。如果没有创建选区，则对图像的编辑操作是针对整个图像的，有些操作则无法进行。

工具箱中提供了多个用于创建选区的选取工具，它们分为三组，分别是选框工具组、套索工具组和魔棒工具。这些选取工具被放置在工具箱的上边，如图 4-21 左图所示。

1．选框工具的使用

选框工具组的工具是用来创建规则选区的。

（1）“矩形选框工具” ：单击它，鼠标指针变为十字线状，用鼠标在画布窗口内拖曳，即可创建一个矩形的选区，如图 4-21 右图所示。

（2）“椭圆选框工具” ：单击它，鼠标指针变为十字线状，用鼠标在画布窗口内拖曳，即可创建一个椭圆的选区。

对于矩形和椭圆选框工具，按住 Shift 键，同时用鼠标在画布窗口内拖曳，可创建一个正方形或圆形的选区。

选取工具　　　　使用“矩形选框工具”

图 4-21　选取工具的使用

（3）“单行选框工具” ：单击它，鼠标指针变为十字线状，用鼠标在画布窗口内单击，即可创建一行单像素的选区，如图 4-22 左图所示。

（4）“单列选框工具” ：单击它，鼠标指针变为十字线状，用鼠标在画布窗口内单击，即可创建一列单像素的选区，如图 4-22 右图所示。

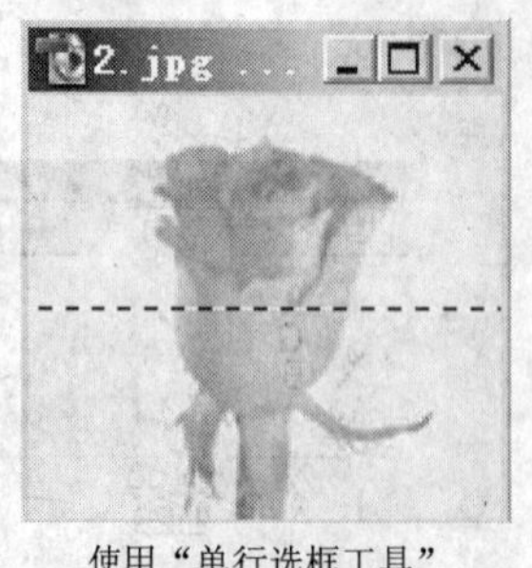

使用“单行选框工具”

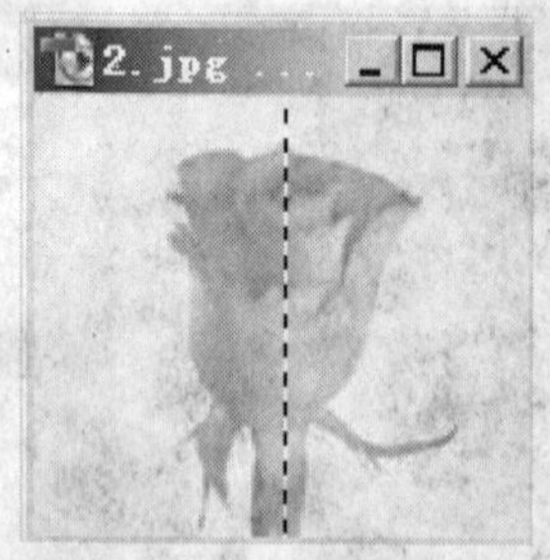

使用“单列选框工具”

图 4-22　选取工具

2．选框工具的选项栏

选框工具的选项栏如图 4-23 所示。各选项的作用如下。

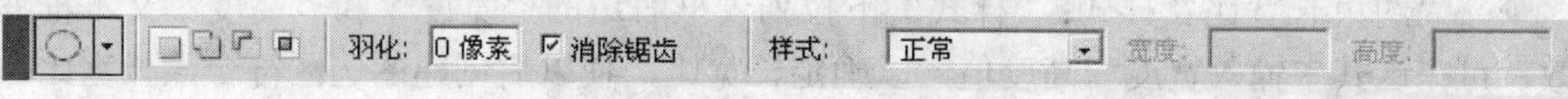

图 4-23　选框工具选项栏

“新选区”按钮：单击它，只能创建一个新选区。在此状态下，如果已经有了一个选区，再创建一个选区，则原来的选区将消失。

“添加到选区”按钮：单击它，如果已经有了一个选区，再创建一个选区，则新选区与原选区连成一个新的选区，如图 4-24 左图所示。在按下“新选区”按钮的情况下，先按住 Shift 键，用鼠标拖曳出一个新选区，也可获得同样效果。

“从选区减去”按钮：单击它，可在原来选区上减去与新选区重合的部分，得到一个新选区。例如，两个椭圆选区有一部分重合，将获得的一个新选区，如图 4-24 中图所示。在按下“新选区”按钮的情况下，按住 Alt 键，用鼠标拖曳出一个新选区，也可获得同样效果。

“与选区交叉”按钮：单击它后，可只保留新选区与原来选区重合的部分，得到一个新选区。例如，一个椭圆选区与一个矩形选区重合部分的新选区如图 4-24 右图所示。在按下“新选区”按钮的情况下，按住 Shift+Alt 键，用鼠标拖曳出一个新选区，也可获得同样效果。

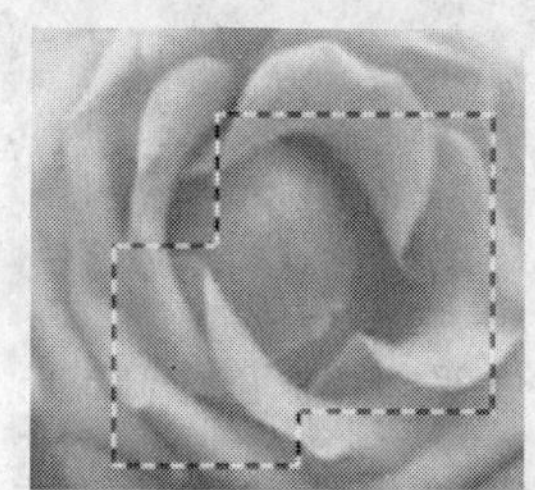
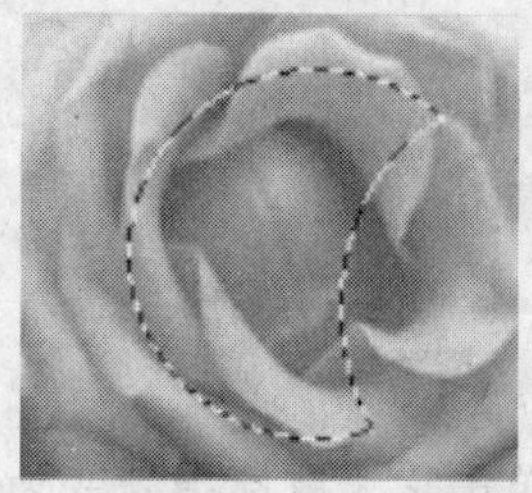
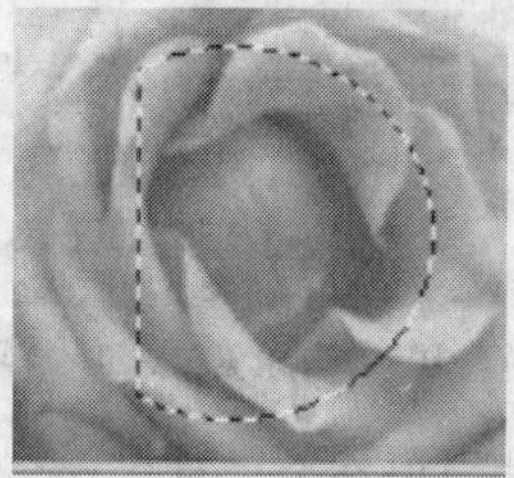

图 4-24　选项栏中的按钮使用效果

“羽化”文本框：在该文本框内可设置选区边界线的羽化程度。数值的单位是像素，数字为 0 时，表示不进行羽化。图 4-25 左图是不进行羽化的椭圆，右图是进行羽化的椭圆。这两个椭圆是在画布上创建椭圆选区后再填充渐变色获得的。

图 4-25　羽化效果对比图

- “消除锯齿”复选框：单击选择椭圆选框工具后，该复选框变为有效。选中它后，可使选区边界平滑。
- “样式”下拉列表框：单击选择椭圆选框工具或矩形选框工具后，该下拉列表框变为有效。它有 3 个样式可供选择。

◆ “正常”样式：可以创建任意大小的选区。

◆ “约束长宽比”样式：“样式”下拉列表框右边的“宽度”和“高度”文本框变为有效，可在这其中输入宽度和高度值，以确定长宽比，使以后创建的选区符合该长宽比。

◆ “固定大小”样式：“样式”下拉列表框右边的“宽度”和“高度”文本框变为有效，可在这两个文本框内输入宽度和高度值，以确定选区的尺寸，使以后创建的选区符合该尺寸。

3．套索工具的使用

套索工具组有 3 个工具，如图 4-26 所示。套索工具组是用来创建不规则选区的。

（1）“套索工具”：单击它，鼠标指针变为套索状，用鼠标在画布窗口内拖曳，即可创建一个不规则的选区，如图 4-27 所示。当松开鼠标左键时，系统会自动将鼠标拖曳的起点与终点进行连接，形成一个闭合的区域。

图 4-26 套索工具组

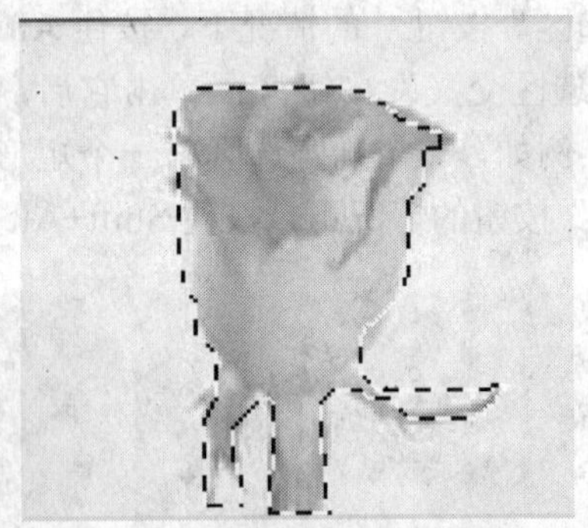

图 4-27 “套索工具”的使用

（2）“多边形套索工具”：单击它，鼠标指针变为多边形套索状，单击多边形选区的起点，再依次单击多边形选区的各个顶点，最后双击多边形选区的终点。系统会自动将起点与终点进行连接，形成一个闭合的区域，即形成一个多边形选区，如图 4-28 左图所示。

（3）“磁性套索工具”：单击它，鼠标指针变为磁性套索状，用鼠标在画布窗口内拖曳，最后在终点处双击鼠标左键，即可创建一个不规则的选区，如图 4-28 右图所示。

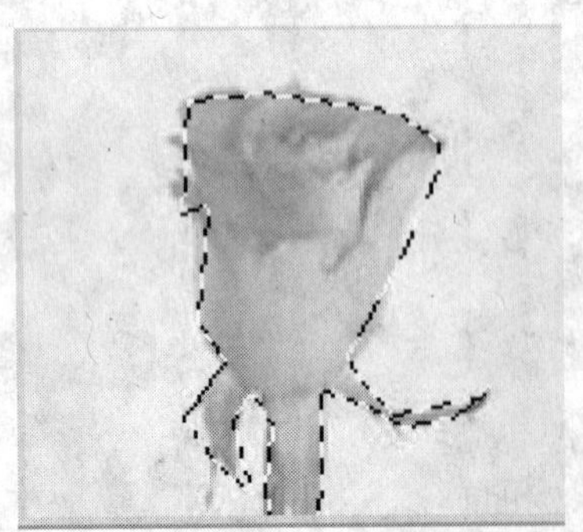

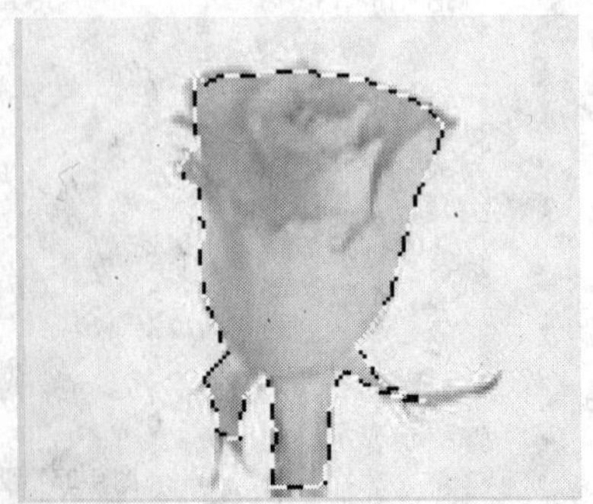

图 4-28 “多边形套索工具”与“磁性套索工具”的使用

“磁性套索工具”与“多边形套索工具”不同之处是，系统会自动根据鼠标拖曳出的选区边缘的色彩对比度来调整选区的形状。因此，对于选取区域外形比较复杂的图像，同时又与周围图像的彩色对比度反差比较大的情况，采用该工具创建选区是很方便的。

4．套索工具组的选项栏

“套索工具”与“多边形套索工具”的选项栏基本一样，如图 4-29 所示。“磁性套索工具”的选项栏如图 4-30 所示。下面简单介绍前面没有介绍过的几个选项。

图 4-29　“套索工具”选项栏

图 4-30　“磁性套索工具”选项栏

● “宽度”文本框：用来设置系统检测的范围，单位为像素（px）。当用户用鼠标拖曳出选区时，系统将在鼠标指针周围指定的宽度范围内选定反差最大的边缘作为选取的边界。该数值的取值范围是 1 像素～40 像素。通常，当选取具有明显边界的图像时，可将“宽度”文本框内的数值调大一些。

● “边对比度”文本框：用来设置系统检测选区边缘的精度，当用户用鼠标拖曳出选区时，系统将认为在设定的对比度百分数范围内的对比度是一样的。该数值越大，系统能识别的选区边缘的对比度也越高。该数值的取值范围是 1%～100%。

● “频率”文本框：用来设置选区边缘关键点出现的频率，此数值越大，系统创建关键点的速度越快，关键点出现得也越多。频率的取值范围是 0～100。

5．“魔棒工具”的使用

单击“魔棒工具”按钮，鼠标指针变为魔棒状、，在要选取的图像处单击鼠标左键，系统会自动根据鼠标指针处像素的颜色创建一个选区，该选区将把与鼠标指针点相连处（或所有）颜色相同或相近的图像像素包围起来。

6．“魔棒工具”选项栏

“魔棒工具”选项栏如图 4-31 所示。前面没有介绍过的选项的作用如下。

图 4-31　“魔棒工具”选项栏

● “容差”文本框：用来设置系统选择颜色的范围，即选区允许的颜色容差值。该数值的范围是 0～255。容差值越大，相应的选区也越大；容差值越小，相应的选区也越小。前面创建花朵图像选区时，采用的颜色容差值为 100。

● “连续的”复选框：当选中该复选框时，系统将创建一个选区，把与鼠标指针点相连的、颜色相同或相近的图像像素包围起来；当不选中该复选框时，系统将创建多个选区，把画布窗口内所有与鼠标指针处的颜色相同或相近的图像像素分别包围起来。

● “用于所有图层”复选框：当选中该复选框时，系统在创建选区时，会将所有可见图层考虑在内；当不选该复选框时，系统在创建选区时，只将当前图层考虑在内。

7．创建整个画布为一个选区和反选选区

（1）选取整个画布为一个选区：选择“选择”/“全选”命令或按 Ctrl+A 键，即可将整个画布选取为一个选区。

（2）反选选区：选择“选择”/“反选”命令，可选择选区外的部分为选区。

4.2.2 编辑选区

编辑选区大多使用“选择”菜单下的命令。

1．创建颜色相似的选区和扩大选区

（1）创建颜色相似的选区：使用“魔棒工具”可以创建颜色相似的选区。如果已经有了一个或多个选区，要将与选区内颜色和对比度相同或相近的像素选择为选区，可选择“选择”/“选取相似”命令。

（2）扩大选区：在“新选区”状态下，使用“魔棒工具”等工具可以扩大选区，但是不方便。在已经有了一个或多个选区后，要增加与选区内颜色和对比度相同或相近的区域为选区，可选择“选择”/“扩大选取”命令。

2．移动、取消和隐藏选区

（1）移动选区：将鼠标指针移到选区内部，再按住鼠标左键拖曳，即可移动选区。如果按住 Shift 键，同时再拖曳鼠标，可以使选区在水平、垂直或 45° 斜线方向移动。

（2）取消选区：在“与选区交叉”或“新选区”状态下，单击画布窗口内选区外任意处，即可取消选区。另外，选择“选择”/“取消选择”命令或按 Ctrl+D 键，也可取消选区。

（3）恢复取消的选区：如果要重新恢复取消的选区，可选择“选择”/“重新选择”或按 Ctrl+Shift+D 键。

（4）隐藏选区：选择“视图”/“显示”/“选区边缘”命令，取消它左边的对勾，即可使选区边界的流动线消失，隐藏选区。虽然选区隐藏了，但对选区的操作仍可进行。如果要使隐藏的选区再显示出来，可重复刚才的操作，显示“选区边缘”命令左边的对勾。

3．羽化和修改选区

（1）羽化选区：创建羽化的选区可以在创建选区时利用选项栏进行。如果已经创建了选区，再想将它羽化，可选择“选择”/“羽化”命令，弹出“羽化选区”对话框，如图 4-32 所示。输入羽化半径的数值，再单击“好”按钮，即可进行选区的羽化。

（2）修改选区：在创建选区后，选择“选择”/“修改”/“××”命令（见图 4-33），即可修改选区。修改选区是指将选区扩边（使选区边界线外增加一条扩展的边界线，两条边界线所围的区域为新的选区）、平滑（使选区边界线平滑）、扩展（使选区边界线向外扩展）和收缩（使选区边界线向内缩小）。

图 4-32 “羽化选区”对话框

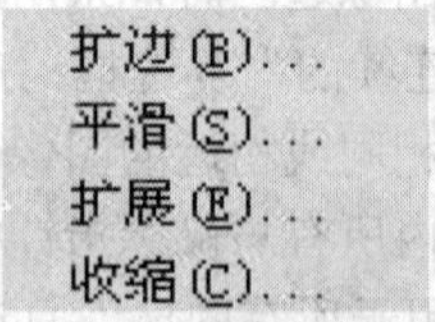

扩边(B)...
平滑(S)...
扩展(E)...
收缩(C)...

图 4-33 修改选区

单击修改选区的相应菜单选项后，均会弹出一个相应的对话框，输入修改量（单位为像素）后，单击“好”按钮即可完成修改的任务。例如，选择“选择”/“修改”/“扩边”命令，即可弹出图 4-34 所示的对话框。

图 4-34　“边界选区”对话框

4．变换选区

创建选区后，可以变换选区，选择“选择”/“变换选区”命令，即可以调整选区的大小、位置和旋转选区。

（1）调整选区大小：将鼠标指针移到选区四周的控制柄处，鼠标指针会变为直线的双箭头状，再用鼠标拖曳，即可调整选区的大小。

（2）调整选区的位置：将鼠标指针移到选区内，鼠标指针会变为黑箭头状，再用鼠标拖曳，即可调整选区的位置。

（3）旋转选区：将鼠标指针移到选区四周的控制柄外，鼠标指针会变为弧线的双箭头状，再用鼠标拖曳，即可旋转选区。将鼠标指针移到选区中间的中心点图标处，拖曳鼠标，可将中心点标记争移动，改变旋转的中心点位置。

（4）其他方式变换选区：对于没有选择图像的选区，可选择“编辑”/“变换”/“××”命令，完成选区的缩放、旋转、斜切、扭曲或透视等操作。其中，“××”是“变换”菜单下的命令，具体操作方法可参看本章后面的内容。

选区变换完后，选取其他工具，可弹出一个提示框，单击其中的“应用”按钮，即可完成选区的变换；单击“不应用”按钮，可取消选区变换。另外，选区变换完后，按 Enter 键可以直接应用选区的变换。

4.2.3　编辑图像

1．移动、复制和删除图像

（1）移动图像：将要移动的图像用选区围住，再单击“移动工具”按钮，鼠标指针变为带剪刀的黑箭头状，然后用鼠标拖曳选区内的图像，即可移动选区内的图像。还可以将选区内的图像移到其他画布窗口内。如果选中了“移动工具”选项栏中的“自动选择图层”复选框，则用鼠标拖曳图像时，可拖曳不同图层的图像。

（2）复制图像：它与移动图像的操作方法基本一样，只是在用鼠标拖曳选区内的图像时，需同时按下 Alt 键，鼠标指针会变为重叠的黑白双箭头状。

（3）删除图像：将要删除的图像用选区围住，然后选择“编辑”/“清除”命令，可将选区围住的图像删除。也可以按 Delete 或 BackSpace 键删除选区围住的图像。

使用剪贴板也可以实现图像的移动、复制和删除。

2．变换图像

（1）旋转整幅图像：选择“图像”/“旋转画布”/“××”命令即可按选定的方式旋转整幅图像。其中，“××”是“旋转画布”菜单下的命令，如图 4-35 所示。如果选择“任意角度”命令，会弹出“旋转画布”对话框，如图 4-36 所示。利用该对话框可设置旋转角度和旋转方向，单击“好”按钮，即可旋转整幅图像。

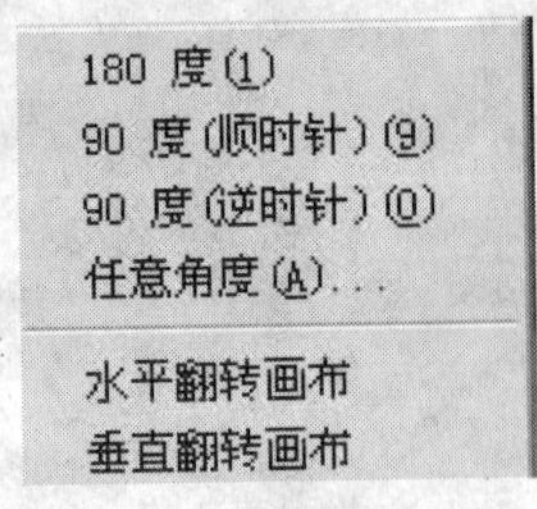

图 4-35 “旋转画布”菜单

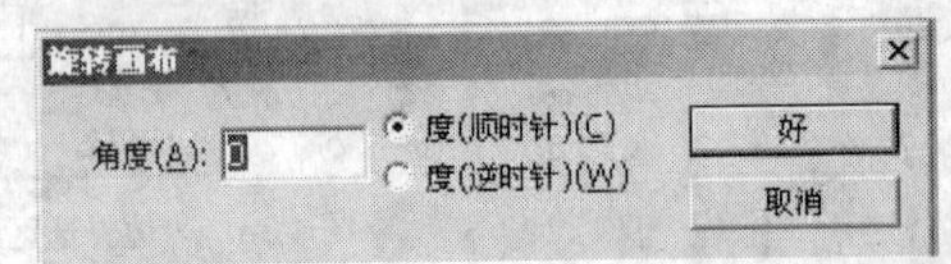

图 4-36 “旋转画布”对话框

（2）变换选区内的图像：选择“编辑”/“变换”/“××”命令，即可按选定的方式变换选区内的图像。其中，“××”是“变换”菜单下的命令，如图 4-37 所示。利用该子菜单可以完成选区内图像的缩放、旋转、斜切、扭曲和透视等操作。

例如旋转选区内的图像：选择“编辑”/“变换”/“旋转”命令后，在选区（选中整个汽车图像）四周会显示一个矩形框、8 个控制柄和中心点标记。将鼠标指针移到选区四角的控制柄外，鼠标指针会变为弧线的双箭头状，再用鼠标拖曳，即可旋转选区内的图像。旋转后的图像如图 4-38 所示。将鼠标指针移到矩形框选区中间的中心点图标处，拖曳鼠标，可移动中心点标记，改变旋转的中心点位置。

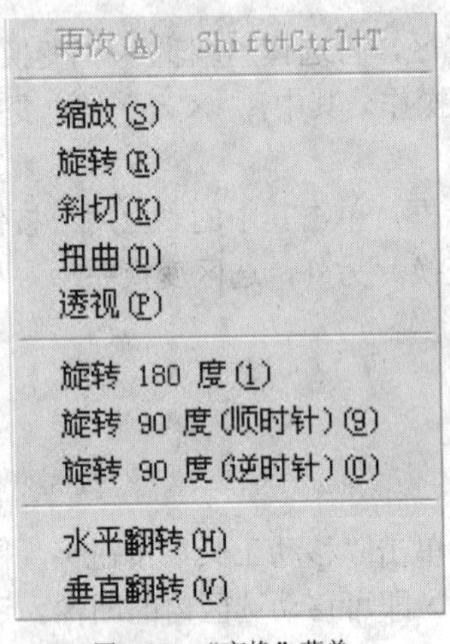

图 4-37 “变换”菜单

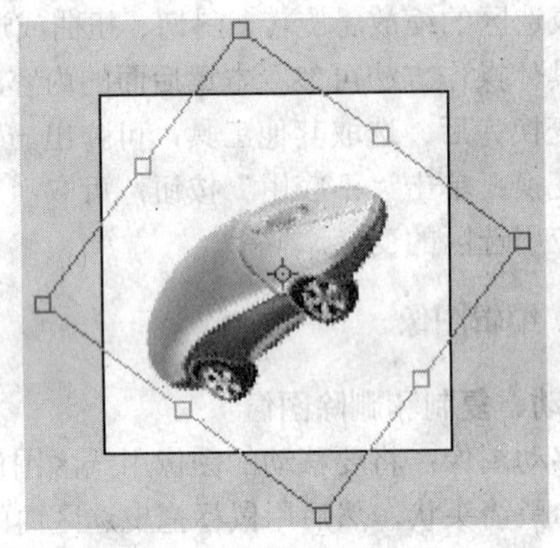

图 4-38 旋转图像

3．图像的裁切和修整

（1）裁切图像：单击“裁切工具”按钮，此时的鼠标指针变为状，然后在图像上拖曳出一个矩形，将要保留的图像圈起来，创建一个矩形裁切区域。再选取其他工具，弹出一个提示框。单击“裁切”按钮，即可完成裁切图像的任务。也可以直接按 Enter 键，完成裁切图像的任务。

（2）“裁切工具”选项栏：单击“裁切工具”按钮后，“裁切工具”选项栏如图 4-39 所示。用鼠标拖曳出一个矩形后的“裁切工具”选项栏如图 4-40 所示。两个选项栏中各选项的作用如下。

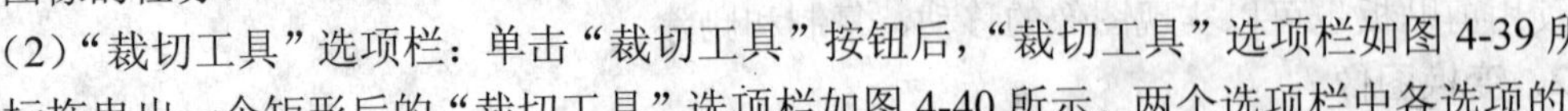

图 4-39 “裁切工具”选项栏

裁切区域: 删除 隐藏 屏蔽 颜色: 不透明度: 75% 透视

图 4-40　“裁切工具”选项栏 2

- “宽度”和“高度”文本框：用来精确确定矩形的裁切区域的宽高比。如果这两个文本框内无数据时，拖曳鼠标可以获得任意宽高比的矩形区域。
- “分辨率”文本框：用来设置裁切后的图像的分辨率，分辨率的单位可通过其右边的下拉列表框来选择。
- “前面的图像”按钮：单击它后，“宽度”、“高度”和“分辨率”按照前面裁切时设置的数据给出。
- “清除”按钮：单击它后，将“宽度”、“高度”和“分辨率”文本框内的数据清除。
- “裁切区域”的选项按钮栏：用来选择裁切掉的图像的处理方式。单击“删除”按钮，则删除裁切掉的图像；单击“隐藏”按钮，则将裁切掉的图像隐藏。

“屏蔽”复选框：选中它后，会在矩形裁切区域外图像上形成一个遮蔽层。“颜色”块用来设置遮蔽层的颜色。“不透明度”文本框用来设置遮蔽层的不透明度。

“透视”复选框：如果单击“删除”按钮，则该复选框变为有效。选中“透视”复选框后，可用鼠标拖曳矩形的裁切区边上的控制柄，使矩形裁切区域呈透视状。

✓按钮：单击它后，进行图像裁切。按 Enter 键也可进行图像裁切。

⊘按钮：单击它后，取消裁切区域，不进行裁切。按 Esc 键也可不进行裁切。

（3）调整裁切区域：在确定宽高比时，所得裁切区域的边界线上有 4 个控制柄；在不确定宽高比时，所得裁切区域的边界线上有 8 个控制柄。裁切区域的中间有一个中心标记，利用它们可以调整矩形裁切区域的大小、位置和旋转角度。

（4）图像的修整：一幅图像如果没有占满整个画布的空间，如图 4-41 左图所示，则会使图像文件没必要地过大。为了在完整保留图像的情况下，又能减小图像文件的大小，可以通过调整画布大小来完成。但是，这种方法显然很不方便，一般需要操作多次才能满意，而且还非常不精确，所以通常不采用这种方法。

进行图像修整的方法是：选中要修理的画布窗口，再选择“图像”/“修整”命令，弹出“修整”对话框，如图 4-41 中图所示。其中的“基于”栏用来确定修整依据的像素或像素颜色。“修掉”栏用来确定多余的内容。设置后，单击“好”按钮即可。修理的画布窗口如图 4-41 右图所示。

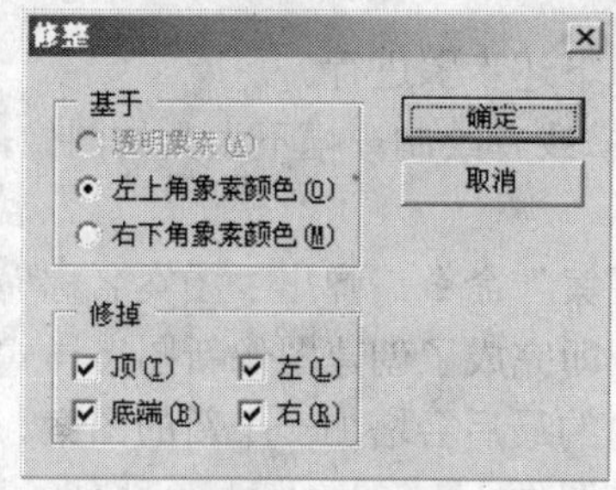

图 4-41　图像的修整

4．图像的填充和描边

（1）使用“油漆桶工具”填充图像

使用“油漆桶工具”可以给选区内颜色容差在设置范围内的区域填充颜色或图案。在选定前景色或图案后，只要在选区内单击即可给单击处和与该处颜色容差在设置范围内的区域填充颜色或图案；没有选区时，单击图像也可给图像填充颜色或图案。

①“油漆桶工具”选项栏

单击“油漆桶工具”按钮，此时的选项栏如图 4-42 所示。该选项栏中一些选项在前面已介绍过了，下面介绍其他选项的作用。

图 4-42 “油漆桶工具”选项栏

“填充”下拉列表框：用来选择填充的方式。它有两个选项：选择“前景”选项后填充的是前景色；选择“图案”选项后填充的是图案，此时图案下拉列表框变为有效。

“图案”下拉列表框：单击该下拉列表框的黑色按钮，可弹出一个“样式”调板，如图 4-43 所示。利用该调板可以设置填充的图案，也可以更换、删除和新建图案样式。

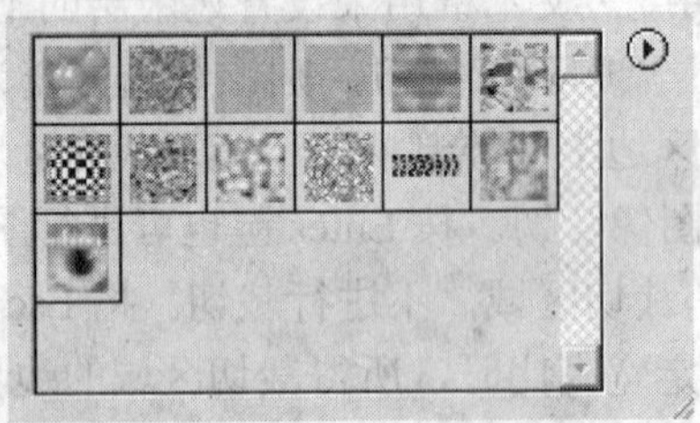

图 4-43 “样式”调板

“容差”文本框：它与“魔棒工具”选项栏中的“容差”文本框的作用基本一样。其数值决定了填充色的范围，其值越大，填充色的范围也越大。

“消除锯齿”复选框：选中它后，可使填充的图像边缘锯齿减小。

“连续的”复选框：在给几个不连续的已填色的选区填充颜色或图案时，如果选中了该复选框，则只给单击的选区填充新颜色或图案；否则给所有选区填充新颜色或图案。注意：这里所说的选区是指选区内颜色容差在设置范围内的区域。

“所有图层”复选框：选中它后，可在所有可见图层内进行操作，即给这些选区内颜色容差在设置范围内的区域填充颜色或图案。

② 创建新填充图案样式

创建新填充图案样式可按照下述步骤进行。

- 导入一幅不太大的图像，或者绘制一幅不太大的图像，或在图像中创建一个矩形（不可以是其他形状）选区。
- 选择“编辑”/“定义图案”命令，弹出“图案名称”对话框，在其文本框内输入图案名称。然后单击“好”按钮，即完成了创建图像新图案样式的工作。

此时在当前“样式”调板内的最后会增加一个新的图案。

(2) 使用“渐变工具”填充图像

使用“渐变工具”可以给选区内填充渐变颜色。没有选区时，在图像内拖曳鼠标，即可给整个画布填充渐变色。

①“渐变工具”与“油漆桶工具”在填充颜色时的主要差别

“渐变工具”在整个选区内填充已选择的渐变色，而不是给颜色容差范围内的区域填充颜色或图案。

“渐变工具”填充渐变色的方法是用鼠标在选区内或选区外拖曳，而不是单击。鼠标拖曳时的起点不同，会产生不同的效果。

② “渐变工具”选项栏

单击“渐变工具”按钮，其选项栏如图 4-44 所示。该选项栏中一些选项在前面已经介绍过了，下面介绍其他选项的作用。

图 4-44　“渐变工具”选项栏

按钮组：用来选择渐变色的填充方式。单击按下其中一个按钮，即可进入一种渐变色填充方式。不同的渐变色填充方式具有相同的选项栏。

“渐变样式”下拉列表框：单击该下拉列表框的黑色箭头按钮，可弹出“渐变样式”调板，如图 4-45 所示。单击一种样式图案，即可完成填充样式的设置。

“反向”复选框：选中该复选框后，可以产生反向渐变的效果。图 4-46 左图所示为没有选中该复选框时填充的效果图；图 4-46 右图所示为选中该复选框时填充的效果图。

图 4-45　“渐变样式”调板

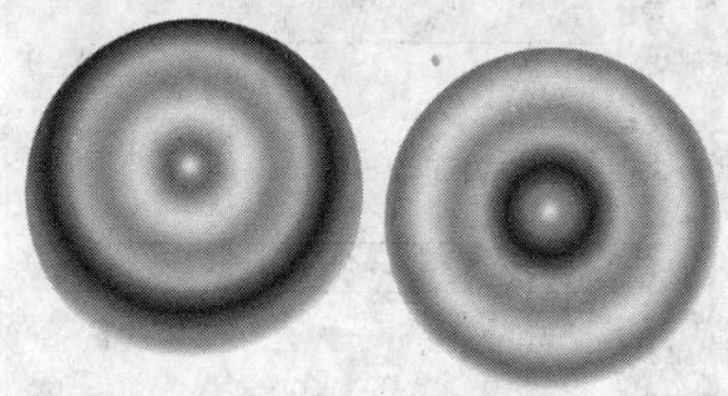

图 4-46　“反向”复选框效果

“仿色”复选框：选中该复选框后，可使填充的渐变色的色彩过渡更加平滑和柔和。

“透明区域”复选框：选中该复选框后，允许渐变层的透明设置，否则禁止渐变层的透明设置。

③ 渐变色填充方式的特点

● “线性渐变”填充：形成由起点到终点的线性渐变效果。起点即鼠标拖曳时单击按下的点，终点即鼠标拖曳时松开鼠标左键的点，如图 4-47（a）所示。

- “径向渐变”填充：形成由起点到选区四周的辐射状渐变效果，如图 4-47（b）所示。
- “角度渐变”填充：形成围绕起点旋转的螺旋渐变效果，如图 4-47（c）所示。
- “对称渐变”填充：可以产生两边对称的渐变效果，如图 4-47（d）所示。
- “菱形渐变”填充：可以产生菱形渐变的效果，如图 4-47（e）所示。

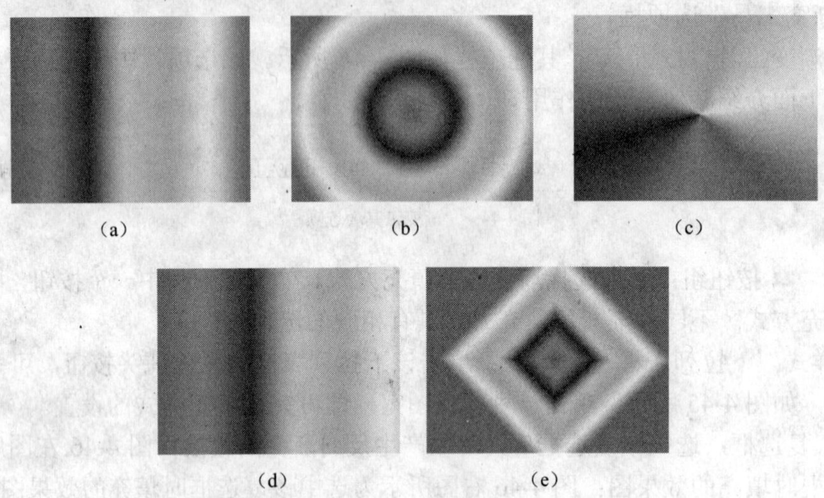

图 4-47　渐变色填充方式

④ 创建新渐变样式

单击“渐变样式”下拉列表框图案处，弹出“渐变编辑器”窗口，如图 4-48 所示。利用该窗口，可以设计新的渐变样式。设计方法及该对话框内主要选项的作用如下。

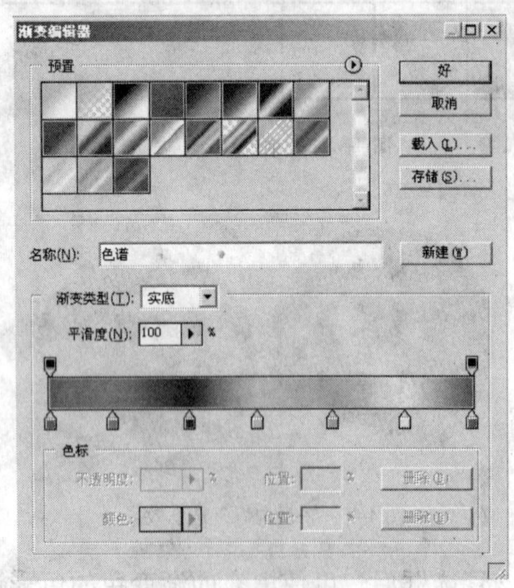

图 4-48　“渐变编辑器”窗口

在渐变设计条下边两个色标之间单击，会增加一个颜色图标（简称色标），色标上面有一个黑色箭头，指示了该颜色的中心点，它的两边各有一个菱形滑块。单击“色板”或“颜色”调板内的一种颜色，即可确定该色标的颜色。也可以双击该色标，调出“拾色器”对话框，利用该对话框来确定色标的颜色。用鼠标拖曳菱形滑块，可以调整颜色的渐变范围。

在进行上述操作后，“色标”栏内的“颜色”下拉列表框、“位置”文本框和“删除”按钮变为有效。利用“颜色”下拉列表框可以选择颜色的来源（背景色、前景色或用户颜色）；改变“位置”文本框内的数据可以改变色标的位置，这与用鼠标拖曳色标的作用一样；单击选中色标，再单击“删除”按钮，即可删除选中的色标。

在渐变设计条上边两个色标之间单击，会增加一个不透明色标和两个菱形滑块，同时“不透明度”文本框、“位置”文本框和“删除”按钮变为有效。利用“不透明度”文本框可以改变色标处的不透明度。

在“名称”文本框内输入新填充样式的名称，再单击“新建”按钮，即可新建一个渐变样式。单击“好”按钮，即可完成渐变样式的创建，并退出该对话框。

单击“存储”按钮，可将当前的“渐变样式”调板存储到磁盘中。单击“载入”按钮，可将磁盘中的“渐变样式”调板追加到当前的“渐变样式”调板的后面。

在“渐变类型”下拉列表框内有两个选项：“实底”和“杂色”选项。选择“杂色”选项后，可利用“渐变编辑器”窗口设置杂色的粗糙程度、杂色颜色模式、杂色的颜色和透明度等。单击“随机化”按钮，可产生不同的杂色渐变样式。

（3）使用“填充”命令和快捷键填充图像

① 使用“填充”命令填充图像

选择“编辑”/“填充”命令，弹出“填充”对话框，如图 4-49 所示。利用该对话框可以给选区填充颜色或图案。

单击“填充”对话框内“使用”下拉列表框的黑色箭头按钮，可弹出使用颜色类型的选项，如图 4-50 所示。如果选择“图案”选项，则“填充”对话框内的“自定义图案”下拉列表框会变为有效，它的作用与“油漆桶工具”选项栏内的“图案”下拉列表框的作用一样。

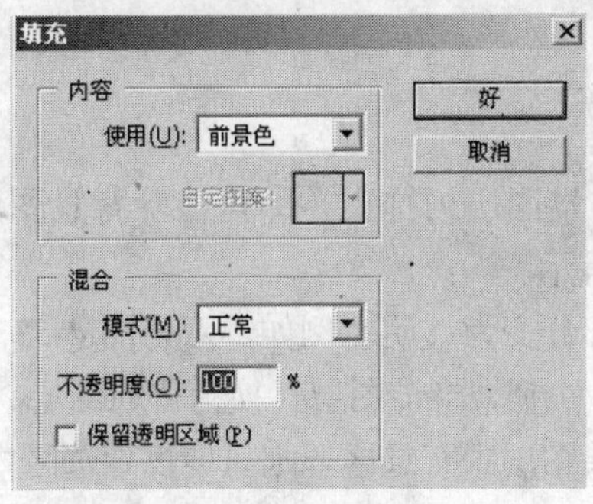

图 4-49 “填充”对话框

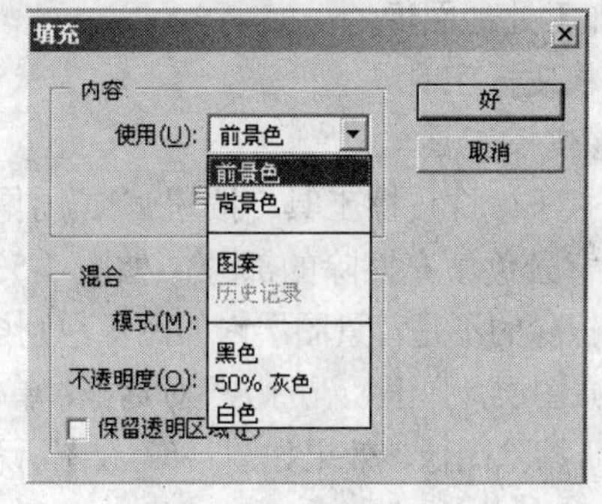

图 4-50 “使用”下拉列表框

② 使用快捷键填充图像

- 按 Ctrl+Del 或 Ctrl+Backspace 键，用背景色填充选区。
- 按 Alt+Del 或 Alt+Backspace 键，用前景色填充选区。

（4）选区描边

① 给选区的边缘描边的方法

- 在画布或图像上创建选区。
- 选择“编辑”/“描边”命令，弹出“描边”对话框。利用该对话框进行描边设置，再单击该对话框内的“好”按钮，即可完成描边任务，如图 4-51 所示。

图 4-51 描边

② “描边”对话框内各选项的作用

“描边”对话框如图 4-52 所示，各选项的作用如下。

- “宽度”文本框：用来输入描边的宽度，单位是像素（px）。
- “颜色”按钮：单击它，可调出“拾色器”对话框，用来设置描边的颜色。
- “位置”栏：选择描边相对于选区边缘线的位置，居内、居中或居外。
- “混合”栏：其中的“模式”下拉列表框和“不透明度”文本框已介绍过了。如果选区是透明的，则“保留透明区域”复选框变为有效，选中它后，不能给透明选区描边。

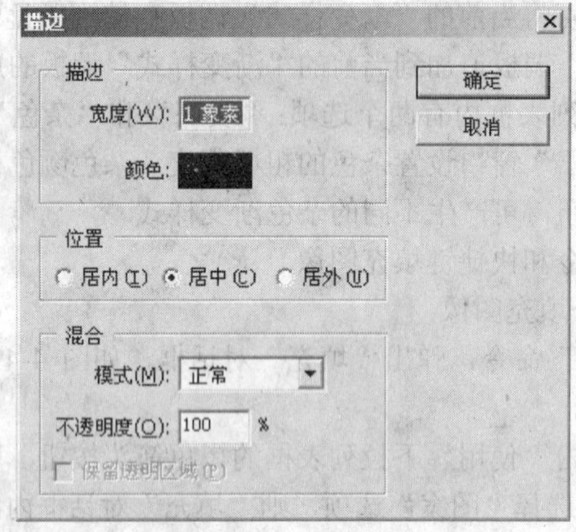

图 4-52 “描边”对话框

5. 加工处理图像

（1）橡皮擦工具

① 橡皮擦工具

单击按下“橡皮擦工具”按钮，用鼠标在背景图层内拖曳，即可擦除背景图层中的图像，并用背景色填充擦除的部分，如图 4-53 左图所示。

如果擦除的不是背景图层内的图像，则擦除的部分变为透明。例如，双击图 4-53 左图所示图像的背景图层，弹出“新图层”对话框，单击“好”按钮，将该图层转换为普通图层。再用“橡皮擦工具”擦除图像，效果如图 4-53 右图所示。如果图层中有选区，则只能擦除选区内的图像。

图 4-53 “橡皮擦工具”的使用

擦除图像可理解为用设定的画笔再重新绘图（绘图色为背景色）。所以画笔绘图中采用的一些方法在擦除图像时也可使用，例如，如果按住 Shift 键，同时拖曳鼠标进行擦除，可沿水平或垂直方向擦除图像；按住 Ctrl 键，可将擦除工具暂时切换到移动工具。

“橡皮擦工具”选项栏如图 4-54 所示。利用它可以设置橡皮的画笔模式、画笔形状和不透明度等。

图 4-54 “橡皮擦工具”选项栏

选中“抹到历史记录”复选框，则擦除图像时，只能擦除历史记录处。另外，还可以在此状态下，用鼠标拖曳，将前面擦除的图像还原（可以不进行历史记录的设置）。

② 背景色橡皮擦工具

使用“背景色橡皮擦工具”擦除图像的方法与使用“橡皮擦工具”擦除图像的方法基本一样，只是擦除背景图层的图像时，擦除部分呈透明状，不填充任何颜色。

“背景色橡皮擦工具”选项栏如图 4-55 所示。利用它可以设置橡皮的画笔形状、不透明度和动态画笔等。前面没有介绍过的一些选项的作用如下。

图 4-55 “背景色橡皮擦工具”选项栏

- “限制”下拉列表框：它用来设定画笔擦除当前图层图像时的方式，它有 3 个选项。
  - “不连续”：只擦除当前图层中与取样颜色（成为当前背景色）相似的颜色。
  - “临近”：擦除当前图层中与取样颜色相邻的颜色。
  - “查找边缘”：擦除后可以显示清晰的擦除区域的边缘。
- “容差”带滑动块的文本框：用来设置系统选择颜色的范围，即颜色取样允许的彩色容差值。该数值的范围是 1%～100%。容差值越大，取样和擦除的选区也越大。
- “保护前景色”复选框：选择该复选框后，将保护与前景色匹配的区域。
- “取样”下拉列表框：用来设置取样模式，它有 3 个选项。
  - “连续”：在拖曳鼠标时，取样颜色会随之变化，背景色也随之变化。
  - “一次”：在鼠标单击时进行颜色取样，以后拖曳鼠标不再进行颜色取样。
  - “背景色板”：取样的颜色为原来设置的背景色，所以只擦除与背景色一样的颜色。

③ 魔术橡皮擦工具

使用“魔术橡皮擦工具”可智能擦除图像。单击按下它后，只要在要擦除的图像处单击鼠标左键，即可擦除单击点和相邻区域内或整个图像中与鼠标单击点颜色相近的所有颜色。

它的选项栏如图 4-56 所示。前面没有介绍过的选项的作用如下。

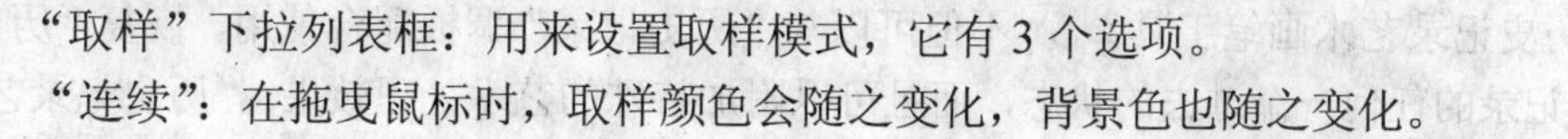

图 4-56 “魔术橡皮擦工具”选项栏

- “容差”文本框：用来设置颜色取样允许的彩色容差值。该数值的范围是 0～255。容差值越大，取样和擦除的选区也越大；容差值越小，取样和擦除的选区也越小。

● “临近”复选框：选中该复选框后，擦除的是整个图像中与鼠标单击点颜色相近的所有颜色，否则擦除的区域是与单击点相邻的区域。

（2）历史记录笔工具

① 历史记录画笔工具

“历史记录画笔工具”与“历史记录”调板配合使用，可以恢复“历史记录”调板中记录的任何一个过去的状态。“历史记录画笔工具”选项栏如图 4-57 所示。它的选项在前面都曾介绍过。下面介绍一个使用“历史记录画笔工具”的例子。

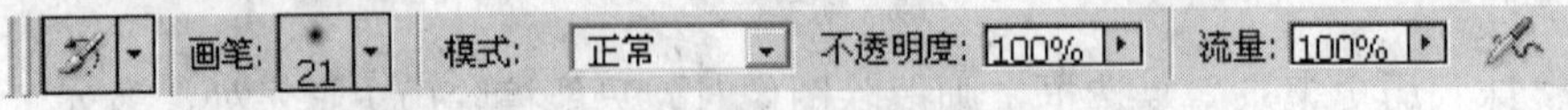

图 4-57 “历史记录画笔工具”选项栏

● 采用给选区填充图案的方法，绘制图 4-58 左图所示的图像。

● 用“魔术橡皮擦工具”擦除图 4-58 左图中选区内的白色背景，效果如图 4-58 右图所示。

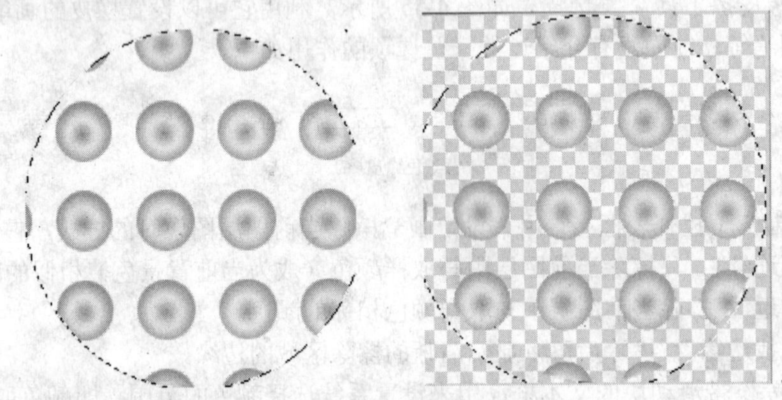

图 4-58 “魔术橡皮擦工具”的使用

② 历史记录艺术画笔工具

“历史记录艺术画笔工具”不但可以与“历史记录”调板配合使用，恢复“历史记录”调板中记录的任何一个过去的状态，而且可以附加特殊的艺术处理效果。“历史记录艺术画笔工具”选项栏如图 4-59 所示。前面没有介绍过的选项的作用如下。

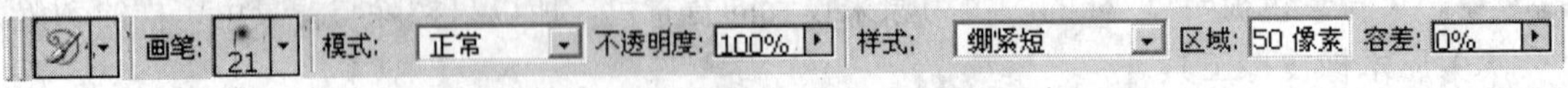

图 4-59 “历史记录艺术画笔工具”选项栏

● “样式”下拉列表框：选择不同的样式，可以获得不同的恢复效果。

● “区域”文本框：设置操作时鼠标指针作用的范围。

● “容差”文本框：用来设置系统选择颜色的范围，即颜色取样允许的彩色容差值。该数值的范围是 0%～100%。

（3）图章工具组和渲染工具组

① 图章工具组

“仿制图章工具”可以将图像的一部分复制到同一幅图像其他位置或其他图像中。

它的选项栏如图 4-60 所示。使用“仿制图章工具” 复制图像的方法如下。

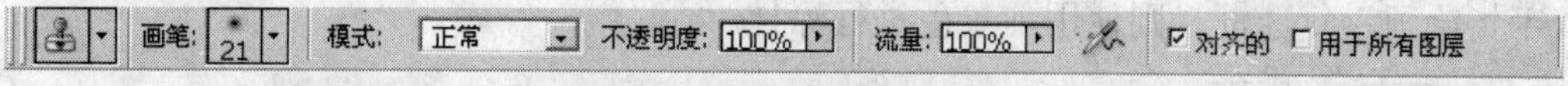

画笔: 21　模式: 正常　不透明度: 100%　流量: 100%　☑对齐的　□用于所有图层

图 4-60　“仿制图章工具”选项栏

- 打开一幅人物图像和一幅风景图像。下面将人物图像的全部或一部分复制到风景图像中。注意：打开的两幅画像应具有相同的彩色模式。
- 单击“仿制图章工具”按钮 ，在其选项栏内进行画笔、模式、不透明度等设置，如图 4-60 所示。再选择“对齐的”复选框，其目的是复制一幅图像。
- 按住 Alt 键，同时用鼠标单击人物图像的右边部分（此时鼠标指针变为图章形状 ），则单击的点即为复制图像的基准点（即采样点）。因为选择了“对齐的”复选框，所以系统将以基准点对齐，即使是多次复制图像，也是复制一幅图像。
- 单击风景图像画布，选中风景图像画布窗口。在风景图像内用鼠标拖曳，即可将人物图像以基准点为中心复制到风景图像中。如果在复制中多次重新拖曳鼠标，也不会重新复制图像，而是继续前面的复制工作，直到整幅人物图像复制完毕，如图 4-61 左图所示。
- 如果不选择“对齐的”复选框，则在复制图像中，重新拖曳鼠标时，将会重新复制图像，而不是继续前面的复制工作。这样复制后的图像如图 4-61 右图所示。

图 4-61　“仿制图章工具”的使用

“图案图章工具” 与“仿制图章工具” 的功能基本一样，只是它复制的不是以基准点确定的图像，而是图案。

② 渲染工具组

工具箱内的渲染工具分别放置在两个工具组中，共有 6 个工具，它们的作用如下。

- “模糊工具” ：是用来将图像突出的色彩和锐利的边缘进行柔化，使图像模糊。

其选项栏如图 4-62 所示。“强度”（也叫压力）文本框是用来调整压力大小的，压力值越大，模糊的作用越大。

画笔: 13　模式: 正常　强度: 50%　□用于所有图层

图 4-62　“模糊工具”选项栏

- “锐化工具” ：与“模糊工具” 的使用方法一样，但作用正好相反，它是用来将图像相邻颜色的反差加大，使图像的边缘更锐利。其选项栏如图 4-63 所示。

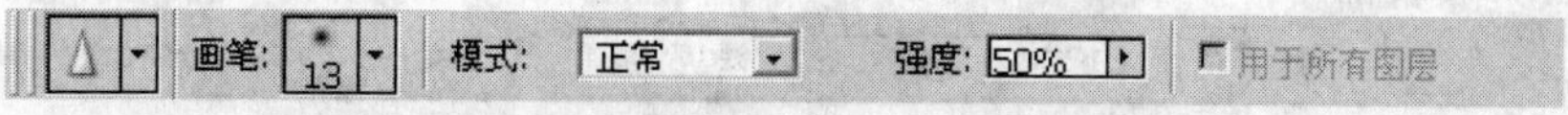

画笔: 13　模式: 正常　强度: 50%　□用于所有图层

图 4-63　“锐化工具”选项栏

● “涂抹工具”：可以使图像产生涂抹的效果。其选项栏如图 4-64 所示。如果选择“手指绘画”复选框，则使用前景色进行涂抹。

图 4-64 “涂抹工具”选项栏

● “减淡工具”：它的作用是使图像的亮度增加，使图像变淡。其选项栏如图 4-65 所示。其中各选项作用如下。

图 4-65 “减淡工具”选项栏

“范围”下拉列表框：它有 3 个选项，“暗调”选项是对图像的暗色区域进行亮化，“中间调”选项是对图像的中间色调区域进行亮化，“高光”选项是对图像的高亮度区进行亮化。

“曝光度”文本框：用来设置曝光度大小，取值范围是 1%～100%。

● “加深工具”：它的作用是使图像的亮度减小，使图像变模糊。其选项栏如图 4-66 所示。

图 4-66 “加深工具”选项栏

● “海绵工具”：它的作用是使图像的色饱和度增加或减小。其选项栏如图 4-67 所示，选择“模式”下拉列表框中的“去色”选项，则使图像的色饱和度减小；如果选择“模式”下拉列表框中的“加色”选项，则使图像的色饱和度增加。

图 4-67 “海绵工具”选项栏

（4）修复工具组

修复工具组有“修复画笔工具”和“修补工具”。它们的作用很像图章工具组的工具。“仿制图章工具”只是将采样点附近的像素直接复制到需要的地方。“修复画笔工具”和“修补工具”只复制采样区域像素的纹理到鼠标涂抹的作用区域，保留工具作用区域的颜色和亮度值不变，并尽量将作用区域的边缘与周围的像素融合。

使用“修复画笔工具”和“修补工具”的过程是一个不断试验和修正的过程。如果从一个区域选择进行修补的效果没有达到所期望的效果，可运用恢复功能并重新选择一个区域进行修补，一直到满意为止。有一点需要注意：使用“修复画笔工具”的时候并不是一个实时过程。就像使用“图章工具”一样，当在想修复的区域喷涂时，只有停止喷涂，Photoshop 才开始处理信息并完成修复。

修复工具组两个工具的作用如下。

① 修复画笔工具

“修复画笔工具”选项栏如图 4-68 所示。其中各选项的作用如下。

图 4-68 “修复画笔工具”选项栏

● “源”选项栏：它有两个单选钮。选择“样本”单选钮后，需要先取样，再复制；选择“图案”单选钮后，不需要取样，复制的是选择的图案。选择“图案”单选钮后，其右边的图案选择列表会变为有效，单击它的黑色箭头按钮可以调出“图案”调板，用来选择图案。

● “对齐的”复选框：选择该复选框，可以复制一幅图像，系统将以基准点（即采样点）对齐，即使是多次复制图像，也是复制一幅图像；不选择该复选框，则在复制图像中，重新拖曳鼠标时，将会重新复制图像，而不是继续前面的复制工作。

在选择了“样本”单选钮后，使用“修复画笔工具”复制图像的方法和“仿制图章工具”的使用方法相同，都是先按住 Alt 键，同时用鼠标选择一个采样点，然后选择合适的笔刷，通过拖曳鼠标在要修补的部分涂抹。

图 4-69 左图所示为原图，右图所示为经过“修复画笔工具”修复后的最后效果图。

图 4-69　“修复画笔工具”效果

② 修补工具

“修补工具”选项栏如图 4-70 所示。其中各选项的作用如下。

图 4-70　“修补工具”选项栏

● “修补”栏：该栏有两个单选钮。选中“源”单选钮后，则选区中的内容为要修改的内容；选中“目的”单选钮后，则选区移到的区域中的内容为要修改的内容。

● “使用图案”按钮：在创建选区后，该按钮和其右边的图案选择列表将变为有效。选择要填充的图案后，单击该按钮，即可将选中的图案填充到选区当中。

“修补工具”的使用方法有些特殊，更像打补丁。首先使用“修补工具”或其他选区工具将需要修补的地方定义出一个选区，然后，使用“修补工具”，选中选项栏中的“源”单选钮，再将选区拖曳到希望 Photoshop 采样的地方即可。图 4-71 所示三幅图从左到右分别是定义选区、将选区拖曳到采样区域和最后结果的图例。

图 4-71　“修补工具”的使用

（5）图像的色彩调整

选择“图像”/“调整”命令，弹出其子菜单。利用该菜单可以进行图像的色彩调整。图像的色彩调整包括色阶调整、色相 / 饱和度调整、反相调整、色调调整和变化调整等。此处只介绍图像色阶和图像曲线的调整，其他调整很容易，读者可自行试验。

① 图像的色阶直方图

先来了解两个重要的概念。

● 色域：一种模式的图像可以有的颜色数目叫做色域。例如，灰色模式的图像，每个像素用一个字节（8bit）表示，则灰色模式的图像最多可有 2^8=256 种颜色，它的色域为 0～255。RGB 模式的图像，每个像素的颜色用红、绿、蓝 3 种基色按不同比例混合得到，如果一种基色用一个字节表示，则 RGB 模式的图像最多可有 224 种颜色，它的色域为 0～224−1。

● 色阶：色阶就是图像像素每一种颜色的亮度值，它有 2^8=256 个等级，色阶的范围是 0～255。其值越大，亮度越暗；其值越小，亮度越亮。如果一幅图像的色阶等级越多，则图像的层次越丰富，图像也越好看。

图像的色阶直方图用于观察图像中不同色阶的像素个数。色阶直方图只可以用来观察，不可以进行修改。

选择“图像”/“直方图”命令，弹出“直方图”对话框。用鼠标在“直方图”图形中拖曳选区一部分，此时的“直方图”对话框如图 4-72 所示。直方图图形和各文字的含义如下。

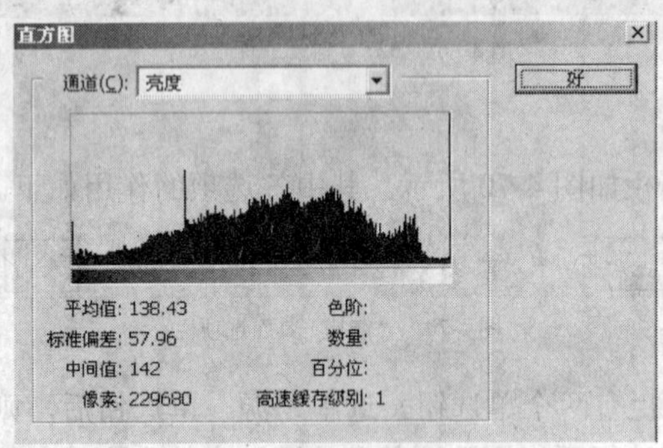

图 4-72 “直方图”对话框

● 直方图图形：这是一个坐标图形，横轴表示色阶，其取值范围为 0～255，最左边为 0，最右边为 255；纵轴表示具有该色阶的像素数量。当鼠标指针在直方图图形内移动时，提示信息栏会给出鼠标指针点的色阶值和相应的具有该色阶的像素个数等信息。

● “通道”下拉列表框：用来选择亮度和颜色通道，以观察不同通道图像的色阶情况。对于不同模式的图像，其下拉列表框中的选项不一样，但都有“亮度”选项。

● 平均值：表示图像色阶的平均值。

● 标准偏差：表示图像色阶分布的标准偏差。该值越小，则所有像素的色阶就越接近色阶的平均值。

● 中间值：表示图像像素色阶的中间值。

● 像素：整个图像或选区内的图像像素总个数。

● 色阶：鼠标指针处的色阶值。如果用鼠标在直方图图形内水平拖曳，选中一个色阶区域，则该项给出的是色阶区域内色阶的范围。

- 数量：鼠标指针处具有该色阶的像素个数。有色阶区域时给出该区域内像素的个数。
- 百分位：小于或等于鼠标指针处的色阶的像素个数占总像素个数的百分比。有色阶区域时，给出该区域内像素个数占总像素个数的百分比。
- 高级缓存级别：显示图像高级缓存的设置编号。

② 图像的色阶调整

选择“图像”/“调整”/“色阶”命令，弹出“色阶”对话框，如图 4-73 所示。该对话框中各选项的作用如下。

- “通道”下拉列表框：用来选择复合通道（如 RGB 通道）和颜色通道（如红、绿、蓝通道）。对于不同模式的图像，下拉列表框中的选项不一样，其色阶情况也不一样。
- “输入色阶”文本框：从左到右分别用来设置图像的最小、中间和最大色阶值。当图像色阶值小于设置的最小色阶值时，图像像素为黑色；当图像色阶值大于设置的最大色阶值时，图像像素为白色。最小色阶值的取值范围是 0～253，最大色阶值的取值范围是 1～255，中间色阶值的取值范围是 0.10～9.99。当输入的数值超出规定的范围后，系统会显示提示信息。显然，最小色阶值和最大色阶值越大，图像越暗；中间色阶值越大，图像越亮。

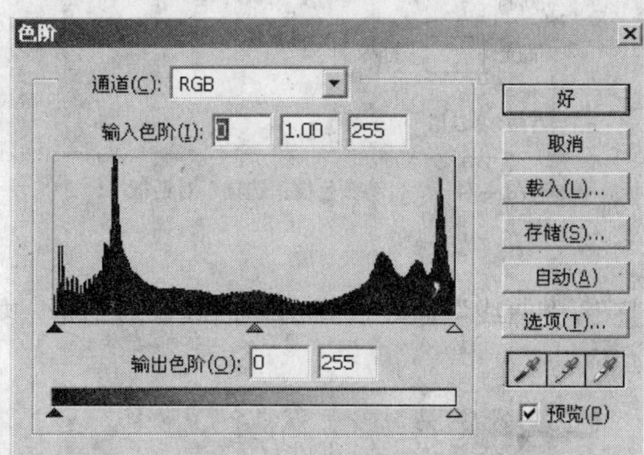

图 4-73　“色阶”对话框

- 色阶直方图：它的横坐标上有 3 个滑块，分别拖曳它们，可以调整最小、中间和最大色阶值。
- “输入色阶”文本框：左边的文本框用来调整图像暗的部分的色阶值，右边的文本框用来调整图像亮的部分的色阶值，中间的文本框用来调整图像中间部分的色阶值。它们的取值范围都是 0～255。数值越大，图像越亮。
- “载入”按钮：用来载入磁盘中扩展名为.ALV 的设置文件。
- “存储”按钮：可将当前的设置存到磁盘中，文件的扩展名为.ALV。
- “自动”按钮：单击它后，系统把图像中最亮的 0.5%像素调整为白色，把图像中最暗的 0.5%像素调整为黑色。
- 吸管按钮组：从左到右 3 个吸管按钮的名字分别为：“设置黑场”、“设置灰点”和“设置白场”。单击它们后，当鼠标指针移到图像或“颜色”调板上时，单击鼠标左键，即可获得单击处像素的色阶数值。

◆ 单击“设置黑场”吸管按钮：系统将图像像素的色阶数值减去吸管获取的色阶数值，作为调整图像各个像素的色阶数值。这样可以使图像变暗并改变颜色。

◆ 单击“设置灰点”吸管按钮：系统将吸管获取的色阶数值，作为调整图像各个像素的色阶数值。这样可以改变图像亮度和颜色。

◆ 单击“设置白场”吸管按钮：系统将图像像素的色阶加上吸管获取的色阶数值，作为调整图像各个像素的色阶数值。这样可以使图像变亮并改变颜色。

● “选项”按钮：单击它可弹出“自动颜色校正选项”对话框，如图 4-74 所示，利用该对话框可以设置自动颜色校正的算法和目标颜色等。

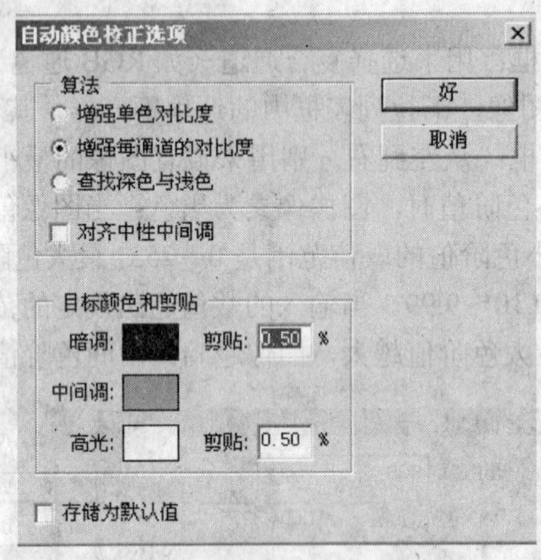

图 4-74 “自动颜色校正选项”对话框

③ 图像的曲线调整

选择“图像”/“调整”/“曲线”命令，弹出“曲线”对话框，如图 4-75 所示。“曲线”对话框中各选项的作用如下。

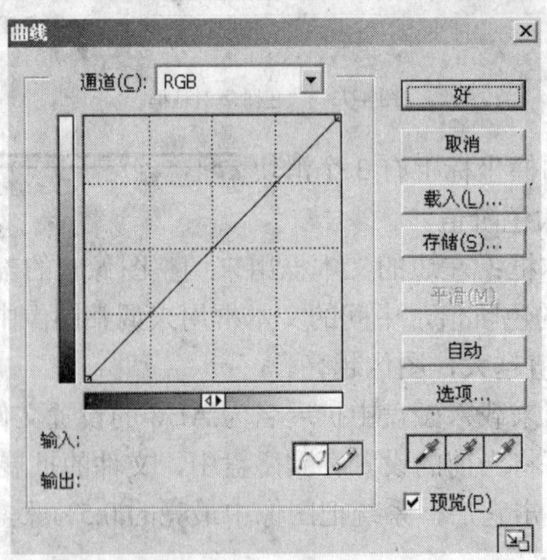

图 4-75 “曲线”对话框

● 色阶曲线水平轴：表示原来图像的色阶值，即色阶输入值。单击水平轴上中间处的光谱条圈，可以使水平轴和垂直轴的黑色与白色互换。

● 色阶曲线垂直轴：表示调整后图像的色阶值，即色阶输出值。

● 型按钮：单击按下该按钮后，将鼠标移到色阶曲线处。当鼠标指针呈十字箭头状或十字线状时，拖曳鼠标可以调整曲线的弯曲程度，从而调整图像相应像素的色阶。单击鼠标左键，可以在曲线上生成一个空心正方形的控制点。选中控制点（空心正方形变为黑色实心正方形），可使“输入”和“输出”文本框出现。调整这两个文本框内的数值，可以改变控制点的输入和输出色阶值。将鼠标指针移开曲线，当鼠标指针呈白色箭头状时，单击鼠标左键，可以取消控制点的选取，同时“输入”和“输出”文本框消失，只是显示鼠标指针点的输入和输出色阶值。

● 按钮：单击按下该按钮后，将鼠标移到色阶曲线处。当鼠标指针呈画笔状时，拖曳鼠标可改变曲线的形状。此时“平滑”按钮变为有效，单击它可使曲线平滑。

4.3 图层、通道、路径基础

4.3.1 图层

1．图层的基本概念与“图层”调板简介

（1）图层的基本概念

图层可以看成是一张张透明胶片。当多个没有图像的图层叠加在一起时，可以看到最下面的背景图层；当多个有图像的图层叠加在一起时，可以看到各图层图像叠加的效果。图层有利于实现图像的分层管理和处理，可以分别对不同图层的图像进行加工处理，而不会影响其他图层内的图像。各图层相互独立，但又相互联系，可以将各图层进行随意的合并操作。在同一个图像文件中，所有图层具有相同的属性。各图层可以合并后输出，也可以分别输出。

Photoshop 7.0 中的图层有 6 种类型：形状、普通、背景、文字、填充和调整。形状图层用来绘制形状图形。普通图层和背景图层中只可以存放图像和绘制图像，背景图层是最下面的图层，它是不透明的，一个图像文件只有一个背景图层。文字图层内只可以输入文字。填充图层和调整图层内主要用来存放图像的色彩等信息。

（2）“图层”调板简介

“图层”调板是用来管理图层的，如图 4-76 所示，其中各选项作用如下。

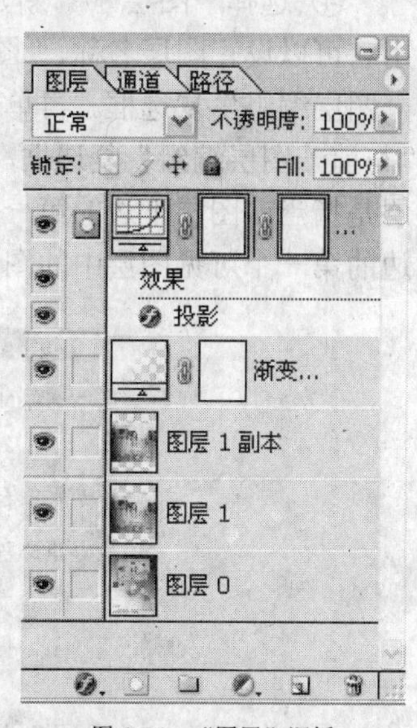

图 4-76　“图层”调板

● “色彩混合模式”下拉列表框：是指绘图颜色与图像原有的底色采用什么方式混合。

● 不透明度: 52% 文本框：用来调整当前图层的不透明度。

● 填充: 100% 文本框：用来调整下一个图层的不透明度。

● “锁定”按钮栏：它有 4 个按钮，用来设置锁定图层的锁定内容，一旦锁定后，就不可以再进行编辑和加工。单击“图层”调板中某一图层，再单击这一栏的按钮，即可锁定。锁定的图层会显示出一个“锁定全部标记”或“锁定部分标记”。

◆ 单击“锁定透明像素”按钮：禁止对该图层的透明区域进行编辑。

◆ 单击“锁定图像像素”按钮：禁止对该图层（包括透明区域）进行编辑。

◆ 单击“锁定位置”按钮：用来锁定图层中的图像位置，禁止移动该图层。

◆ 单击“锁定全部”按钮：禁止对该图层进行编辑和移动。

单击选中要解锁的图层，再单击“图层锁定”按钮栏中相应的按钮，使它们呈抬起状。

● “图层显示”标记：有该标记时，表示该图层处于显示状态。单击该标记，即可使之消失，该图层就处于不显示状态；用鼠标右键单击该标记，会弹出一个快捷菜单，利用该菜单可以选择隐藏本图层，还是隐藏其他图层而只显示本图层。

● “删除图层”按钮：单击选中一个图层，再单击该按钮，即可将选中的图层删除。也可将要删除的图层拖曳到“删除图层”按钮上，再松开鼠标左键，来删除图层。

● “创建新的图层”按钮：单击选中一个图层，再单击该按钮，即可在当前图层上创建一个普通图层。

2. 创建图层

（1）创建背景图层

① 选择“文件”/“新建”命令，弹出“新建”对话框。在该对话框内，选择“白色”或“背景色”单选钮，再单击“好”按钮，即可创建一个有背景图层的画布窗口。

②在画布窗口内没有背景图层时，单击选中一个图层，再选择“图层”/“新建”/“背景图层”命令，即可将当前的图层转换为背景图层。

（2）创建普通图层

① 选择“文件”/“新建”命令，弹出“新建”对话框，选择“透明”单选钮，再单击“好”按钮，即可创建一个只有普通图层的画布窗口。

② 单击“图层”调板内的“新建图层”按钮，即可在当前图层上创建一个普通图层。

③ 将剪贴板中的图像粘贴到当前画布中时，会自动在当前图层中创建一个新的普通图层。按住 Ctrl 键，同时将一个画布内选区中的图像拖曳到另一个画布内时，会自动在目标画布内当前图层上创建一个新的普通图层，同时复制选中的图像。

④ 选择“图层”/“新建”/“图层”命令，弹出“新图层”对话框，如图 4-77 所示。利用它可以设置图层名称、“图层”调板内图层的颜色、模式和不透明度等，同时不选中“与前一图层编组”复选框。再单击“好”按钮，即可在当前图层上创建一个普通图层。如果选中“与前一图层编组”复选框，则新创建的图层与前一图层进行编组（即组成图层组），前一图层是指当前图层下边的第一个可见图层。此时，在新创建的图层内进行的操作将只影响其下边的第一个可见图层中的图像。

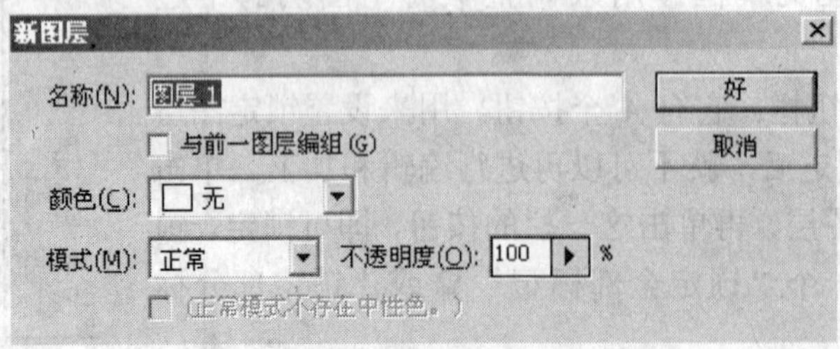

图 4-77 “新图层”对话框

⑤ 单击选中“图层”调板中的背景图层，选择“图层”/“新建”/“背景图层”命令，

弹出“新图层”对话框。单击“好”按钮，可将背景图层转换为普通图层。

⑥ 选择“图层”/“新建”/“通过拷贝的图层”命令，即可在指定的图像文档中创建一个新图层，并将原当前图层选区中的或所有图像复制到新创建的图层中。

⑦ 选择“图层”/“新建”/“通过剪切的图层”命令，可以创建一个新图层。通过剪切产生图层，会将原来当前图层选区中的图像移到新创建的图层中。

⑧ 选择“图层”/“复制图层”命令，弹出“复制图层”对话框，如图 4-78 所示。利用它可以在“为”文本框内输入图层的名称，在“文档”下拉列表框内选择目标图像文档等。再单击“好”按钮，即可将当前图层复制到目标图像中。如果在“文档”下拉列表框内选择的是当前图像文档，则在当前图层上复制一个图层。

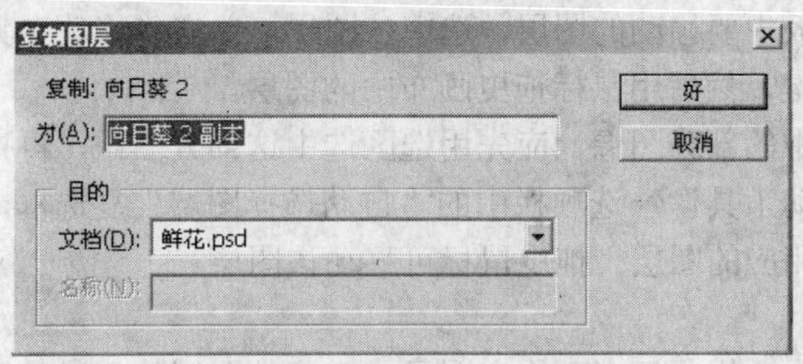

图 4-78 “复制图层”对话框

（3）创建填充图层和调整图层

填充图层和调整图层实际是同一类图层，在“图层”调板中，它们的表示形式基本一样，而与其他类型图层的表示形式不一样。填充图层和调整图层存放可以对其下边图层的选区或整个图层（没有选区时）进行色彩等调整的信息，可对它进行编辑，不会对其下边图层图像造成永久性改变。一旦隐藏或删除填充图层和调整图层后，其下边图层的图像会恢复原状。

① 创建调整图层：选择“图层”/“新调整图层”命令，弹出其子菜单，如图 4-79 左图所示。再单击子菜单中的相应选择，可弹出“新图层”对话框。利用它可以设置图层名称、颜色、模式和不透明度等。再单击“好”按钮，可调出相应的对话框，再进一步进行色阶、色彩平衡或亮度 / 对比度等设置。设置完后，单击“好”按钮，即可创建一个调整图层。图 4-79 右图所示为创建了两个调整图层的“图层”调板。

② 创建填充图层：选择“图层”/“新填充图层”命令。以后的操作与创建调整图的操作基本一样。只是进行颜色、渐变色或图案的设置。

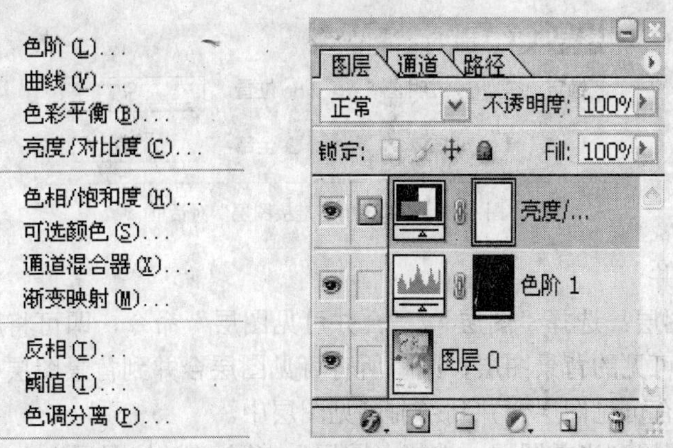

图 4-79 创建调整图层

③ 创建填充图层和调整图层还可以采用如下方法：单击“图层”调板内的“创建新的填充或调整图层”按钮，弹出一个菜单，该菜单集中了前面所述的所有命令。选择菜单中的一个命令，即可完成创建填充图层或调整图层的任务。

④ 调整填充图层和调整图层的内容：选择“图层”/“更改图层内容”命令，弹出类似图4-79所示的子菜单。选择这些命令，可调出相应的调板，利用该调板可进行调整。或者选择“图层”/“图层内容选项”命令，可以根据当前图层的类型调出相应的调板。利用调出的调板可调整填充图层和图层中的内容，例如调整它们的亮度和对比度等。

3．编辑图层

（1）图层的移动

单击“图层”调板中要移动的图层，选中该图层，单击“移动工具”按钮，或在使用其他工具时按住Ctrl键，然后用鼠标拖曳画布中的图层。

如果要移动图层中的部分图像，应先用选区选中这部分图像，再拖曳选区中的图像。

如果选中了“移动工具”选项栏中的“自动选择图层”复选框，则单击非透明区内的图像时，可自动选中相应的图层。拖曳鼠标可移动该图层。

（2）图层的排列

在“图层”调板内，用鼠标上下拖曳图层，可调整图层的相对位置。

选择“图层”/“排列”命令，弹出其子菜单，再单击子菜单中的命令，可以移动当前图层。

（3）图层的链接

图层建立链接后，许多操作会对所有建立链接的图层一起进行，如图层的移动等。

① 链接图层：在“图层”调板内，用鼠标单击眼睛列右边的方块，使其内出现链接标记，即可将该图层与当前图层建立链接。

② 取消图层的链接：再单击链接标记，即可取消链接标记，也就取消了图层的链接。

③ 对齐和分布链接图层：选择“图层”/“对齐链接图层”命令，弹出其子菜单，再选择子菜单中的命令。

④ 锁定所有链接图层：选择“图层”/“锁定所有链接图层”命令，弹出“锁定所有链接图层”对话框，如图4-80所示。利用它可以选择锁定方式，再单击“好”按钮，即可将所有链接的图层按要求锁定。

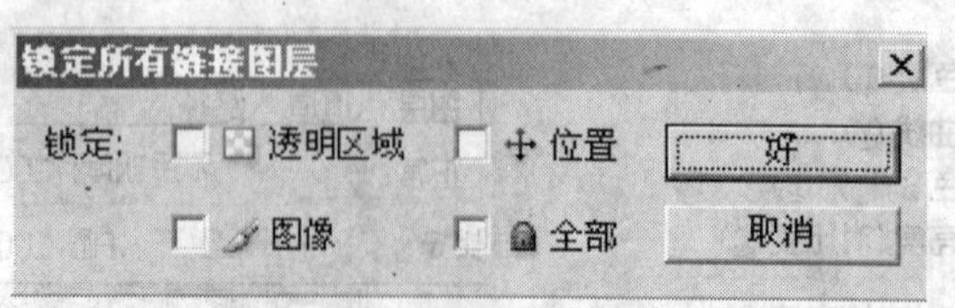

图4-80 “锁定所有链接图层”对话框

（4）图层的合并

① 合并可见图层：选择“图层”/“合并可见图层”命令，即可将所有可见图层合并为一个图层。如果有可见的背景图层，则将所有可见图层合并到背景图层中。如果没有可见的背景图层，则将所有可见图层合并到当前可见图层中。

② 合并链接图层到当前图层：选择“图层”/“合并链接图层”命令。

③ 合并所有图层到背景图层：选择“图层”/“拼合图层”命令。

合并图层也可利用“图层”调板菜单命令。合并图层可使图像文件变小。

（5）图层的修边

在进行图层编辑后，会因为粘贴图像而将图像的边缘杂色导入图像中。这时可以选择“图层”/“修边”命令，弹出其子菜单，再选择子菜单中的命令，可以清除图像边缘的杂色，使导入的图像边缘和图层原有部分融为一体。各“修边”命令的作用如下。

- “去边”：用邻近边缘的颜色（单色）取代图像边缘杂色中的黑色。
- “移去黑色杂边”：将导入图像的边缘中的黑色删除。
- “移去白色杂边”：将导入图像的边缘中的白色删除。

（6）改变图层的透明度

① 单击选中“图层”调板中要改变不透明度的图层。

② 单击“图层”调板中的“不透明度”文本框内部，然后输入新的不透明度数值。也可以单击它的黑色箭头按钮，再用鼠标拖曳滑块，调整不透明度数值大小。

要观察各图层的不透明度可以单击“图层”调板中的图层，即可在“不透明度”文本框内看到该图层的不透明度数值。

（7）改变“图层”调板中图层的属性

① 改变“图层”调板中图层的颜色和名称：选择“图层”/“图层属性”命令，弹出“图层属性”对话框。利用该对话框可以改变“图层”调板中图层的颜色和图层的名称。

② 改变“图层”调板中图层预览缩图的大小：单击“图层”调板菜单中的“调板选项”命令，弹出“图层调板选项”对话框。单击该对话框中的选项按钮，再单击“好”按钮，即可改变“图层”调板中图层预览缩图的大小。

（8）将图层组成图层组

图层组也叫图层集，它是若干图层的集合，就像文件夹一样。当图层较多时，可以将一些图层组成图层组，这样便于观察和管理。在“图层”调板中，可移动图层组与其他图层的相对位置，改变图层组的颜色和大小。在改变图层组的属性时也就改变了其内所有图层的属性。

① 将链接的图层创建一个新的图层组：将几个图层建立链接，如图 4-81 左图所示。再选择“图层”/“新建”/“图层组来自链接的图层”命令，弹出“新组自链接的”对话框。利用它可以给图层组命名，设定颜色、不透明度和模式，再单击“好”按钮，即可创建一个新的图层组，如图 4-81 右图所示，同时将所有链接的图层放置在该图层组中。

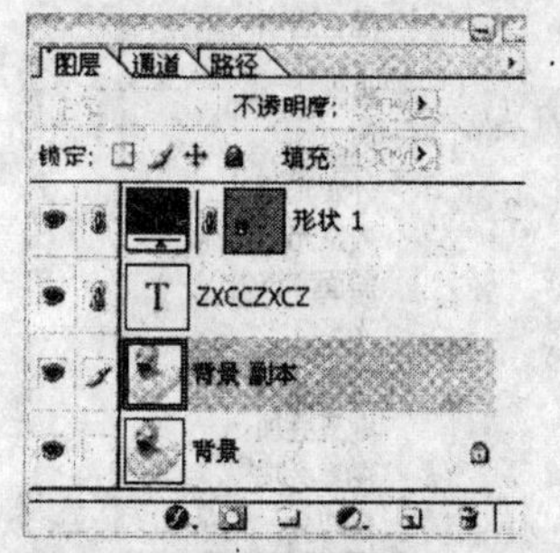

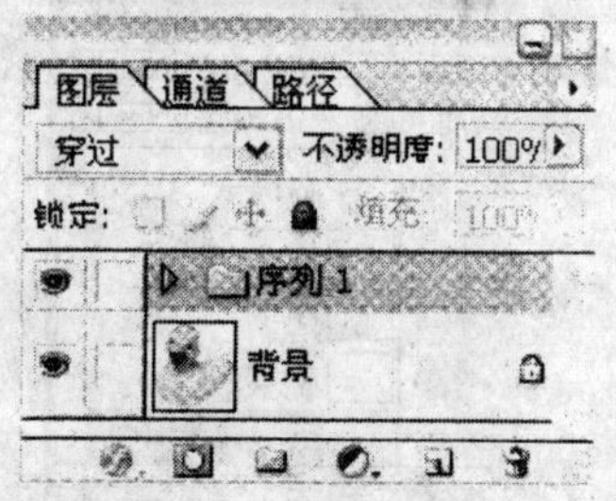

图 4-81　将链接的图层创建一个新图层组

② 创建一个新的空图层组：选择“图层”/“新建”/“图层组”命令，弹出“新图层组”对话框。进行设置后单击“好”按钮，即可在当前图层上创建一个新的空图层组。也可以单击“图层”调板中的“创建新组”按钮▭。

③ 图层组的删除、复制与属性的改变：其方法与对图层的操作一样，只是菜单选项中的“图层”改为“图层组”。例如，选择“删除图层组”命令后，会弹出一个提示框。单击其中的“组和内容”按钮，可将图层组和其内的所有图层一起删除。单击“仅限组”按钮，可只删除图层组。

④ 将图层移入和移出图层组：用鼠标拖曳“图层”调板中的图层，移到图层组的▭图标上，当该图标变为黑色时，松开鼠标左键，即可将拖曳的图层移到图层组中。向左拖曳图层组中的图层，即可将图层组中的图层移出图层组。

（9）图层像素化

画布窗口内如果有矢量图形（如文字等），可以将它们转换成点阵图像，这就叫图层像素化。图层像素化的方法如下。

① 单击选中有矢量图形的图层。

② 选择“图层”/“像素化”命令，弹出其子菜单。如果选择子菜单中的“图层”命令，即可将选中的图层内的所有矢量图形转换为点阵图像；如果选择子菜单中的“文字”命令，即可将选中的图层内的文字转换为点阵图像，文字图层会自动变为普通图层。

4．编辑与设置图层样式

（1）使用图层样式产生图层效果

使用图层样式可以快捷方便地创建图层中整个图像的阴影、发光、斜面、浮雕和描边等效果。图层被赋予样式后，会产生许多图层效果，这些图层效果的集合就构成了图层样式。在“图层”调板中，图层名称的右边会显示▾⊘图标，图层的下边会显示效果名称，如图 4-82 所示。单击该图标左边的▾按钮，可将图层下边显示的效果名称收缩，此时图层名称的右边会显示▷⊘图标。单击该图标左边的▷按钮，可展开图层下边的效果名称。

（2）给图层添加图层样式

添加图层样式需要首先选中要添加图层样式的图层，再采用下面所述的一种方法。

① 选择图 4-83 所示的“图层样式”菜单中的“混合选项”命令或其他命令，弹出“图层样式”对话框，如图 4-84 所示。利用该对话框，可以添加图层样式。

如果选择菜单中的其他命令，也会弹出“图层样式”对话框，只是还同时在该对话框的左边一栏内选中相应的复选框。选中多个复选框，可以添加多种样式，产生多种效果。

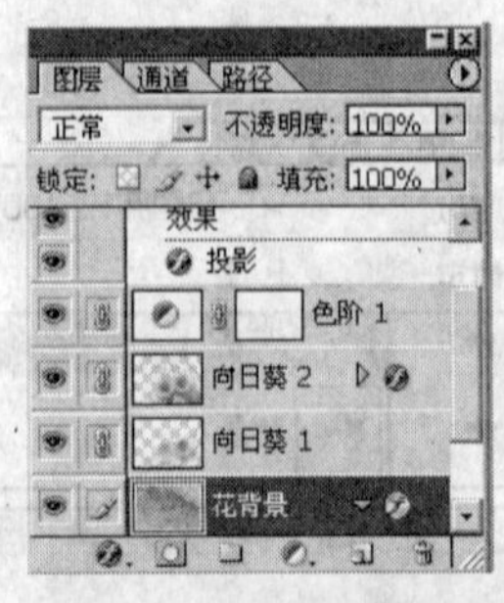

图 4-82 图层效果名称

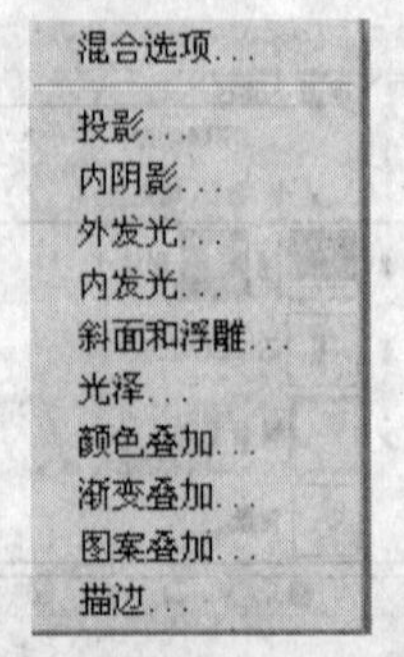

图 4-83 “图层样式”菜单

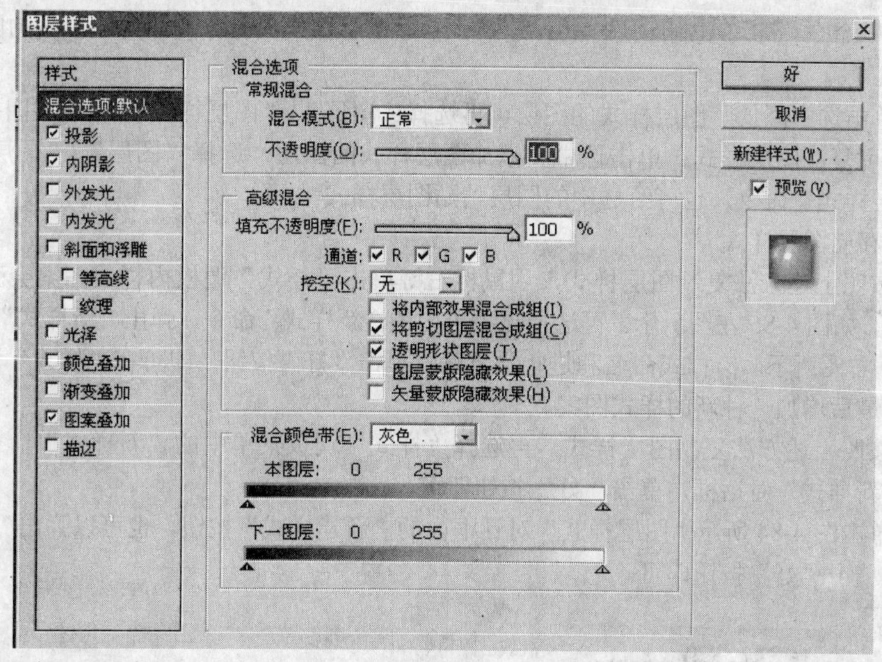

图 4-84　"图层样式"对话框

② 选择"图层"/"图层样式"/"混合选项"命令或单击"图层"调板菜单中的"混合选项"命令，双击要添加图层样式的图层，也可以弹出"图层样式"对话框。

③ 双击"样式"调板中的一种样式图标，即可给选定的图层添加图层样式。

（3）删除图层效果和删除"图层"调板中的图层样式

① 删除一个图层效果：用鼠标将"图层"调板内的效果名称层投影拖曳到"删除图层"按钮上，再松开鼠标左键，即可将该效果删除。

② 删除图层效果：选中要删除图层效果的图层，再调出"图层样式"对话框，然后取消该对话框"样式"栏内复选框的选取。如果取消全部复选框的选取，可删除全部图层效果。

③ 删除"图层"调板中的图层样式：单击选中添加了图层样式的图层，再单击鼠标右键，弹出其快捷菜单，选择菜单中的"删除图层样式"命令，即可删除全部图层效果。

还可以选择"图层"/"图层样式"/"清除图层样式"命令，或者单击"样式"调板中的"清除样式"按钮◇来删除选中图层的图层样式。

（4）隐藏和显示图层效果

① 隐藏图层效果：单击"图层"调板内效果名称层的👁图标，使它消失，即可隐藏该图层效果；单击"图层"调板内"效果"层的👁图标，使它消失，即可隐藏所有图层效果。

② 隐藏图层的全部效果：选择"图层"/"图层样式"/"隐藏所有效果"命令，可以将选中的图层的全部效果隐藏，即隐藏图层样式。

③ 显示图层效果：单击"图层"调板内"效果"层左边的图标，会使👁图标显示出来，同时使隐藏的图层效果显示出来。

（5）复制和粘贴图层样式

复制和粘贴图层样式可以将一个图层的样式复制添加到其他图层中。

① 用鼠标右键单击添加了图层样式的图层或其样式层调出其快捷菜单，再选择"拷贝

图层样式”命令，即可复制图层样式：选择“粘贴图层样式”命令，即可在单击的图层添加图层样式。

② 单击选中添加了图层样式的图层，再选择“图层”/“图层样式”/“拷贝图层样式”命令，也可复制图层样式；单击选中要添加图层样式的图层，选择“图层”/“图层样式”/“粘贴图层样式”命令，也可给选中的图层粘贴图层样式。

（6）存储图层样式

① 按照上述方法复制图层样式，用鼠标右键单击“样式”调板内样式图案会弹出一个快捷菜单，如图 4-85 左图所示。再选择该菜单中的“新样式”命令，弹出“新样式”对话框，如图 4-85 右图所示。给样式命名和进行设置后，单击“好”按钮，即可在“样式”调板内样式图案的最后增加一种新的样式图案。

② 按照上述方法复制图层样式，再选择“样式”调板菜单中的“新样式”命令，也可以弹出“新样式”对话框，单击“好”按钮即可。

③ 单击图 4-84 所示“图层样式”对话框内的“新建样式”按钮，也可以弹出“新样式”对话框，单击“好”按钮即可。

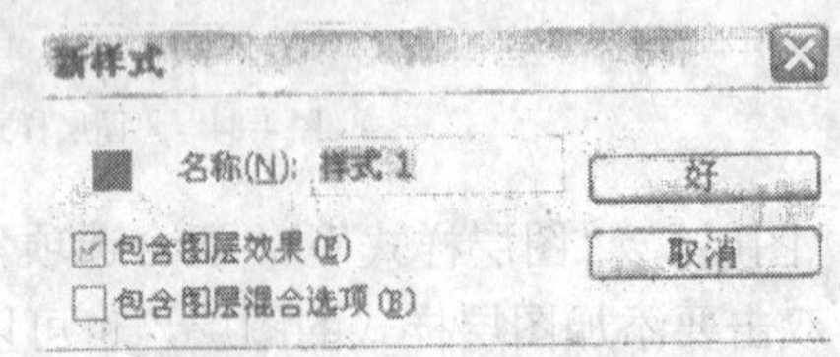

图 4-85　复制图层样式

④ 用鼠标右键单击“样式”调板，调出其快捷菜单，再选择菜单中的“新样式”命令，也可以弹出“新样式”对话框，单击“好”按钮即可。

（7）删除“样式”调板中的样式

① 用鼠标将“样式”调板中的样式图案拖曳到“删除样式”按钮上，即可删除拖曳的样式图案。

② 用鼠标右键单击“样式”调板中要删除的样式图案，调出其快捷菜单，再选择菜单中的“删除样式”命令，即可删除选中的样式图案。

（8）设置图层样式

利用图 4-84 所示的“图层样式”对话框，可以设置图层样式，产生各种不同的图层效果。该对话框内各选项的作用和使用方法如下。

① 在“图层样式”对话框内的左边一栏中，有“样式”、“混合选项”、“阴影”和“斜面和浮雕”等选项，以及“阴影”、“斜面和浮雕”等复选框。选中一个复选框，即可增加一种效果，同时在“预览”框内会马上显示出相应的综合效果视图。

② 单击“图层样式”对话框内的左边一栏中的选项名称后，“图层样式”对话框中间一栏会发生相应的变化。中间一栏中的各个选项是用来供用户对图层样式进行调整的。例如单击“图层样式”对话框内左边一栏中的“图案叠加”选项名称后，“图层样式”对话框会发生变化，利用它可以调整添加图案的不透明度、图案种类和大小等。读者可以试一试。

4.3.2　通道

1．通道的基本概念和"通道"调板

Photoshop 中的通道是用来存储图像的颜色信息、选区和蒙版的。通道主要有 3 种：颜色通道、Alpha 通道和专色通道。一幅图像最多可以有 24 个通道，通道越多，图像文件越大。

利用通道可以从另外一个方面来调整图像的色彩和创建选区。例如，可对图像的基色通道进行编辑，再将编辑后的基色通道合成，可获得特殊效果。还可将选区存储为 Alpha 通道，再对 Alpha 通道的图像进行编辑，然后将 Alpha 通道作为选区载入图像，可获得复杂的选区。

（1）颜色通道

颜色通道在打开一幅图像或绘制新建一个画布时就产生了。画布的色彩模式决定了颜色通道的类型和通道的个数。常用的通道有灰色通道、CMYK 通道、Lab 通道和 RGB 通道等。

- 灰色模式：只有一个灰色通道。"通道"调板如图 4-86 左图所示。

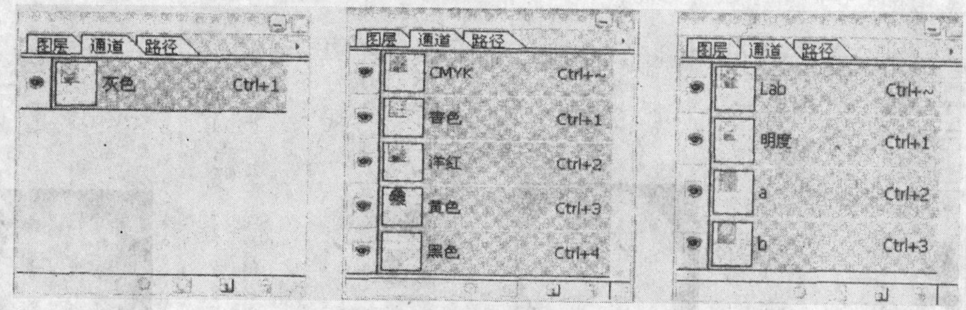

图 4-86　几种颜色模式的"通道"调板

- CMYK 模式：有 5 个通道，即 CMYK 通道（叫 CMYK 复合通道，一般它不属于颜色通道）、青色通道（也叫 Cyan 通道）、洋红通道（也叫 Magenta 通道）、黄色通道（也叫 Yellow 通道）和黑色通道（也叫 Black 通道）。"通道"调板如图 4-86 中图所示。
- Lab 模式：有 4 个通道，即 Lab 通道（叫 Lab 复合通道，一般它不属于颜色通道）；明度通道，存储图像亮度情况的信息；a 通道，存储颜色（绿色与红色之间的颜色）信息；b 通道，存储颜色（蓝色与黄色之间的颜色）信息。"通道"调板如图 4-86 右图所示。
- RGB 模式：有 4 个通道，即 RGB 通道（叫 RGB 复合通道，一般它不属于颜色通道）、红通道、绿通道和蓝通道。"通道"调板如图 4-87 所示。

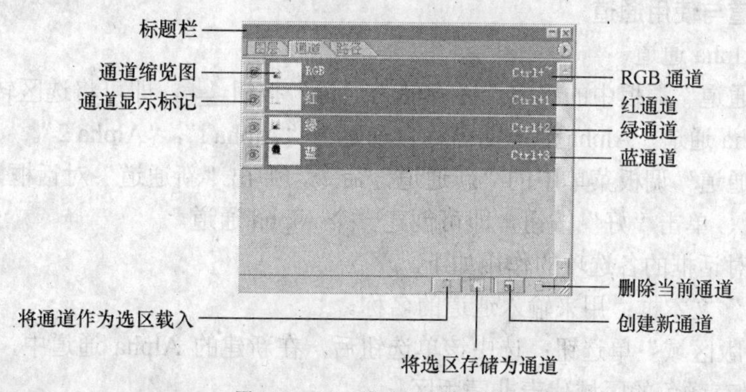

图 4-87　RGB 模式"通道"调板

以 RGB 模式的通道为例，红通道保留了图像的红基色信息，绿通道保留了图像的绿基色信息，蓝通道保留了图像的蓝基色信息，RGB 通道保留了图像的三基色的混合色信息。每一个通道用一个或两个字节来存储颜色信息。

（2）Alpha 通道

Alpha 通道是用来存储选区和蒙版的。单击“通道”调板中的“将选区存储为通道”按钮，即可将选区进行存储，同时在“通道”调板中产生 Alpha 通道，如图 4-88（a）所示。在 Alpha 通道中，白色对应选区内的区域，黑色对应选区外的区域。单击“通道”调板中的 Alpha 通道，画布窗口会显示 Alpha 通道的灰色图像，如图 4-88（b）所示。

将选区羽化，再单击“通道”调板中的“将选区存储为通道”按钮，将选区存储。这时“通道”调板中的 Alpha 通道如图 4-88（c）所示。单击“通道”调板中的 Alpha 通道，画布窗口会显示 Alpha 通道的灰色图像，如图 4-88（d）所示。可以看出，选区的羽化部分对应 Alpha 通道中的灰色图像，灰色的亮度越高，表示选择的程度越大。

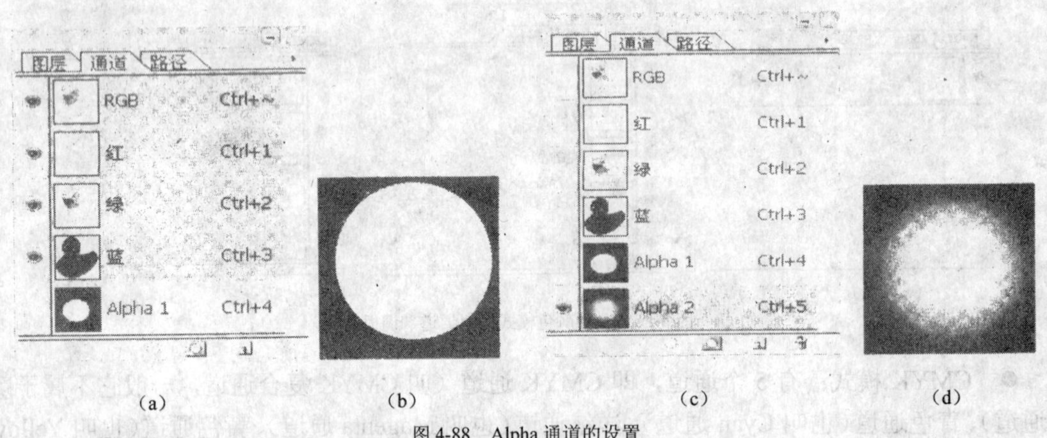

（a）（b）（c）（d）

图 4-88　Alpha 通道的设置

（3）专色通道

专色通道属于颜色通道的一种，它使用的颜色不是 RGB 或 CMYK 颜色，而是用户指定的一种特殊的混合油墨颜色（专色）。专色通道可以使用专色去替代图像颜色，还可以和颜色通道合并，将专色分解到颜色通道中。专色的作用是扩展四色印刷效果，产生高质量的印刷品，以及满足一些特殊印刷的需要。打印图像时，每一个专色通道都可以单独打印。

2．创建通道与使用通道

（1）创建 Alpha 通道

① 单击“通道”调板中的“将选区存储为通道”按钮，即可将选区转换为“通道”板中的一个 Alpha 通道，Alpha 通道的名称自动定为“Alpha 1”，“Alpha 2”。

② 选择“通道”调板菜单中的“新通道”命令，弹出“新通道”对话框，如图 4-89 所示。进行设置后，单击“好”按钮，即可创建一个 Alpha 通道。

“新通道”对话框的各选项的作用如下。

- “名称”文本框：用来输入通道的名称。
- “被蒙版区域”单选钮：选中该单选钮后，在新建的 Alpha 通道中，有颜色的区域代表蒙版区；没有颜色的区域代表非蒙版区。

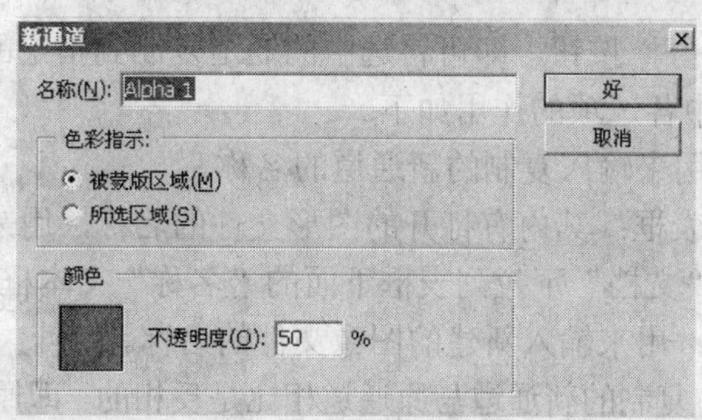

图 4-89　“新通道”对话框

- “所选区域”单选钮：选中该单选钮后，在新建的 Alpha 通道中，有颜色的区域代表非蒙版区：没有颜色的区域代表蒙版区。它与“被蒙版区域”单选钮的作用正好相反。
- “颜色”栏：可在“不透明度”文本框内输入通道的不透明度百分数据。单击颜色块，可以调出“拾色器”对话框，用来设置蒙版颜色。

③ 选择“选择”/“存储选区”命令，也可以创建通道。这种方法将在下面介绍。

（2）显示和隐藏通道

在图像加工中，常需要将一些通道隐藏起来，而让另一些通道显示出来。它的操作方法与显示和隐藏图层的方法很相似。不可以将全部通道隐藏。

单击“通道”调板中要显示的通道左边的图标，使其内出现眼睛图标，即可将该通道显示出来；再单击图标，使它消失，即可将该通道隐藏起来。

（3）选中通道与取消通道的选中

一般在对通道进行操作时，需要首先选中通道。“通道”调板中选中的通道会以蓝色显示，同时在画布窗口内显示出所选通道的综合效果图。

① 选中一个通道：单击“通道”调板中要选中的通道的缩览图或其右边的地方即可。

② 选中多个通道：按住 Shift 键，依次单击“通道”调板中要选中的通道的缩览图或其右边的地方。

③ 选中所有颜色通道：单击选中“通道”调板中的复合通道（CMYK 通道或 RGB 通道），即可选中所有的颜色通道。

④ 取消通道的选中：单击“通道”调板中未选中的通道，即可取消其他通道的选中。按住 Shift 键，同时单击“通道”调板中选中的通道，即可取消该通道的选中。

（4）复制通道

复制通道可以采用下述 3 种方法。

① 复制通道的一般方法：单击选中“通道”调板中的一个通道。再选择“通道”调板菜单中的“复制通道”命令，弹出“复制通道”对话框，如图 4-90 所示。

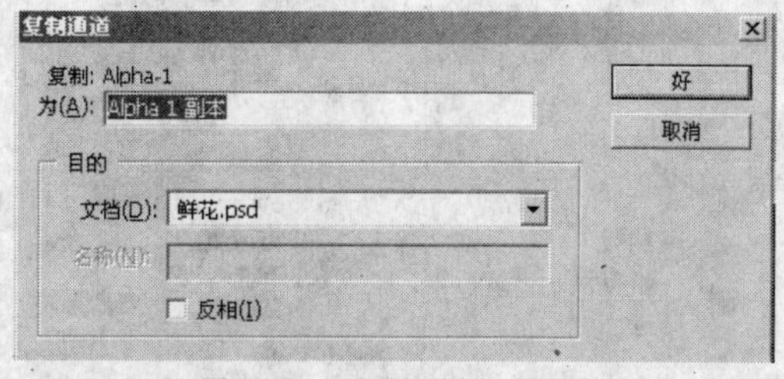

图 4-90　“复制通道”对话框

进行设置后，单击“好”按钮，即可将选中的通道复制到指定的图像文件中。

“复制通道”对话框中各选项的作用如下。

- “为”文本框：用来输入复制的新通道的名称。
- “文档”下拉列表框：其内有打开的图形文件的名称，用来选择复制的目标图像。当选择“新建”选项时，“文档”下拉列表框下面的“名称”文本框变为有效。
- “名称”文本框：用来输入新建的图像文件的名称。
- “反相”复选框：复制的新通道与原通道相比是反相的。即原来通道中有颜色的区域，在新通道中为没有颜色的区域；原来通道中没有颜色的区域，在新通道中为有颜色的区域。

② 在当前图像中复制通道的简便方法：用鼠标将要复制的通道拖曳到“通道”调板中的“创建新通道”按钮上，再松开鼠标左键，即可复制选中的通道。

③ 将通道复制到其他图像中的简便方法：将要复制的通道拖曳到其他图像的画布中。

（5）删除通道

删除通道可以采用下述3种方法。

① 单击选中“通道”调板中的一个通道。再选择“通道”调板菜单中的“删除通道”命令，即可删除选中的通道。

② 用鼠标将要删除的通道拖曳到“通道”调板中的“删除当前通道”按钮上，即可删除选中的通道。

③ 单击选中“通道”调板中的一个通道。单击“通道”调板中的“删除当前通道”按钮，弹出一个提示框，再单击其中的“是”按钮，即可删除选中的通道。

（6）将通道转换为选区

将通道转换为选区有5种方法，常用的有如下3种方法。

① 单击选中“通道”调板中相应的Alpha通道，再单击“通道”调板中的“将通道作为选区载入”按钮。

② 用鼠标将“通道”调板中相应的Alpha通道拖曳到“将通道作为选区载入”按钮上。

③ 选择“选择”/“载入选区”命令，也可以将通道转换为选区。

（7）存储选区

存储选区就是将选区存储，并在“通道”调板中建立相应的Alpha通道。为了了解这种存储选区的方法，先打开两个图像文件“图1”和“图2”，它们的画布窗口尺寸一样，都有几个图层和Alpha通道。再在“图2”图像中创建一个选区，并使“图2”图像成为当前图像。

选择“选择”/“存储选区”命令，弹出“存储选区”对话框，如图4-91左图所示。

图4-91 “存储选区”对话框

选择该对话框 “通道”下拉列表框中的 Alpha 通道名字选项，则“操作”栏内的所有选项按钮均变为有效，而“名称”文本框变为无效，如图 4-91 右图所示。进行设置后，单击“好”按钮，即可将选区存储，并建立相应的通道。“存储区域”对话框内各选项的作用如下。

● “文档”下拉列表框：用来选择选区将存储在哪一个图像中。下拉列表框的选项中有已经打开的与当前图像文档大小一样的图像文档，以及当前图像文档和“新建”选项。如果选择“新建”选项，则将创建一个新的图像文档来存储选区。

● “通道”下拉列表框：用来选择“文档”下拉列表框选定的图像文件中的 Alpha 通道名字和“新建”选项，以及决定选区存储到哪个 Alpha 通道或新的通道中。

● “名称”文本框：如果在“通道”下拉列表框选择了“新建”选项，则该文本框有效。它用来输入新 Alpha 通道的名称。

● “新通道”选项按钮：如果在“通道”下拉列表框选择“新建”选项，则该选项按钮唯一出现。它用来说明选区存储在新 Alpha 通道中。

● “替换通道”单选钮：如果在“通道”下拉列表框没选择“新建”选项，则该单选钮和下面 3 个单选钮有效。选择这 4 个单选钮中的任意一个，都可以确定存储选区的通道是“通道”下拉列表框中已选择的 Alpha 通道。

如果在“通道”下拉列表框选择了当前图像文件中的“Alpha 1”通道，“Alpha 1”通道内的图像如图 4-92 左图所示，而选区的形状如图 4-92 中图所示。选择“替换通道”单选钮后，原 Alpha 通道（即“Alpha 1”通道）的图像会被选区替换。此时原 Alpha 通道的图像如图 4-92 右图所示。

图 4-92　Alpha 通道

● “添加到通道”单选钮：在“通道”下拉列表框中选择的 Alpha 通道（即“Alpha 1”通道）的图像添加了新的选区。此时原 Alpha 通道的图像如图 4-93 左图所示。

● “从通道中减去”单选钮：在“通道”下拉列表框中选择的 Alpha 通道的图像是用选区裁切原 Alpha 通道内图像后剩下的图像。此时原 Alpha 通道的图像如图 4-93 中图所示。

● “与通道交叉”单选钮：在“通道”下拉列表框中选择的 Alpha 通道的图像是选区包含的原 Alpha 通道内图像的图像。此时原 Alpha 通道的图像如图 4-93 右图所示。

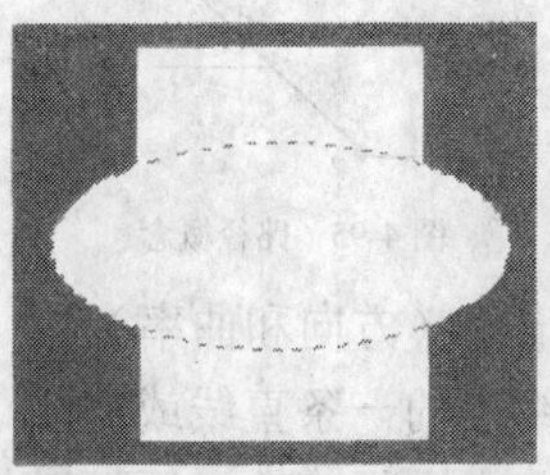

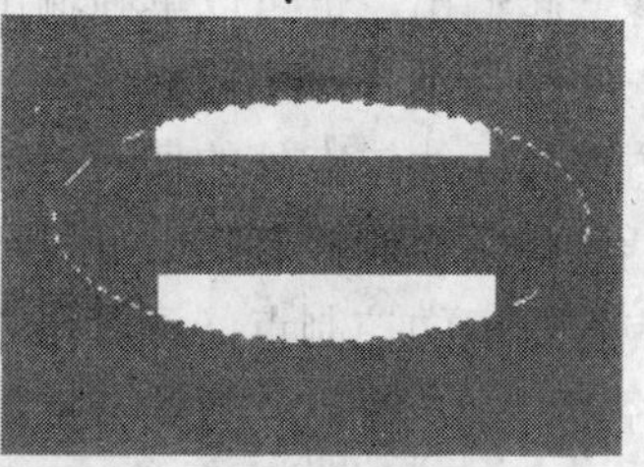

图 4-93　Alpha 通道

（8）载入选区

载入选区是将 Alpha 通道存储的选区加载到图像中。它是存储选区的逆过程。它的操作方法与存储选区的操作方法相似。为了了解这种载入选区的方法，也需做好上述准备。

选择“选择”/“载入选区”命令，弹出“载入选区”对话框，如图 4-94 所示。

如果当前图像中已经创建了选区，则该对话框中“操作”栏内的所有选项按钮均为有效，否则只有“新选区”单选钮有效。利用该对话框进行设置后，单击“好”按钮，即可将选定的通道内的图像转换为选区，并加载到指定的图像中。

“载入选区”对话框内“文档”和“通道”下拉列表框的作用与“存储选区”对话框内相应选项的作用基本一样，只是后者用来设置存储选区的图像文档和 Alpha 通道，而前者用来设置要转换为选区的通道图像所在的图像文档和 Alpha 通道。因此，“载入选区”对话框内的“文档”和“通道”下拉列表框中没有“新建”选项，而且也没有“名称”文本框。

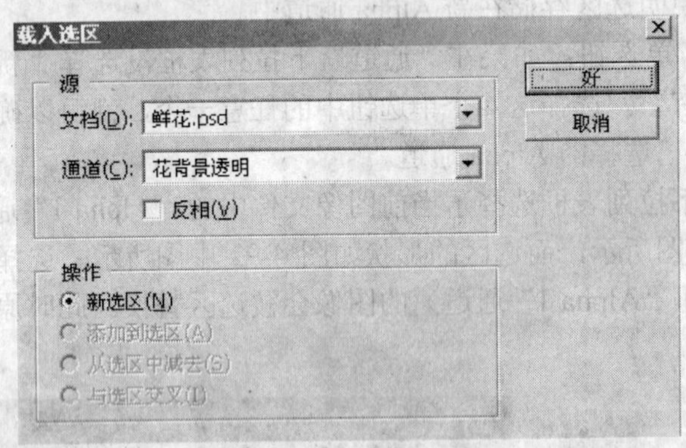

图 4-94 “载入选区”对话框

4.3.3 路径

1．什么是路径

路径是由具有多个节点的矢量线条构成的图形，或者说是由贝赛尔曲线构成的图形。形状是较规则的路径。通过使用“钢笔工具”或“形状工具”，可以创建各种形状的路径。贝赛尔曲线是一种以三角函数为基础的曲线，它的两个端点叫节点，也叫锚点，如图 4-95 所示。

多条贝赛尔曲线可以连在一起，构成路径。贝赛尔曲线构成的路径不属于任何图层，没有锁定在背景图像像素上，所以容易编辑修改。它可以与图像一起输出，也可以单独输出。贝赛尔曲线的每一个锚点都有一个控制柄，它是一条直线，直线的方向与曲线锚点处的切线方向一致，控制柄直线两端的端点叫控制点，如图 4-95 所示。用鼠标拖曳控制柄的控制点，可以很方便地调整贝赛尔曲线的形状（方向和曲率）。

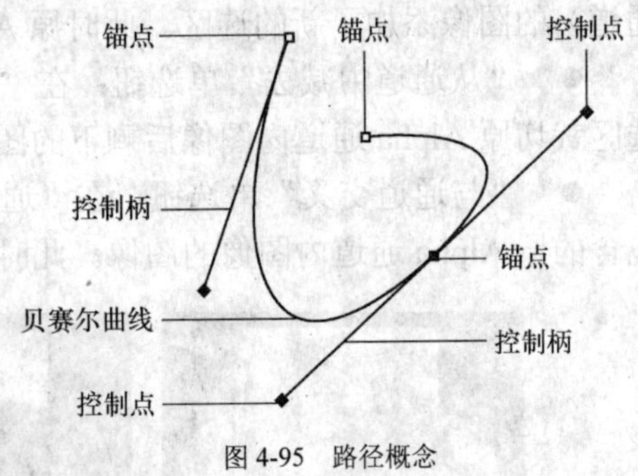

图 4-95 路径概念

路径可以是一个点、直线或曲线，它通常是指有起点和终点的一条直线或曲线。创建路径后，可以通过工具箱内的一些工具将路径的形状、位置和大小进行修改。还可以将路径和选区进行相互转换；描绘路径，给路径围成的区域填充内容等。

2．创建与编辑路径的工具

（1）钢笔工具

工具箱中的“钢笔工具”是用来绘制连接多个锚点的线段或曲线路径的。在单击“钢笔工具”按钮后，其选项栏如图 4-96 所示（按下“形状图层”按钮状态）或如图 4-97 所示（按下“路径”按钮）。在画布内单击，建立一个锚点，此时选项栏如图 4-96 所示。

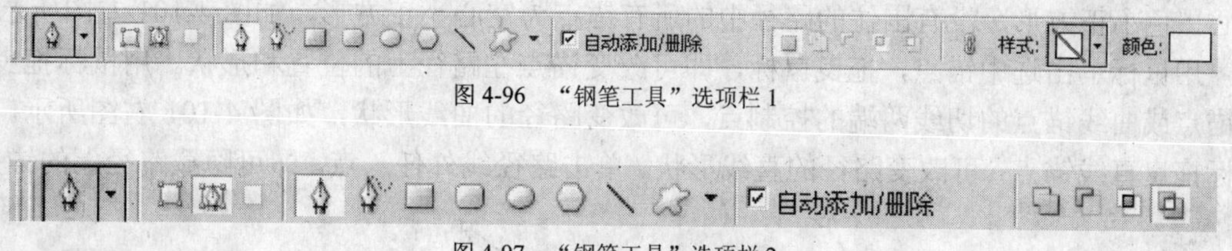

图 4-96　“钢笔工具”选项栏 1

图 4-97　“钢笔工具”选项栏 2

（2）自由钢笔工具

“自由钢笔工具”用于绘制任意形状曲线路径。在单击“自由钢笔工具”按钮后，其选项栏如图 4-98 所示（单击按下按钮时）或如图 4-99 所示（单击按下按钮时）。在画布窗口内拖曳鼠标，创建一个形状路径，此时选项栏如图 4-100 所示。

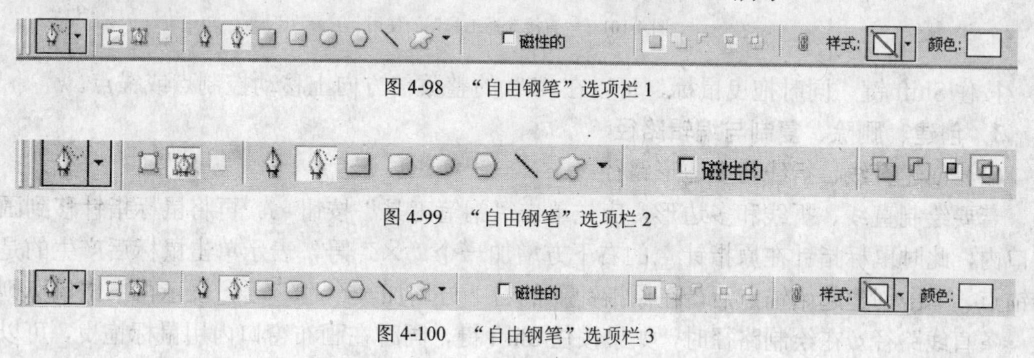

图 4-98　“自由钢笔”选项栏 1

图 4-99　“自由钢笔”选项栏 2

图 4-100　“自由钢笔”选项栏 3

（3）转换点工具

单击“转换点工具”按钮，当鼠标指针移到路径线上的锚点处时，鼠标指针会由原指针形状变为形状，拖曳鼠标，即可使这段曲线变得平滑。

使用“转换点工具”，用鼠标拖曳直线锚点，可以显示出该锚点的切线，将直线锚点转换为曲线锚点。用鼠标拖曳切线两端的控制点，可改变路径的形状。使用“转换点工具”，用鼠标单击曲线锚点，可以将曲线锚点转换为直线锚点。

（4）路径选择工具

使用“路径选择工具”，可以显示路径锚点、改变路径的位置和形状。

① 改变路径的位置：单击“路径选择工具”按钮将鼠标指针移到画布窗口内，此时鼠标指针呈状。单击路径线或拖曳鼠标围住一部分路径，即可将路径中的所有锚点（实心黑色小正方形）显示出来。再用鼠标拖曳路径，即可在不改变路径形状和大小的情况下，整体移动路径。单击路径线外部画布窗口内的任一点，即可隐藏路径上的锚点。

② 改变路径的形状：选择“编辑”/“变换路径”命令，弹出其子菜单；再选择子菜单中的某个命令，即可进行路径的相应调整（缩放、旋转、斜切、扭曲和透视）。调整方法与选

区的调整方法一样。例如，选择“编辑”/“变换路径”/“旋转”命令，再拖曳鼠标，即可旋转路径。

（5）直接选择工具

使用“直接选择工具”可以显示路径锚点、改变路径的形状和大小。

单击“直接选择工具”按钮，将鼠标指针移到画布窗口内，此时鼠标指针呈状。拖曳鼠标围住一部分路径，即可将路径中的所有锚点显示出来，围住的路径中的所有锚点为实心黑色小正方形，没有围住的路径中的所有锚点为空心小正方形，如图 4-101 左图所示。

用鼠标单击选中锚点，拖曳鼠标，即可改变锚点在路径上的位置和形状。用鼠标拖曳曲线锚点或曲线锚点的切线两端的控制点，可改变路径的曲线形状，如图 4-101 右图所示。用鼠标拖曳直线锚点，可改变路径的直线形状。单击路径线外任一点，即可隐藏路径上的锚点。

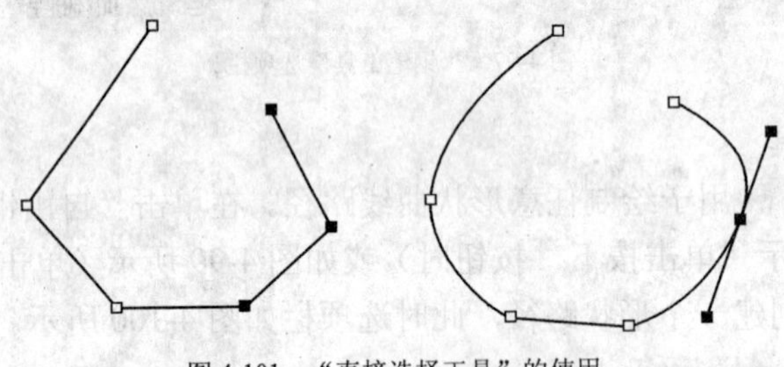

图 4-101 “直接选择工具”的使用

按住 Shift 键，同时拖曳鼠标，可以在 45° 的整数倍方向上移动控制点或锚点。

3．创建、删除、复制与编辑路径

（1）创建直线、折线与多边形路径

若要绘制直线、折线和多边形，应先单击“钢笔工具”按钮。再将鼠标指针移到画布窗口内，此时鼠标指针在原指针的右下方增加一个“×”号，表示单击鼠标后产生的是起始锚点。单击创建起始锚点后，在原指针的右下方增加一个“/”号，表示再单击鼠标则产生一条直线路径。在绘制路径时，如果按住 Shift 键，同时在画布窗口内用鼠标拖曳，可以保证曲线路径的控制柄的方向是 45° 的整数倍方向。

① 绘制直线路径：单击直线路径的起点，松开鼠标左键后再单击直线路径的终点，即可绘制一条直线路径，如图 4-102 左图所示。

② 绘制折线路径：单击折线路径的起点，松开鼠标左键后再单击下一个转折点，依次单击各转折点，最后双击折线路径终点，即可绘制一条折线路径，如图 4-102 中图所示。

③ 绘制多边形路径：按照上述方法制作折线路径，最后将鼠标指针移到折线路径的起点（也是终点）处，此时鼠标指针将在原指针的右下方增加一个“。”号，单击该起点即可绘制一条多边形路径，如图 4-102 右图所示。

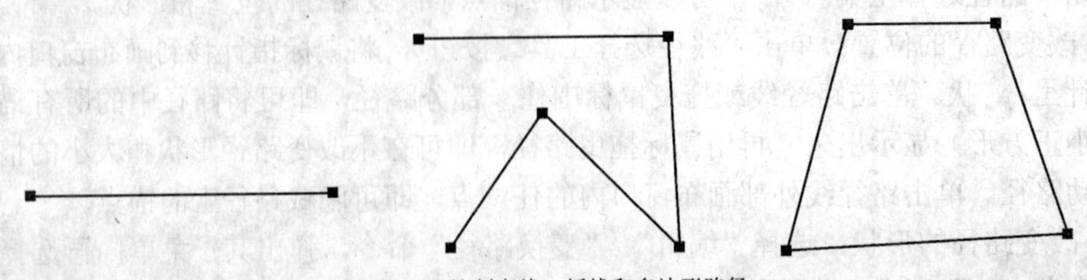

图 4-102 绘制直线、折线和多边形路径

在绘制完路径后，单击工具箱内的任何一个按钮，即可结束路径的绘制。

（2）创建曲线路径

若要绘制曲线路径，应先单击“钢笔工具”按钮。绘制曲线路径通常可采用如下两种方法。

① 先绘直线再定切线：单击选中曲线路径起点，松开鼠标左键；再单击下一个锚点，则在两个锚点之间会产生一条线段。在不松开鼠标左键的情况下拖曳鼠标，会出现两个控制点和两个控制点间的控制柄，如图 4-103 左图所示。控制柄线条是曲线路径线的切线。拖曳鼠标改变控制柄的位置和方向，从而调整曲线路径的形状。

如果曲线有多个锚点，则应依次单击下一个锚点，并在不松开鼠标左键的情况下拖曳鼠标以产生两个锚点之间的曲线路径，如图 4-103 中图所示。曲线绘制完毕，单击工具箱内的任意一个按钮，即可结束路径的绘制。

② 先定切线再绘曲线：单击选中曲线路径起点，不松开鼠标左键，拖曳鼠标以形成方向合适的控制柄，然后松开鼠标左键，此时会产生一条控制柄线。再用鼠标单击下一个锚点，则该锚点与起始锚点之间会产生一条曲线路径，如图 4-103 右图所示。

再用鼠标单击下一个锚点处，即可产生第二条曲线路径，按住鼠标左键不放，拖曳鼠标，可产生第三个锚点的控制柄，拖曳鼠标可调整曲线路径的形状。松开鼠标左键，即可绘制一条曲线。

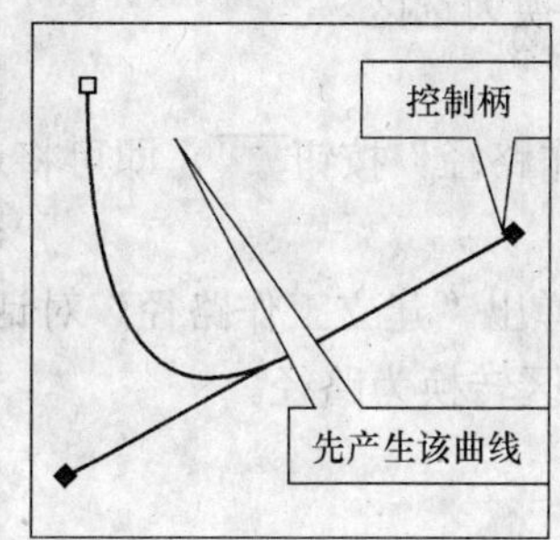

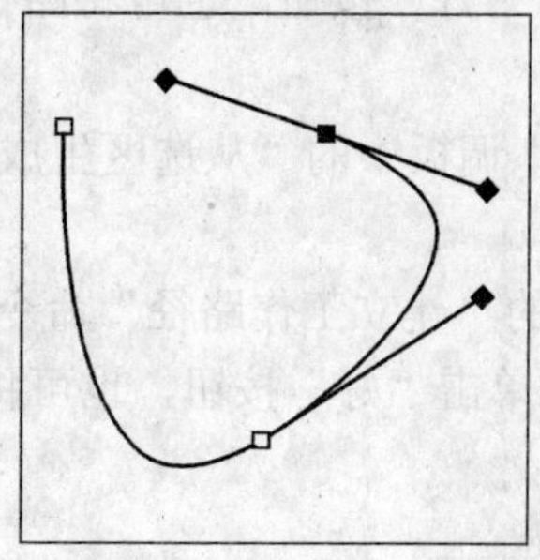
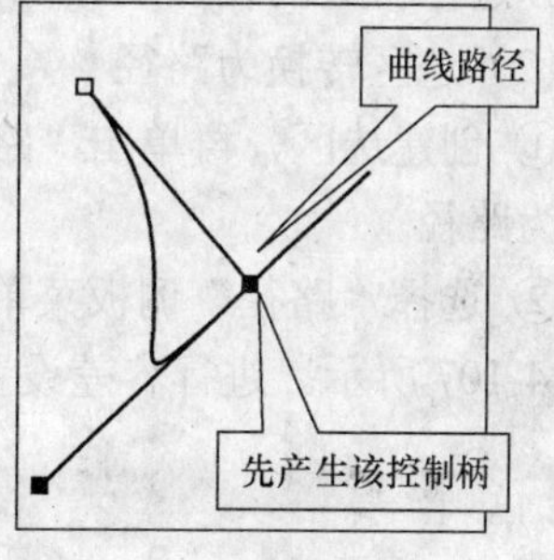

图 4-103　创建曲线路径

（3）删除与复制路径

① 用按键删除锚点和路径：按 Delete 键或 Backspace 键，可以删除选中的锚点。选中的锚点呈实心小正方形。如果锚点都呈空心小正方形，则删除的是最后绘制的一段路径。如果锚点都呈实心小正方形，则删除整个路径。

② 用“路径”调板删除路径：选中“路径”调板中要删除的路径，如图 4-104 所示。然后将它拖曳到“路径”调板内“删除当前路径”按钮上，即可删除该路径。选择“路径”调板菜单中的“删除路径”命令，也可以删除选中的路径。

③ 复制路径：使用“路径选择工具”或“直接选择工具”，拖曳围住一部分路径或单击路径线（只适用于“路径选择工具”），即可将路径中的所有锚点（实心小正方形）显示出来，表示整个路径被选中。再按住 Alt 键，同时用鼠标拖曳路径，即可复制一个路径。

④复制路径层：单击选中“路径”调板中要复制的路径层。再选择“路径”调板菜单中的“复制路径”命令，弹出“复制路径”对话框，如图 4-105 所示。在“名称”文本框内输入新路径层的名称，单击“好”按钮，即可在当前路径层上创建一个复制的路径层。

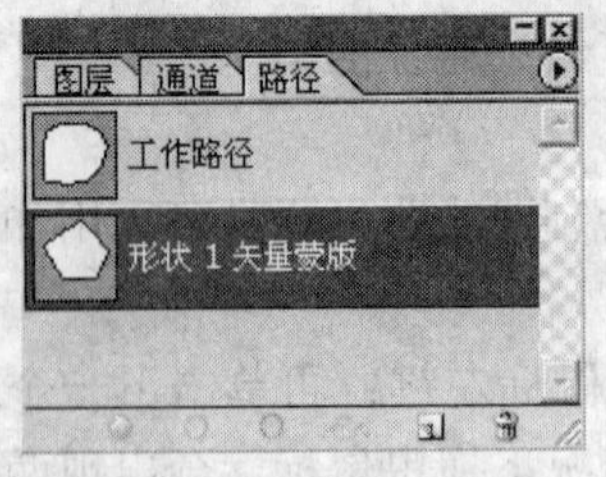

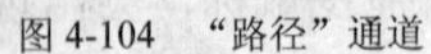
图 4-104 “路径”通道

图 4-105 “复制路径”对话框

（4）创建一个空路径层

① 单击“路径”调板中的“创建新路径”按钮，即可在当前路径层之下创建一个新的空路径层。

② 选择“路径”调板菜单中的“新路径”命令，弹出“新路径”对话框。输入路径层的名称，再单击“好”按钮，即可在当前路径层上创建一个新的路径层。

4．路径与选区的相互转换

（1）路径转换为选区

① 单击选中“路径”调板中要转换为选区的路径。再单击“路径”调板中的“将路径作为选区载入”按钮，即可将选中的路径转换为选区。

② 选择“路径”调板菜单中的“建立选区”命令，弹出“建立选区”对话框，如图 4-106 所示。进行相关的设置后，再单击“好”按钮，也可将路径转换为选区。

（2）选区转换为路径

① 创建选区，再单击“路径”调板中的“从选区生成工作路径”按钮，即可将选区转换为路径。

② 选择“路径”调板菜单中的“建立工作路径”命令，弹出“建立工作路径”对话框，如图 4-107 所示。进行容差设置后单击“好”按钮，也可将选区转换为路径。

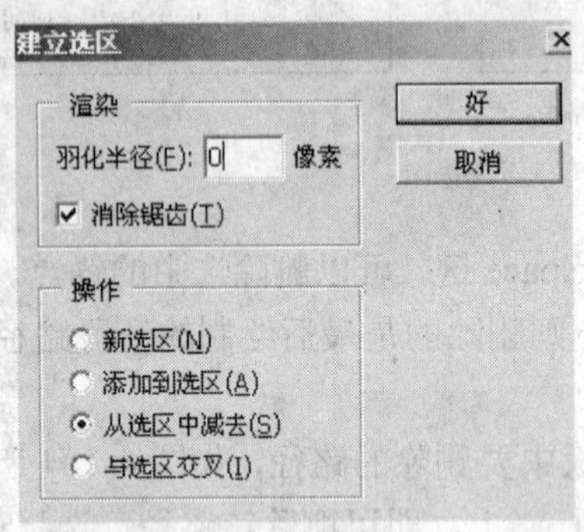

图 4-106 “建立选区”对话框

图 4-107 “建立工作路径”对话框

5．填充路径与路径描边

（1）填充路径

① 单击选中“路径”调板中要填充的路径层，设置前景色。

② 单击“路径”调板中的“用前景色填充路径”按钮，可用前景色填充路径。

③ 选择“路径”调板菜单中的“填充路径”命令，弹出“填充路径”对话框。按照如图 4-108 所示进行设置，再单击“好”按钮，即可完成填充，效果如图 4-108 所示。

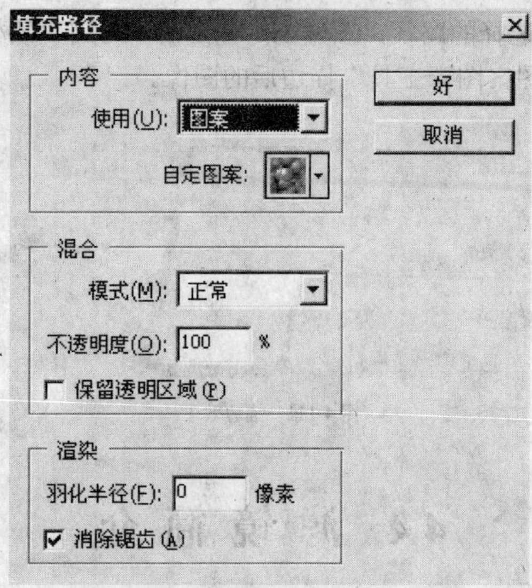

图 4-108　“填充路径”对话框

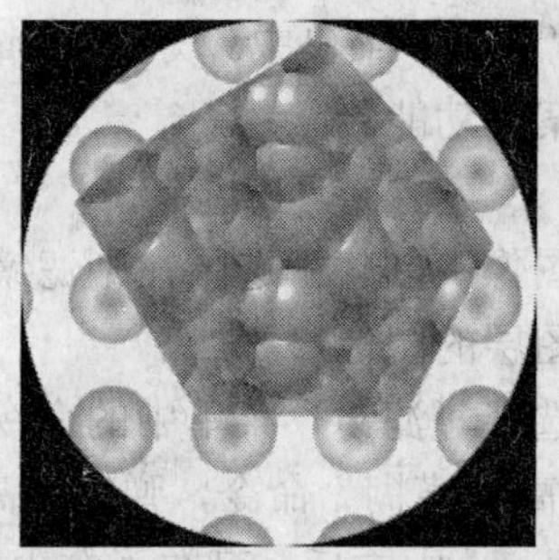

图 4-109　填充效果

（2）路径描边

① 单击选中“路径”调板中要描边的路径，设置前景色。

② 在工具箱内选择“画笔工具”、“喷枪工具”或“图案图章工具”等绘图工具，同时设置画笔形状。

③ 选择“路径”调板菜单中的“描边路径”命令，弹出“描边路径”对话框，如图 4-110 所示。在“工具”下拉列表框内选择一种绘图工具，单击“好”按钮，也可设定描边的绘图工具。选中“描边路径”对话框中的“模拟压”复选框后，可以在使用画笔时模拟压力笔的效果。

图 4-110　“描边路径”对话框

单击“路径”调板中的“用前景色描边路径”按钮，用前景色和设定的画笔形状给路径描边。

图 4-111 左图所示为选择的路径，图 4-111 中图所示为用“喷枪工具”描边后的图像，图 4-111 右图所示为用“图案图章工具”描边后的图像。

图 4-111　描边效果

4.4 滤镜简介

使用滤镜的实质是将整幅图像或选区中的图像进行特殊处理，将各个像素的色度和位置数值进行随机或预定义的计算，从而改变图像的形状。Photoshop 7.0 系统默认的滤镜分为 14 个滤镜组，其相应的命令均放在“滤镜”菜单中。另外，Photoshop 7.0 还可以使用外部滤镜，以及图像的液化、抽取和创建图案等功能。

1．滤镜的一般使用方法

（1）滤镜的作用范围：如果图像中创建了选区，则滤镜的作用范围是当前可见图层选区中的图像，否则是整个当前可见图层的图像。

（2）滤镜对话框中的预览：选择“滤镜”菜单中的命令后，会弹出一个相应的对话框。例如，选择“滤镜”/“模糊”/“高斯模糊”命令，弹出“高斯模糊”对话框，如图 4-112 所示。对话框中均有“预览”复选框，选中它后，可在画布中看到图像经过滤镜处理后的效果。单击可调按钮，可以使显示框中的图像显示百分比变小或增加。

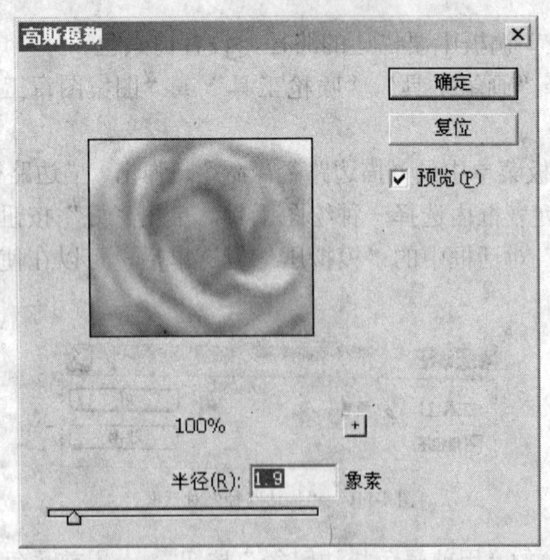

图 4-112　“高斯模糊”对话框

（3）在使用滤镜时，常进行以下操作。

- 调整图像的不透明度和图像混合模式：按 Shift+Ctrl+F 键，可弹出“消褪”对话框，如图 4-113 所示。利用它可以调整图像的不透明度和图像混合模式。

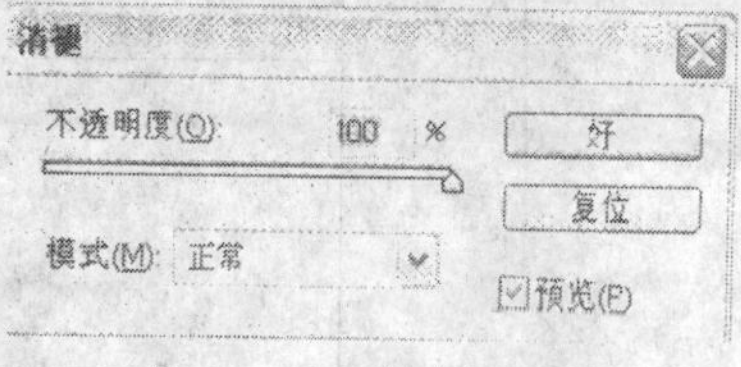

图 4-113 “消褪”对话框

- 重复使用刚刚使用过的滤镜：当刚刚使用过一次滤镜后，“滤镜”菜单中的第一个子菜单选项是刚刚使用过的滤镜名称，其快捷键是 Ctrl+F 键。
- 在使用滤镜后的图像与使用滤镜前的图像之间切换：按 Ctrl+Z 键。
- 重新打开刚刚执行的滤镜对话框：按 Ctrl+Alt+F 键。
- 再次执行刚刚使用过的滤镜对滤镜效果进行叠加：按 Ctrl+F 键。

（4）使用滤镜处理图像时常采用如下一些技巧。

- 对于较大的或分辨度较高的图像，在进行滤镜处理时会占用较大的内存，速度会较慢。为了减小内存的使用量，加快处理速度，可以分别对单个通道进行滤镜处理，然后再合并图像。也可以在低分辨率情况下进行滤镜处理，记下滤镜对话框的处理数据，再对高分辨率图像进行一次性滤镜处理。
- 可以对图像进行不同滤镜的叠加多重处理。还可以将多个使用滤镜的过程录制成动作（Action），然后一次使用多个滤镜对图像进行加工处理。
- 图像经过滤镜处理后，会在图像边缘处出现一些毛边。这时可以对图像边缘进行适量的羽化处理，使图像的边缘平滑。

2．安装外部滤镜

外部的滤镜（也叫外挂滤镜）需要安装后才可以在 Photoshop 7.0 中使用。一般外部滤镜的安装方法很简单，只要执行这些外部滤镜的安装程序，然后按照安装程序的提示信息一步步往下执行即可。安装外部滤镜的关键是指定滤镜文件安装存放的文件夹，一般应将滤镜文件存放在 Photoshop 目录下的 Plug-ins 文件夹中。如果要将滤镜文件存放在其他文件夹中，需要进行如下操作。

（1）选择“编辑”/“预设”/“增效工具与暂存盘”命令，弹出“预置”对话框。

（2）单击选中“其他增效工具目录”复选框，使该栏内的“选取”按钮变为有效，单击该按钮，弹出“浏览文件夹”对话框。利用该对话框，可以设置外挂滤镜的存放路径。

安装完外部滤镜后，单击“滤镜”菜单，即可看到“滤镜”菜单的下面会增加相应的滤镜名称，再单击这些滤镜名称，即可启动相应的外部滤镜。

3．图像的液化、抽取和创建图案

（1）图像的液化：它是一种非常直观和方便的图像调整方式。它可将图像或蒙版图像调整为液化状态。选择“滤镜”/“液化”命令，弹出“液化”对话框，如图 4-114 所示。

该对话框中间显示的是要加工的当前整个图像（图像中没有创建选区）或选区中的图像，左边是加工使用的液化工具，右边是对话框的选项栏。将鼠标指针移到中间的画面时，鼠标指针呈正圆形状，如图 4-114 所示。用鼠标在图像上拖曳或单击按下鼠标左键圈住图像，即可获得液化图像的效果。在图像上拖曳鼠标的速度会影响加工的效果。

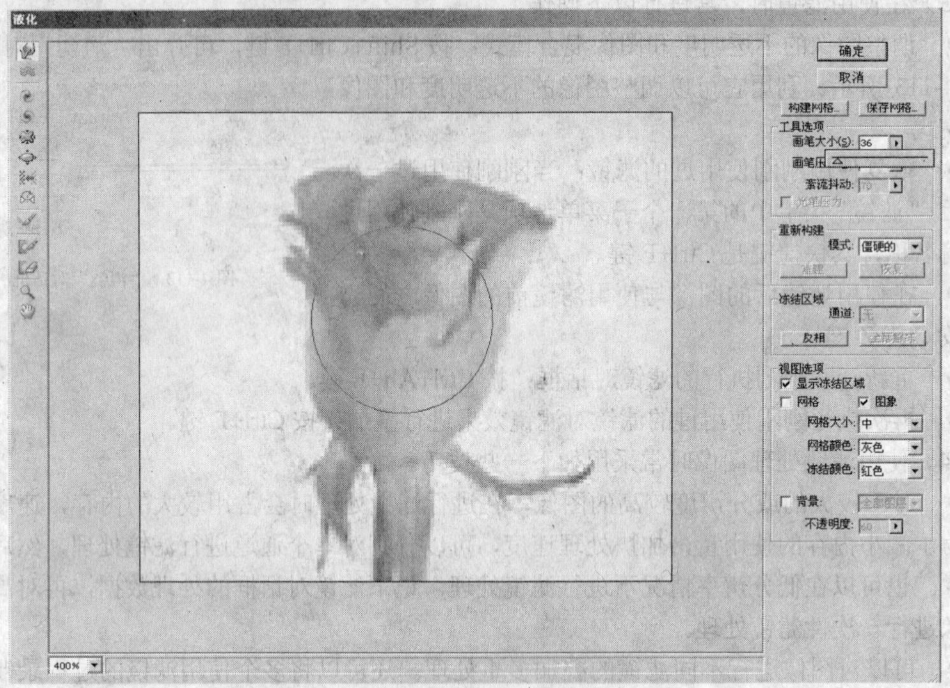

图 4-114 “液化”对话框

将鼠标指针移到液化工具，即可显示出它的名称。单击“液化工具”按钮，即可使用相应的“液化工具”。在使用“液化工具”前，通常要先在“液化”对话框右边选项栏的“画笔大小”和“画笔压力”文本框中设置画笔大小和画笔压力。“液化”对话框中各工具和部分选项的作用及操作方法，读者可以在上机实践中去感受。

（2）图像的抽取和创建图案：选择“滤镜”/“抽出”命令，弹出“抽出”对话框，利用该对话框可以将图像中的一部分抽出。选择“滤镜”/“图案生成器”命令，弹出“图案生成器”对话框，利用该对话框可以依据选中的图像来创建纹理素材。

4.5 文 字 处 理

使用“文字工具”T可以给图像加入各种字体的文字或字体图案。如果要使字体名称用中文显示，并可以输入中文，应选择“编辑”/“预置”/“常规”命令，弹出“预置”对话框，再取消“显示英文字体名称”复选框的选取。

4.5.1 文字工具

1．文字工具和直排文字工具

（1）文字工具：单击“文字工具”按钮T，此时的选项栏如图 4-115 所示。选项栏内各选项的作用如下。

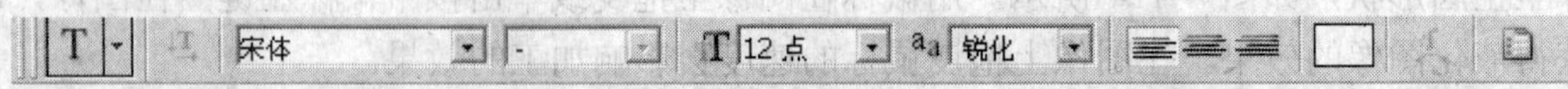

图 4-115 “文字工具”选项栏

单击“文本工具”按钮 T，再单击画布，即可在当前图层的上边创建一个新的文字图层。同时，画布内鼠标单击处会出现一个竖线光标，表示可以输入文字（这时输入的文字叫点文字）。

此时的选项栏增加了两个按钮：✓和⊘。单击✓按钮，可以保留输入的文字；单击⊘按钮，可以取消输入的文字。

（2）直排文字工具：单击“直排文字工具”按钮 IT，此时的选项栏与图 4-115 所示的选项栏基本一样。它用来输入竖直排列的文字。

2．横向文字蒙版工具和直排文字蒙版工具

单击“横排文字蒙版工具”按钮或“直排文字蒙版工具”按钮，此时的选项栏与图 4-115 所示的基本一样。再单击画布，即可在当前图层上加入一个红色的蒙版。同时，画布内鼠标单击处会出现一个竖线或横线光标，表示可以输入文字。输入文字“蒙版选区”，画布如图 4-116 左图所示。单击其他工具后，画布如图 4-116 右图所示。

图 4-116　“横排文字蒙版工具”的使用

3．文字设置

文字的设置可以通过“文字工具”选项栏来完成，如图 4-115 所示。其中各选项作用如下。

Arial Black：用来设置字体。

Regular：用来设置字型。字型有：常规（Regular）、加粗（Bold）和斜体（Italic）等。要注意，不是所有字体都具有这些字型。

T 30 点：用来设置字体大小。可以选择下拉列表框内提供的大小数据，也可以直接在文本框内输入数据。单位有毫米（mm）、像素（px）和点（pt）。

aa 锐化：用来设置是否消除文字的边缘锯齿，以及采用什么方式消除文字的边缘锯齿。它有以下 5 个选项。其中，“无”选项不消除锯齿，对于很小的文字，消除锯齿后会使文字模糊；“锐化”选项使文字边缘锐化；“明晰”选项消除锯齿，使文字边缘清晰；“强”选项是稍过渡地消除锯齿；“平滑”选项产生平滑的效果。

或：文字在水平或垂直排列时，设置文字相对于文字输入的起点居左、居中、居右对齐，或居上、居中、居下对齐。

：单击它可以弹出“拾色器”对话框，用来设置文字的颜色。

：单击它可以弹出“变形文字”对话框。

：单击它可以弹出“字符”和“段落”调板。

4.5.2 段落文字和改变文字属性

Photoshop 7.0 不但可以输入单行文字，还可以输入段落文字。段落文字除了具有文字格式外，还有段落格式。文字格式用“字符”调板设置，段落格式用“段落”调板设置。

1．输入段落文字和调整段落文字的方法

（1）单击“文字工具”按钮 T，在其选项栏内进行设置。

（2）用鼠标在画布窗口内拖曳鼠标，产生一个虚线的矩形（叫文字输入框），虚线矩形框四边上有 8 个控制柄，虚线矩形框内有一个中心标记，如图 4-117 左图所示。接着在矩形框内输入文字或粘贴文字（这时输入的文字叫段落文字），如图 4-117 右图所示。按住 Ctrl 键，再拖曳鼠标，可以移动虚线矩形框和其中的文字。

（3）将鼠标指针移到虚线矩形框边上的控制柄处，当鼠标指针呈直线双箭头状时，拖曳鼠标，可改变矩形大小，也调整了虚线矩形框内的每行文字数和文字行数。如果虚线矩形框右下角有控制柄，则表示除了虚线矩形框内显示的文字外还有文字。

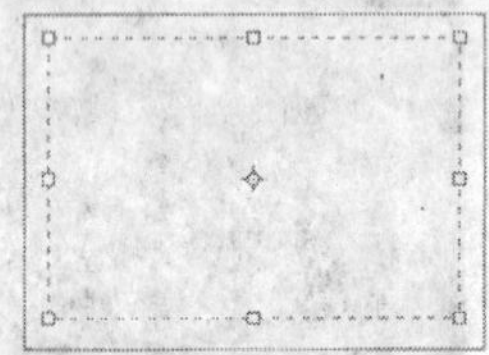

图 4-117 输入段落文字

（4）将鼠标指针移到虚线矩形框边上的控制柄外边，拖曳鼠标，可以以中心标记为中心旋转虚线矩形框。用鼠标拖曳中心标记，可以改变虚线矩形框的旋转中心。

（5）按住 Shift+Ctrl 键，拖曳虚线矩形框四边上的控制柄，可以使虚线矩形框倾斜。

（6）输入段落文字，文字水平排列时，按钮用来设置文字与文字输入框左边对齐、居中对齐或右边对齐。在文字垂直排列时，按钮用来设置文字与文字输入框上边对齐、居中对齐或下边对齐。

（7）选取其他工具，即可完成段落文字的输入。按 Esc 键可取消输入。

2．文字的转换

（1）选择“图层”/“文字”/“水平”命令，或单击选项栏内的相应按钮，可将垂直文字改为水平文字。

（2）选择“图层”/“文字”/“垂直”命令，或单击选项栏内的按钮，可将水平文字改为垂直文字。

（3）段落文字转换为点文字：当文字图层的文字是段落文字时，单击选中该文字图层，再选择“图层”/“文字”/“转换为点文本”命令，即可将段落文字转换为点文字。

（4）点文字转换为段落文字：当文字图层的文字是点文字时，单击选中该文字图层，选择“图层”/“文字”/“转换为段落文本”命令，即可将点文字转换为段落文字。

4.5.3 文字变形和“字符”、“段落”调板

1．文字变形

单击“文字工具”按钮 T，然后单击画布。再单击“创建变形文本”按钮或选择“图

层”/“文字”/“文字变形”命令，弹出“变形文字”对话框，在该对话框内的“样式”下拉列表框中选择一种变形类型（如扇形）。此时的“变形文字”对话框如图 4-118 左图所示。

该对话框内各选项的作用如下。

- “样式”下拉列表框：用来选择文字弯曲变形的样式。
- “水平”和“垂直”单选钮：用来确定文字弯曲变形的方向。
- “弯曲”文本框：调整文字弯曲变形的程度，可用鼠标拖曳滑块来调整。
- “水平扭曲”文本框：调整文字水平方向的扭曲程度，可用鼠标拖曳滑块来调整。
- “垂直扭曲”文本框：调整文字垂直方向的扭曲程度，可用鼠标拖曳滑块来调整。

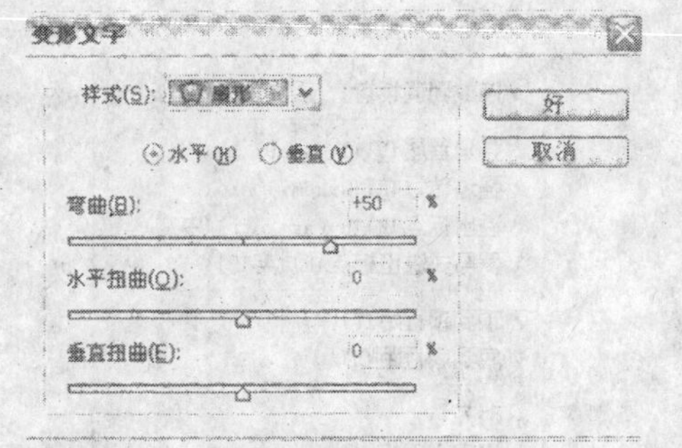

图 4-118　文字变形

2．“字符”调板

单击选项栏中的“切换字符和段落调板”按钮，可弹出“字符”和“段落”调板。“字符”调板如图 4-119 所示，它用来定义字符的属性。单击“字符”调板右上角的按钮，调出它的菜单，如图 4-120 所示。“字符”调板中的一些选项是用来选择字体、设置字型、设置字大小、设置行距、垂直缩放、水平缩放、设置文本颜色等，具体作用如下。

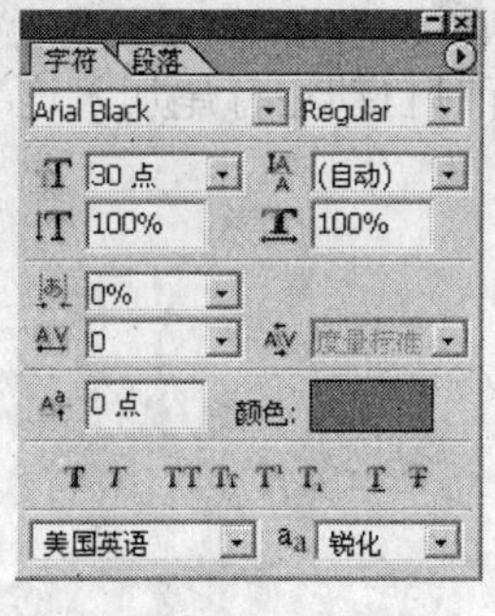

图 4-119　“字符”调板

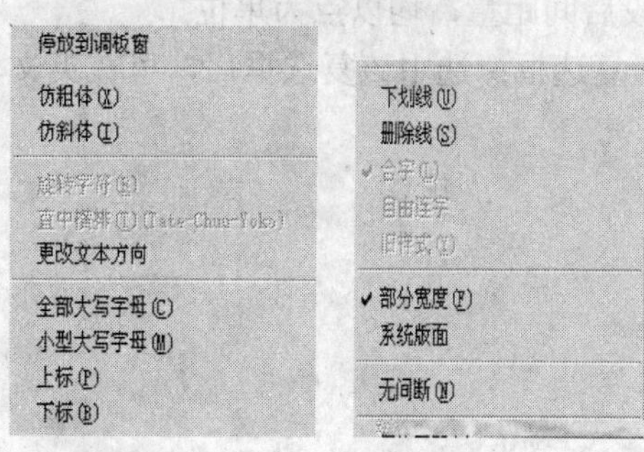

图 4-120　“字符”调板菜单

- 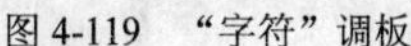：用来设置两个字间的字间距微调。用鼠标在两个字之间单击，然后修改该下拉列表框内的数值，即可改变两个字的间距。正值是加大，负值是减小。
- AV 0：用来设置所选字符的字间距。正值是使选中字符的字间距加大，负值是使选中字符的字间距减小。
- 0点：用来设置基线的偏移量。正值是使选中的字符上移，形成上标；负值是使选中的字符下移，形成下标。
- T T TT Tr T¹ T₁ T T：从左到右分别为“粗体”、“斜体”、“全部大写”、“小写”、“上标”、“下标”、“下划线”和“删除线”按钮。

● [美国英语]：用来选择不同国家的文字。

● [锐化]：用来设置是否消除文字的边缘锯齿，以及采用什么方式消除文字的边缘锯齿。它有5个选项。

3．“段落”调板

“段落”调板如图4-121所示，它用来定义文字的段落属性。单击“段落”调板右上角的“调板菜单”按钮，可调出它们的调板菜单，如图4-122所示。利用该调板菜单可以设置文字的伪字型（因为许多字体没有粗体和斜体字型），给文字加下划线和删除线，设置上标或下标等。“段落”调板中各选项的作用如下。

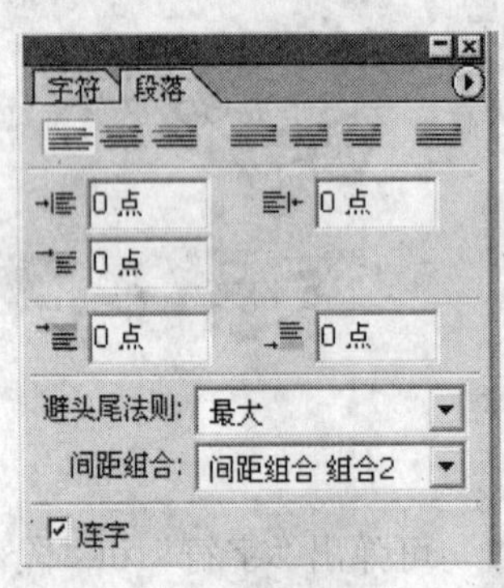

图4-121 “段落”调板

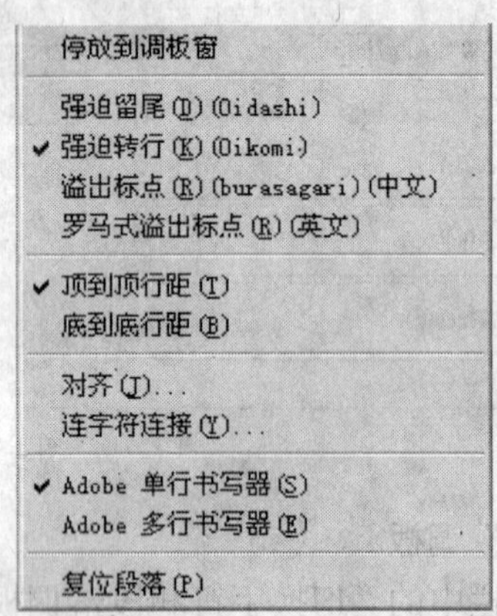

图4-122 “段落”调板菜单

● 组：设置文字在文字输入框内的排列方法。

● 其他文本框：用来设置段落文字的左缩进量、右缩进量、首行缩进量、文字段前间距量和文字段后间距量，均以点为单位。

● 连字复选框：选中该复选框后，可在英文单词换行时自动在行尾加入连字符“-”。

第 5 章 数码办公设备的使用与维护

5.1 打印机的使用与维护

5.1.1 打印机基本知识

打印机是计算机的一种输出设备，通常有针式打印机、喷墨打印机、激光打印机和热升华打印机等不同类型的打印机，它们的外观、性能、价格各不相同，但作用是一样的，那就是把计算机里面触摸不到的图片、文件等内容打印出来，形成打印物品，极大丰富了我们的信息来源，因而越来越多地应用在家庭和办公场所。

1．打印机接口类型

打印机主要有 LTP，USB 和 SCSI 这 3 种接口。

（1）LPT 并口

每块计算机主板上都有一个 LPT 接口，采用 LPT 接口的打印机通用性非常高。在 USB 接口的打印机出现之前，几乎所有打印机都采用 LPT 接口。但是 LPT 接口速度慢，随着 USB 接口的出现，LPT 接口的打印机（见图 5-1）越来越少了。

（a）采用 LPT 接口的 HP6L 黑白激光打印机

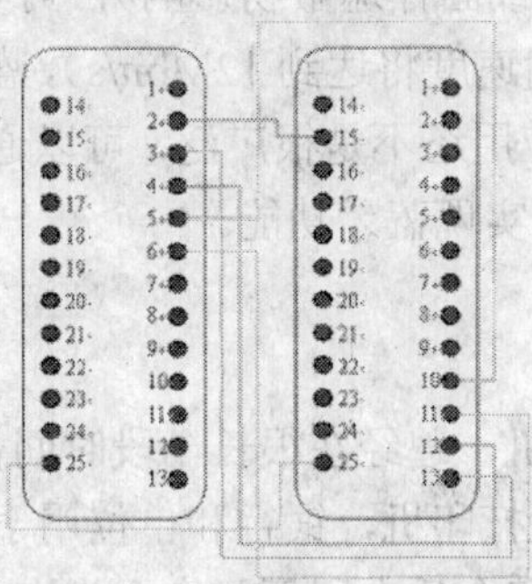

（b）25 针并口线连接方法

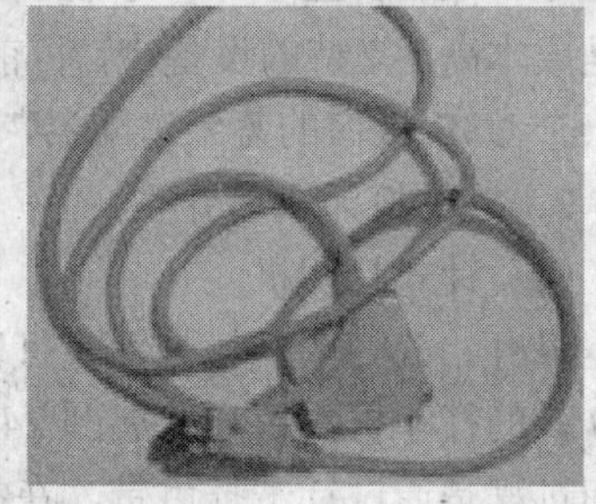

（c）25 针并口数据库线

图 5-1　LPT 接口打印机

（2）USB 接口

USB 接口的打印机因为支持热插拔和即插即用，使用非常方便，在目前得到广泛应用。USB 的接口传输速度比 LPT 接口快，并且安装简单，通用性也好，所以迅速代替了 LPT 接口，成为现在的主流，如图 5-2 所示。

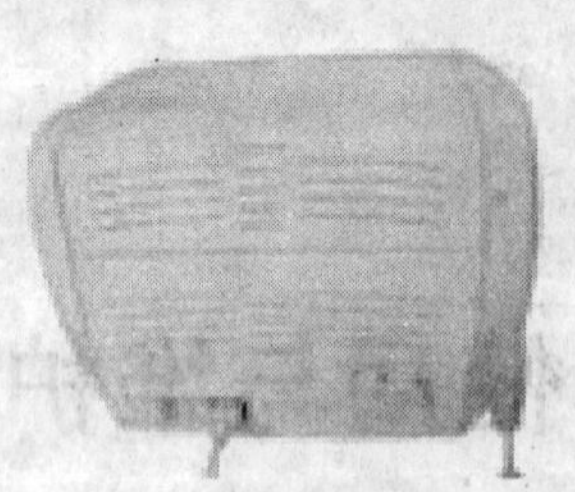

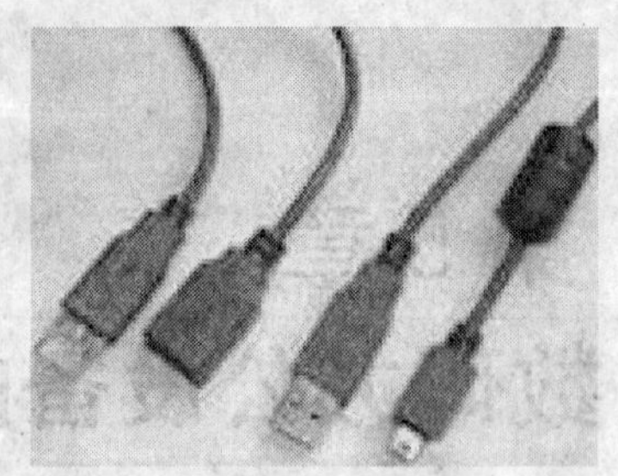

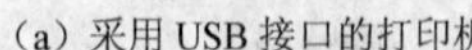

（a）采用USB接口的打印机　　（b）USB接口数据库线

图5-2　USB接口打印机

（3）SCSI接口

SCSI接口传输速度快，一般用在高档专业的打印机上，但是需要在计算机上再安装一块SCSI卡，导致成本上升，并且安装复杂，所以现在也越来越少使用，只有少数的专业打印机还在采用这种SCSI接口。

（4）无线接口

随着无线技术的发展，打印机也用上了无线接口。无线接口的好处就是无需任何线缆，通过无线电波就可以实现打印机与计算机（或其他设备）之间数据的传输，简化了数据线的连接。通常有红外线和蓝牙这两种接口，红外线接口的外部传输速度最高是115.2kbit/s，通信距离最长约为1m，两个设备红外接口只能在30°角范围内活动，如果两个红外接口距离过长、偏差太大或中间被物体隔断，就会出现数据传输中断的故障。尽管红外接口有这么多缺点，但是因为红外传输技术成熟，很多设备都支持并随机带有红外线接口，且成本低，因此这种接口的打印机非常适合跟移动或手持设备连接应用。

蓝牙用微波作为传输载体，是爱立信公司率先开发的一种短距离无线连接技术，提供两台以上带有蓝牙芯片或适配器的设备进行无线连接，通信距离最长大约10m（增加功率可以达到100m），无方向性（不受角度或固体遮蔽物影响），可实时进行数据传输，传输速度理论上是1Mbit/s（蓝牙2.0规格的传输速度将达到12Mbit/s），蓝牙比起红外线来说有许多优势，但是成本高，支持的设备少，目前应用还不是很广泛。可以通过在有USB接口的打印机上安装一个USB接口的蓝牙适配器，来实现蓝牙功能。

2．各类打印机简介

（1）针式打印机

最开始的打印机就是针式打印机，曾经在很长一段时间占有打印机的主导地位。刚开始是9针的打印机，后来发展到24针打印机，银行和单位用于打印多层票据的专用打印机等。打印过程是通过针击打色带，在打印介质上留下一个个小点，很多打印点按不同的方式排列就组成了不同的图形文字，完成打印工作。

针式打印机价格便宜、耗材也便宜，使用非常普遍，但是跟现在的喷墨、激光打印机比起来，打印速度比较慢，打印质量低，噪声非常大，慢慢退出了打印机的行列，现在只有在特定的用途方面（比如打印带复印的多层票据），才购买针式打印机。图5-3所示为几款针式打印机。

（a）爱普生的 1600K 针式打印机　　（b）联想 DP8000 针式打印机

图 5-3 针式打印机

（2）喷墨打印机

喷墨打印机（见图 5-4）因为有打印效果比较好，价格非常低的优点，因而占据了大部分的打印机市场（在这以前是针式打印机占有大部分市场）。喷墨打印机按打印颜色分为黑白喷墨打印机和彩色喷墨打印机，通常是把墨盒里面的墨水喷到打印介质上形成图像。打印速度比较快，噪音比较小，除了可以打印普通的打印纸、复印纸、信封外，还可以打印各种胶片、照片纸、T 恤转印纸等特殊打印介质。

喷墨打印机的液体喷墨方式可分为气泡式和微压电式。气泡式喷墨就是通过加热喷嘴，使墨水产生气泡，再喷到打印介质上完成打印。采用这种技术的主要有佳能（Canon）公司和惠普（HP）公司。这种技术有两个缺点：一个是打印时要给墨水加热，墨水在高温下性质不稳定，易发生化学变化，导致打印出的图像色彩可能会有偏差，影响打印质量；另一个是因为墨水是通过气泡这种形式喷出的，小墨粒的体积大小和喷出的方向不能很好控制，导致打印的边缘容易参差不齐，影响打印质量。佳能公司的墨滴调整技术使得喷墨技术又进了一步，在打印头里面有两个加热器，一个加热器喷射小的墨滴，两个加热器一起喷射一个正常大小的墨滴，大小墨滴结合在一起就可以打印出更细腻的图像，减少了喷墨打印机的颗粒感。

微压电喷墨是爱普生（EPSON）公司采用的技术，对墨滴的控制能力比气泡式强。利用晶体加电时以稳定的频率振动的特性，通过改变电压的大小，调节晶体振动的频率来精确控制墨滴的大小和喷射的速度，在常温状态下稳定地将墨水喷出，现在可以达到喷射 4 微微升超精微墨滴的水平（1 微微升=1×10^{-12} 升，直径小于头发丝的六分之一），使墨滴微粒的形状更加规则，定位更加准确，分辨率也同时得到了提高，从而为喷墨高精度打印提供了保证，且在微压电喷墨的时候不用加热墨水，避免了墨水因受热而发生化学变化，降低了对墨水的要求。

（a）爱普生 C41SX 打印机

（b）联想 3110 打印机

图 5-4 喷墨打印机

（3）激光打印机

随着激光打印机（见图 5-5）的价格下降，越来越多的用户购买了激光打印机。激光打印机分为黑白和彩色两种规格。

激光打印机利用光栅图像处理器产生要打印文档的位图信息，然后转换为电信号和一系列的脉冲信号送往激光发射器，在这一系列脉冲的控制下，有规律地放出激光，同时反射光束被接收的感光鼓所感光，激光发射时就产生一个点，激光不发射时就是空白，这样就在接收器上印出一个点来，然后接收器转动一小段固定的距离继续重复上述操作。当纸张经过感光鼓时，鼓上的着色剂就会转移到纸上，打印了文档的位图。最后当纸张经过一对加热辊后，着色剂被加热熔化，固定在纸上，完成了打印的全过程。

虽然黑白激光打印机的价格比喷墨打印机贵一点，但是从打印成本上讲，激光打印机更为便宜。由于激光打印机提供了更清晰的打印质量，更快的打印速度和更低成本的打印方式，在不打印彩色图片的情况下，黑白激光打印机渐渐有望代替喷墨打印机。

（a）联想 LJ880 激光打印机

（b）HP LaserJet 1300n

图 5-5　激光打印机

（4）热升华打印机

热升华打印是一种利用热感应打印相片的技术，在打印时将 Y（黄）、M（洋红）、C（靛蓝）三层色膜与 O（保护膜）层通过热处理依次汽化后印在专用相纸上，表现效果可达到单色 256 色阶、三色共 1677 万色的连续色阶。其中连续色阶是指以全色阶最接近图像的方式输出，色阶连续自然，能完美过渡色彩；与此相比，喷墨打印是半色阶，用许多墨点的不同排列和密度来模拟连续的色阶，这样可以看到墨点，表现没有全色阶打印连续自然。

（a）三星热升华打印机

（b）索尼热升华相片打印

图 5-6　热升华打印机

热升华打印出来的图像色彩鲜艳、层次分明，打印质量达到照片品质。另外由于热升华打印机（见图 5-6）有保护膜覆盖保护，在防水防氧化方面比其他打印方式有更大的优势，在高档打印方面得到广泛应用。由于打印引擎比较小，整个打印机可以做得比较小，所以很多便携式打印机都是热升华打印机，特别是一些数码相机厂家把数码相机和热升华打印机结合起来，不需要通过计算机，直接把数码相机和热升华打印机连接起来就可以打印高清晰的照片，非常方便。现在可以买到爱普生、佳能公司生产的一些可以直接跟数码相机相结合的热升华打印机。

5.1.2　打印机的使用、应用与维护

1．打印机的安装

打印机的安装一般分为两个部分，一个是打印机跟计算机的连接，即打印机的硬件安装；另一个就是在操作系统里面安装打印机的驱动程序，即打印机的软件安装。

（1）打印机与计算机的连接

① LPT 接口

如果是安装 LPT 接口的打印机，在安装打印机之前必须先关掉打印机和计算机主机的电源，再把打印机的连接线一头接打印机的打印口，把打印线另一头的 25 针接口连接在主板的 LPT 接口（也就是通常说的打印口）上，如图 5-7 所示。

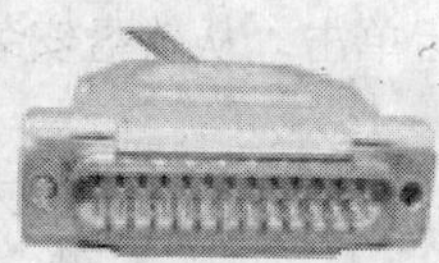
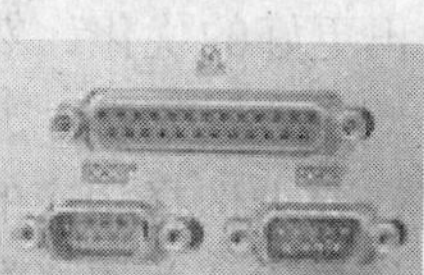

图 5-7　打印机 LPT 接口连接图

如果 LPT 接口上已经连接了扫描仪，那么就把打印机的线连接在扫描仪的 LPT 接口上，然后打开打印机的电源，再打开计算机主机的电源。

② USB 接口

如果是安装 USB 接口的打印机，就不像安装 LPT 接口的打印机那么麻烦。因为 USB 接口的设备支持热插拔，安装时在不关闭计算机主机和打印机的情况下，直接把打印机的 USB 连线一头接打印机，另一头连接到计算机的 USB 接口就可以了，如图 5-8 所示。

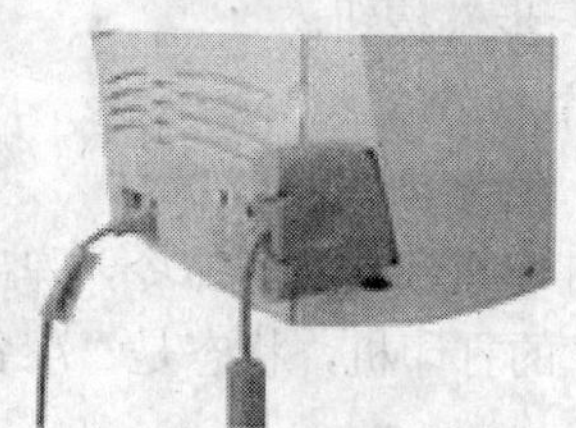
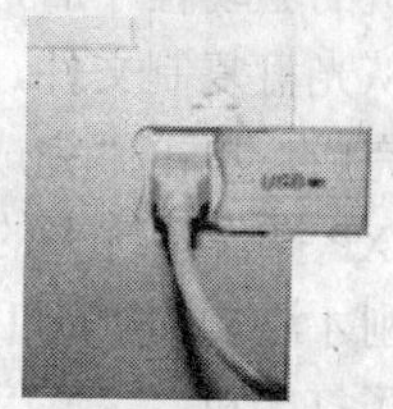

图 5-8　打印机 USB 接口连接图

③ SCSI 接口

如果是 SCSI 接口的打印机，需要先关闭计算机电源，打开计算机主机的机箱，把跟打印机配套的 SCSI 卡插在计算机主板的空余 PCI 或 ISA 插槽上，把机箱装好，再把打印机的 SCSI 连线跟 SCSI 卡接好，然后打开打印机的开关，再打开计算机的开关即可。

（2）打印机驱动程序的安装

按照上面的步骤把打印机跟计算机连接好之后，先打开打印机电源，再打开计算机

开关。

进入操作系统后，系统会提示发现一个打印机，系统要安装打印机的驱动程序才可以使用打印机。现在的操作系统（如 Windows XP）自己带有许多打印机的驱动程序，可以自动安装好大部分常见的打印机驱动。如果操作系统没有这款打印机的驱动，需要把打印机附带的驱动盘（软盘或光盘）放到计算机光驱中，再根据系统提示进行安装。

下面开始安装打印机的驱动程序。如果计算机的操作系统是 Windows 9x，进入“控制面板”/“打印机”，然后双击“添加打印机”图标，在“添加打印机”对话框中，单击“下一步”按钮，便可看到选择打印机连接方式的选项单。

如果打印机直接连接在本地计算机上，就选择“本地打印机”，如果打印机不是连接在本地计算机上，而是连接在其他计算机上（本地计算机通过网络使用其他计算机上的打印机），那么就选择“网络打印机”。在下面的例子中选择本地打印机。单击“下一步”按钮后，系统会提供打印机的制造厂商和打印机型号的列表，可以使用 Windows 操作系统提供的打印驱动程序，在列表中选择打印机的驱动程序，然后单击“下一步”按钮即可。如果列表里面没有这一款打印机的驱动，可以安装打印机中附带的由厂商提供的驱动程序，如果有条件上网的话，建议从这个打印机生产厂家的网站上下载最新的驱动程序，最新的驱动程序可以对打印机的打印质量和兼容性做出更好的优化。然后单击“从软盘安装”按钮，选择下载的驱动或随机附带的驱动进行安装。

单击“下一步”按钮，要求选择相应的打印机端口。一般不用修改，用默认的 LPT1 端口即可，然后设置打印机的名称，并选择默认打印机。再单击“下一步”按钮后，系统会要求选择是否在安装好打印机之后打印测试页，可以选择不打印测试页。单击“完成”按钮，此时系统就会在 Windows 操作系统中安装打印机的驱动程序。至此，打印机的驱动安装就完成了。

如果操作系统是 Windows 2000/XP，当把 USB 打印机的连线插到计算机的 USB 接口上后，系统会提示找到一个新的打印机。

按照提示把驱动光盘放到光驱里面，单击“下一步”按钮，此时系统开始搜索打印机的驱动程序。

系统找到打印机的驱动程序后，再单击“下一步”按钮。

此时系统开始从光盘复制文件，安装驱动程序。

最后提示安装完成，单击“完成”按钮即可。

选择 Windows XP 操作系统中的“开始”/“打印机和传真”命令，弹出“打印机和传真”窗口，里面有一个刚才添加的“hp LaserJet 1000”的打印机，状态是“准备就绪”，那么就表示已经正确安装好了打印机。

打印机的驱动安装好了后，就可以进行打印操作了，例如要从 Word 里面打印一份文稿，可以先把 Word 打开，调出要打印的文稿，然后选择“打印”菜单或工具。

2．打印机的使用

文件打印

打印机安装好后就可以开始使用打印机，打印所需要的目标文档了。下面以打印编辑好了的 Word 文档为例，详细介绍如何用打印机打印具体的作业。

① 首先在打开的 Word 编辑页面中，选择“文件”/“页面设置”命令，在弹出的“页面

设置”对话框中，单击“纸型”标签，在打开的图 5-9 所示的“纸型”选项卡中，单击“纸型”处的下拉按钮，从弹出的下拉列表中选中所需要的纸张类型，例如是 A4 还是 A3 等；倘若列表中没有自己想要的纸型时，可以在“高度”、“宽度”设置框中，直接输入当前所用打印纸的实际高度和宽度大小；同时要设置好打印方向，在默认状态下打印方向为“纵向”，要想让打印纸按“横向”进行打印，就必须要在“方向”栏中选择“横向”单选钮。

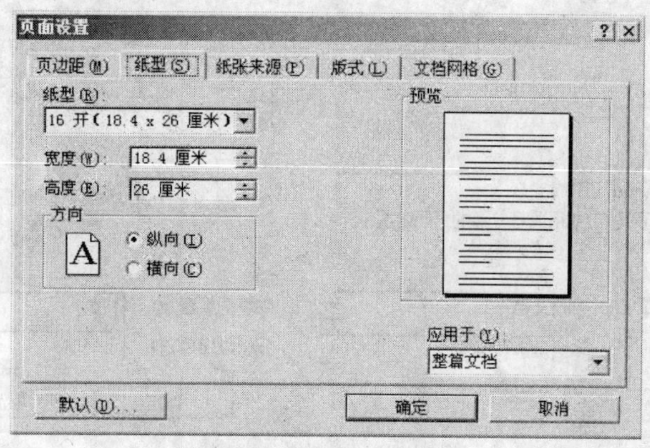

图 5-9 “纸型”选项卡

② 接着单击“页边距”标签，如图 5-10 所示，在“页边距”选项卡中，可以设置好上、下、左、右边距的大小，要是想将打印出来的内容装订起来的话，还需要设置好装订线的位置；倘若没有什么特殊要求，尽量采用默认的数值，要是希望一张纸中能尽可能地打印更多内容时，那么就要将上、下、左、右边距的大小调整得稍微小一些了。

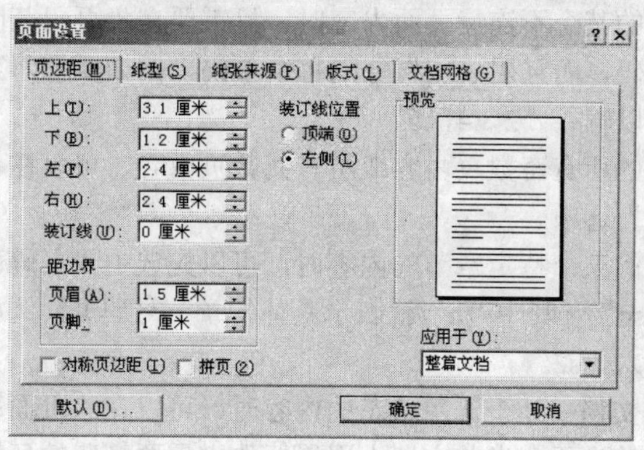

图 5-10 “页边距”选项卡

③ 完成好上面的设置后，基本上就能开始进行打印操作了；不过为了确保打印效果让人满意，最好在正式打印文档之前，选择“文件”/“打印预览”命令，查看当前文档的实际排版效果。

④ 要是对该文档的排版效果感到满意的话，即可正式打印作业。在打印时，首先按照设置放置好打印纸张，然后选择“文件”/“打印”命令，或者直接单击工具栏中的“打印机”按钮，在弹出的“打印”对话框（见图 5-11）中，选中合适的打印机名称，倘若当前计算机中只安装了一台打印机的话，那么就不需要进行选择了。

⑤ 设置好打印的“页面范围”，在默认状态下打印机将会自动打印所有文档页面。要

是想打印特定页面内容的话，就需要选中“页码范围”单选钮，然后再输入具体的页面号码；要是只打印当前页面内容的话，就可以选中“当前页”单选钮。

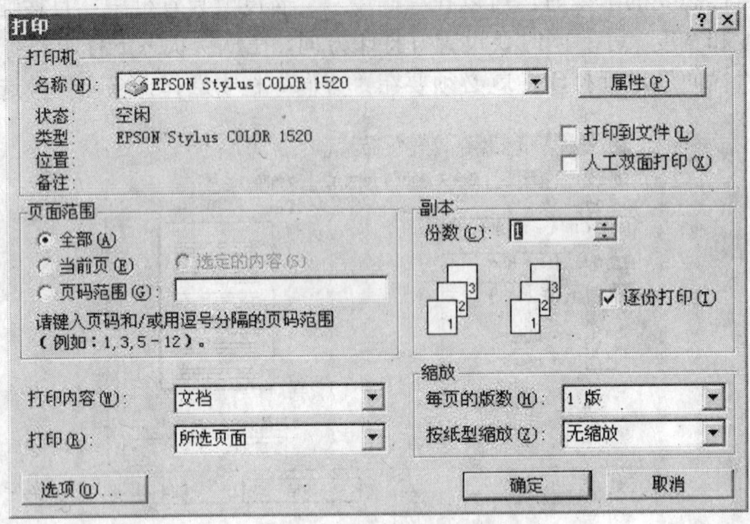

图 5-11 “打印”对话框

要是想打印文档中的某个连续的页面内容时，可以先选中“页码范围”单选钮，然后在后面的文本框中输入开始页面的页码以及结束页面的页码，中间通过“-”符号将它们分隔开，例如要打印当前文档中的第 2 页～第 8 页的所有内容时，就可以在“页码范围”后的文本框中输入“2-8”。

要是想打印文档中的某个不连续页面内容时，只需要在“页码范围”后的文本框中依次输入需要打印的页面页码，而且用“，”分隔每个页码，例如要打印当前文档中的第 2 页、第 4 页、第 6 页时，可以输入“2，4，6”。

要是想打印文档中的所有奇数页内容或所有偶数页内容，可以在“打印”下拉列表框中选中“奇数”或“偶数”选项。

要是想打印文档中的某个特定章节的内容时，可以先选中“页码范围”单选钮，然后在后面的文本框中输入“sn”（其中“n”就表示具体的章节号码），例如要打印当前文档中的第二节内容时，可以输入“s2”。

要是希望打印当前文档中处于选中状态的内容时，可以在“页面范围”栏中选择“所选内容”单选钮（注意，首先要在当前文档中用鼠标选中需要打印的目标内容，这样“所选内容”单选钮才会被自动激活）。

倘若使用的是 A4 幅面的打印机，而当前正在处理的 Word 文档页面却是 A3 幅面的，则可以对当前打印页面进行缩放打印，让 A4 打印机在保留原始文档格式不变的基础上，将 A3 文档页面内容缩小打印出来；在图 5-12 所示的“缩放”栏中，选择“按纸型缩放”下拉列表框中的“A4”选项即可。

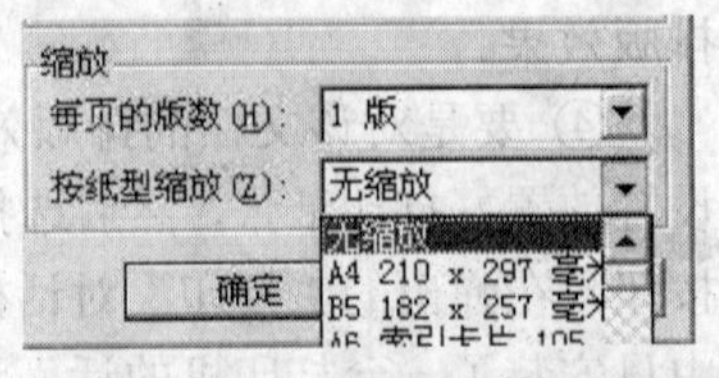

图 5-12 “缩放”栏

如果想将当前文档内容同时打印多份的话，可以在“份数”设置项中输入需要打印的份数，在缺省状态下打印机只打印一份。完成好上面所有的参数设置后，单击“确定”按钮，打印机就能根据设置要求，将目标文档内容打印出来。

3．使用打印机的注意事项

（1）针式打印机使用注意事项

针式打印机靠打印头里面的小针击打色带而在打印纸张上打印出一个个小点，打印头里面的小针容易断，在打印的时候注意一定要放打印纸才能打印，否则容易断针。

打印机导轨上的润滑油容易粘上灰尘，导致打印头在导轨上移动不畅，容易出现问题，应该经常清洁导轨并涂上润滑油。

（2）喷墨打印机使用注意事项

灰尘也对喷墨打印机造成危害，容易使喷墨头堵塞，导致打印不畅，要尽量保持打印环境的干净。

喷墨打印机使用液态的墨水，在高温下墨水容易蒸发，造成喷墨头堵塞。

在换墨盒的时候应尽量按按钮让打印头自动出来，不要强行用手推拉打印头来取出，这样容易造成故障。

连续打印时，不要使用潮湿的一叠纸张，纸张要先揉松，并且放掉静电，这样打印的时候不容易连续进多张纸而造成卡纸。

使用喷墨打印机一个非常需要注意的地方就是墨水的问题。因为原装墨水价格昂贵，许多喷墨打印机用户为了节约打印成本，用完原装墨盒里面的墨水后，就给原装墨盒里面加兼容的墨水，这就是所谓的“加墨”。通常给惠普和佳能喷墨打印机的墨盒加墨比较方便，由于这两个厂家的喷墨打印机的墨盒与喷头是做在一起的，万一喷嘴不通了，再另外换一个好墨盒就可以再继续打印。给爱普生的打印机墨盒加墨就要非常小心，因为爱普生打印机的墨盒和打印喷头是分开的。万一打印喷头堵死了，换墨盒也不能很好解决问题，一般只有送去爱普生公司维修。

（3）激光打印机使用注意事项

激光打印机虽然结构复杂，但是使用简单，一般不会出现什么问题，平常打印的时候要注意预防卡纸，预防方法也跟喷墨打印机预防卡纸的方法一样。万一卡纸了，不能把卡的纸用蛮力拖出来，一般都有防止卡纸的装置，例如 HP1000 黑白激光打印机的后面，有两个绿色的按钮，按下按钮后打印机里面的纸张通道松开，这样就可以把纸轻松取出，如图 5-13 所示。

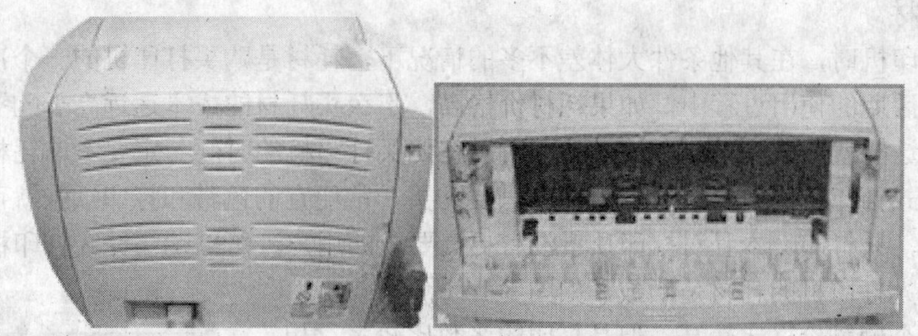

图 5-13　HP1000 黑白激光打印机的后面

4．打印机的选购

现在市场上的打印机品种繁多，而且各有特色，很容易看花眼，那到底怎样挑选一台合适的打印机呢？

首先要分清自己的打印要求，只有准确定位，明白自己需要什么功能档次的打印机，才不会没有目的地乱挑打印机。购买打印机的用户对打印大体有下面几种要求。

普通要求：多数的家庭用户和企业都是这种要求，能够打印普通质量的文件或照片就可以了。这种一般性能的普及型打印机也是市场上最多见的，通常价格便宜，样式美观，例如一些针式、喷墨打印机，可以挑选的余地比较大。

专业要求：少数的专业公司因为要打印非常专业的图片或文档，一般的打印机无法满足，所以挑选专业的打印机来满足专业的要求。这种专业级别的打印机打印质量非常高，例如彩色激光打印机、热升华打印机、高分辨率的喷墨打印机等，同时价格也非常高，往往在出版印刷、报刊杂志图片社等单位得到应用。

特殊要求：某些特殊型号的打印机几乎就是专门为某个特殊要求而开发的，例如打印多层票据的打印机、超市打印购物明细的小型打印机，自动柜员机打印取款明细的小型打印机等，这种打印机一般都在某些行业广泛应用，不具备通用性。

明白了自己的需要，挑选起来目的就明确了，购买时除了考虑打印机的样式、价格以外，还要考虑下面这些方面。

（1）分辨率

打印机的分辨率用 dpi（dot per inch，每英寸范围内包含的点数）来表示。通常分辨率越高，打印出来的文档或图片也就越清晰。现在黑白激光打印机的打印分辨率一般在 600dpi 以上，普通喷墨打印机的打印分辨率通常在 1200dpi 以上，高的可以达到 5760dpi。普通家庭和企业的普通使用，没有必要选择分辨率非常高的喷墨打印机。

（2）接口

打印机的接口一般有 LPT，USB 和 SCSI 等几种类型。

LPT 接口非常普及，通用性高，但是因为接口速度慢，并且不支持热插拔，所以现在尽量不要买这种接口的打印机。

SCSI 接口的打印机因为多了一块 SCSI 卡，所以成本高了一些，尽管速度还可以，但是安装麻烦，通用性不高，也尽量不要买。

USB 接口具有速度快，通用性好，并且支持热插拔，即插即用，安装简单方便等优点，因此推荐大家购买 USB 接口的打印机。

（3）耗材

购买打印机时，在其他条件大体差不多的情况下，耗材是购买打印机的一个决定性的方面。因为在后期的使用过程中，如果耗材价格高，那么买耗材的成本远远高于购买一个打印机的成本，这样就造成打印成本的增加。所以在购买打印机的时候一定要考虑耗材的问题。

通常针式打印机的耗材是最便宜的，只要购买非常便宜的色带和打印纸张就可以了。若不介意噪音，只打印文本且对打印质量没有更高要求的用户，可以购买针式打印机。

黑白激光打印机的耗材是硒鼓，如图 5-14 所示。

图 5-14　硒鼓

虽然一个硒鼓价格比较高，但是打印的张数比较多，相对来说打印成本中等，对于需要大量打印文本的用户，推荐购买黑白激光打印机。

最贵的就是喷墨打印机的打印成本了，通常一台普通的喷墨打印机的价格和一个原装墨盒的价格相差无几，并且墨水的含量比较少。

因为墨水少，很快就会打完，这就导致打印成本的高昂。要买喷墨打印机，推荐买可以方便地加墨水的打印机，如惠普。

（4）功能

除了正常的打印功能外，某些打印机还有一些附加功能，也许对用户非常有用。例如打印机可以支持数码相机的存储卡，把存储卡插到打印机上，就可以直接打印出照片来，而不用通过计算机打印；或者支持跟数码相机的直接连接，通过一根数据线把数码相机里面的照片直接打印出来；或者某些打印机是多功能一体机，不光有打印功能，还可以扫描、复印文档。

5.2　传真机的使用与维护

5.2.1　传真机基本知识

1．现代传真机的工作原理

现代传真机（见图 5-15）已由机械扫描发展成为电子扫描。电子扫描的原理是：发送机用聚光点对发送稿从左至右，从上到下进行扫描，反射光的强弱由光电转换元件变成相应变化的电流，再经线路传至接收机，接收机收到信号后经放大器传至记录针，然后在记录纸上记下与原稿形式相同的图形或文字。要使接收图像不失真，必须保证收发两方同步又同相。同步即发送和速度要完全一致；同相即发送扫描点与接收记录点要同时到达相应位置。

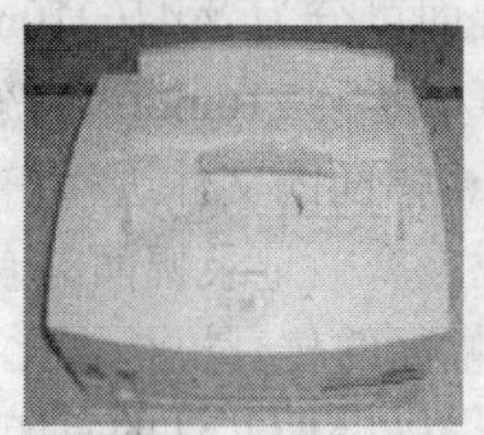

图 5-15　传真机

2．传真机分类

下面列举几种传真机常见的分类方法。

（1）传真机按照功能不同，可分为简易型传真机、标准型传真机和多功能型传真机。简易型传真机具有简单的收发传真、复印功能；标准型传真机除收发传真和复印功能外，一般还具有中/英文液晶显示、自动切纸，自动进纸、无纸接收、呼叫转移、来电显示、计算机接口（外置）等功能；多功能型传真机是集传真机、打印机、复印机三机一体，在功能上除具备标准型传真机的功能外，还增加了录音电话、呼叫转移等功能。

（2）传真机按照打印方式的不同，可分为喷墨式传真机、热转印传真机和激光传真机。喷墨式传真机打印方式同一般喷墨打印机，也是利用墨水打印，可使用一般纸张记录与接收资料；热转印传真机使用类似复写方式的加热转印原理，是利用色带打印，可以使用普通纸进行打印。激光传真机打印方式同一般激光打印机利用墨粉打印。

（3）传真机按照记录方式的不同，可分为感热纸传真机和普通纸传真机。

感热纸传真机使用热感头，用特殊纸张以加热打印的方式接收文件及资料。普通纸记录方式又可分为：热传导方式、激光静电复印方式、喷墨记录方式和 LED 记录方式。因所使用的感热纸仅有单面涂布化学材料，故又可分为内感式传真机和外感式传真机。感热纸传真机的优点是成本较低，缺点是文件保存时间不长，一段时间后文件上的文字或图形会越来越淡。而普通纸传真机可使用一般普通纸、回收纸，其缺点是成本稍高，但文件可长期保存。现在发展的趋势是普通纸传真机正逐渐代替热敏纸传真机。

（4）传真机按照颜色不同，可分为黑白传真机、双色彩色传真机和多色彩色传真机。

（5）传真机按照采用的扫描方式不同，可分为电荷耦合扫描（CCD 扫描）传真机和接触式图像扫描（CIS 扫描）传真机。

（6）传真机按照 CCITT（国际电报电话咨询委员会）制订的国际标准，可分为一类传真机（G1）、二类传真机（G2）、三类传真机（G3）和四类传真机（G4）。

3．传真机的技术指标

传真机的技术指标有许多项，不同的传真机所拥有的功能也各不相同。选购传真机需特别注意以下四项技术指标：分辨率、有效记录幅面、发送时间和中间色调（灰度级）级数。

（1）分辨率。分辨率又称扫描密度，可分为垂直分辨率和水平分辨率。垂直分辨率是指垂直方向上每毫米的像素点数。传真机（三类传真机）国际标准的水平扫描密度为 8 像素点/mm。垂直方向的扫描密度则可分为标准 3.85 线/mm、精细 7.7 线/mm 和超精细 15.4 线/mm。在选购时应注意传真机是否具备超精细方式，一般而言，中、高档传真机均具有超精细功能。无超精细功能的传真机在复印或发送时，对细小文字、复杂图像的处理会丢掉某些细节，造成副本的可读性不强。

（2）有效记录幅面。有效记录幅面可分为 A4（210mm）和 B4（252mm）。一般来说，有效记录幅面为 A4 的，其有效扫描宽度为 216mm；有效记录幅面为 B4 的，其有效扫描宽度为 256mm（有的还可对 A3/280mm 幅面的文件进行扫描）。A4 幅面的像素点每行为 1728 位，B4 幅面的像素点每行为 2048 位。有效记录幅面与有效扫描宽度是决定传真机价格的一个主要因素，同等功能条件下，B4 幅面的传真机往往比 A4 幅面的价格高许多。B4 幅面的传真机比较适合于办公室用，可用于 B4 幅面文件的复印与收发传真。

（3）发送时间。发送时间是指传真机发送 1 页国际标准样张所需要的时间，发送时间一般为 6s～45s。发送时间的长短，取决于传真机所采用的调制解调器速度、电路形式及软件编程。中、低档传真机的调制解调器速度最高为 9600 比特/秒，可自动调节为 7200/4800/2400 比特/秒，而高档传真机的调制解调器的最高速度为 14400 比特/秒，发送时间最快可达 6s。发送时间在 9s 以下的为高档传真机。

（4）中间色调。中间色调又称灰度级，它是反映图像亮度层次、黑白对比变化的技术指标。传真机具有的中间色调的级数越多，其所记录与传输得到副本的图像层次就越丰富、越逼真。采用 CCD 作为扫描器的传真机，其中间色调可达 64 级；而采用 CIS 作为扫描器的传真机，其中间色调最多可达 32 级，一般均在 16 级以下。因此，对于经常需要对图像信息进行传真和复印的用户来说，采用 CCD 扫描方式的传真机当为首选，并且应选择具有 64 级中间色调的传真机。

以上只是传真机的几项关键技术指标，购买传真机时还有许多方面值得留意。

（1）是否具有自动送纸器（ADF）。ADF 不是每台传真机都具有的，使用 ADF 后，少的可放置 5 页原稿，多的可放置 30 张原稿。对于经常需要进行多页复印与发送的用户来说，这项功能值得特别关注。拥有自动送纸器后，如要进行多页原稿复印与发送，则可免去一页一页放置原稿的麻烦，只需将原稿叠整齐，放入 ADF，传真机便可自动搓纸，自动分页复印或发送。

（2）是否具有自动切纸功能。对于复印与接收传真文件业务量大的用户，拥有自动切纸功能可省去每次复印或收信后撕纸的麻烦。这里顺便提一下，售价在 2000 元以下的传真机一般都不具备自动切纸功能。

（3）是否具有单触键拨号功能。如要经常与某固定用户联络，采用单触键拨号联络更方便、快捷，轻轻一触即可自动拨号。

（4）是否具有存储发送及接收功能。在发送传真时，如果线路出现故障，可从发送中断的页开始重新拨号并发送。在接收传真时，如记录纸用完，发信方还在发信时，传真机会把接收到的信息存储在 RAM 中，当重新装上记录纸后，它会自动把存储的内容打印出来，这样可免去发信方重新发送的麻烦，节省时间和费用。

（5）是否具有 ECM 方式。拥有 ECM 方式的传真机，在线路不良造成接收干扰而产生误码时，会自动要求对方重新发送，直到文件清晰无误为止。此外还应检查是否具有 BP 机转移呼叫、应答录音、免提通话、发送标志、定时发送、缩位拨号、查询等功能，用户可根据实际需要考虑选择。

4．传真机的基本结构

传真机主要由主控电路、传真图像输入机构、传真图像输出机构、调制解调电路、操作面板及电源组成。

（1）主控电路

主控电路像计算机的主机，对传真机的工作方式和状态进行控制。主控电路包括 16 位（或 8 位）的 CPU、程序只读存储器（ROM）、数据随机存储器（RAM）、地址译码器和传输控制电路。主控电路控制内容主要是发送传真操作和接收传真操作，发送传真操作包括传真图像扫描输入、图像数据传送、图像数据处理及调制输出；接收传真操作包括传真信号接收、解调、存储及输出。传真机工作时主控电路从 ROM 中读出程序运行，数据存储在 RAM 中。

传输控制电路由可编程 IO 接口和可编程 DMA 控制器组成，主要功能是配合主控电路完成信号传输。

（2）传真图像输入机构

传真图像输入机构像一台扫描仪，在主控电路发出的信号控制下完成传真稿的扫描输入和图像数据处理。

传真输入机构由传真稿输入传动机构、光电图像传感器、模拟信号处理器、A/D 转换器及灰度校正电路、门阵列、二进制和半色调 ROM、存储器组成。

传真稿输入传动机构由传真稿光电检测器和走纸步进电机构成。发送传真时，传真稿从传动机构进入，光电图像传感器将传真稿上的图像信号，转换为模拟电信号，送模拟信号处理器处理。处理后的模拟电信号，送 A/D 转换器转换为数字信号，送入门阵列，在主控电路发出的有效行处理信号和读处理信号控制下输出。

由于图像传感器的非线性，由 A/D 转换器输出的信号，不能直接作为图像信息输出，输出的图像信息是根据 A/D 转换器输出的数字信号在 ROM 中读出的信息。此图像信息经压缩编码后送往调制器调制输出。

目前普及型传真机使用的光电图像传感器，大多是接触式 CIS（Contact Image Sensor）传感器。有些传真机使用的光电图像传感器是 CCD（Charged Couple Device）电荷耦合器。传真机的两个重要参数——灰度级和图像分辨率，主要取决于光电图像传感器的性能。

上述两类传感器常用于复印机、条形码、扫描仪和摄像机中。有关 CIS 和 CCD 光电传感器的细节请参阅相关书籍。

（3）传真图像输出机构

传真图像输出机构像一台打印机，完成已接收传真稿的打印输出，有些传真机设有并行接口，可将传真图像输出至计算机或打印机。

传真图像输出电路常由单片微处理器、扩展输入输出接口、模数转换器和存储器组成，接收来自解调器的传真图像输出。传真图像输出机构按打印原理分，有热敏打印、喷墨打印、激光打印和 LED 打印等。目前普及型传真机大多使用热敏打印方式，只是需要用较贵的热敏纸；喷墨打印、激光打印与相应打印机工作原理完全相同，传真机的喷墨打印方式较容易实现彩色输出；LED 打印方式与激光打印类似，但是省去了激光器、激光透镜组、多边旋转镜等复杂的光路和电路，用一排发光 LED 紧紧地贴在感光鼓上成像，降低了成本。

（4）调制解调电路

调制解调电路像一台 Modem，完成传真信息的调制发送、接收解调和线路切换。

调制解调电路由调制器、解调器和线路接口控制电路组成。

线路接口控制电路，是电话和传真机之间连接和切换控制的专用接口，主要由线路切换电路、振铃信号检测电路和摘机传感器组成。

调制器在传真图像信息上加入一调制信号，将信号转换为可用电话线传输的信息，通过接口电路输出。

为节省传输数据时间，调制图像信息时传真机会按一定规则对传真图像信息进行压缩。解调器滤除接收到传真信息中的调制信号，将其还原为传真图像信息，经解压缩电路解压后，送传真图像输出机构输出。

（5）操作面板

操作面板像计算机的键盘和显示器，由用户观察并操作控制传真机的工作状态。

操作面板主要由单片微处理器、扩展接口、按键和液晶显示屏（LCD）组成，其功能主要是按键控制、LCD 显示控制和主电源开关控制。

（6）电源

大多数传真机，使用类似计算机的开关式电源，为整机提供能源。

开关式电源电路，由输入滤波整流电路、控制驱动电路、开关电路、5V 输出电路、±12 输出电路（或 24V 输出电路）及保护电路组成。开关式电源能输出平滑而稳定的电压。

综上所述，就结构和工作原理而言，传真机像一台带有打印机、扫描仪、调制解调器的专用计算机。虽然带有打印机、扫描仪、调制解调器并具有网络唤醒功能的计算机能实现传真机的全部功能，但就发送、接收传真而言，还是不如传真机方便。

5.2.2 传真机的使用与维护

1. 传真机的连接

传真机背后有一个插座标有“LINE”（亦有用 L1，L2 表示的），从该插座引出的两线用于与电信局来的两条电话线相接。

有的传真机本身不带电话机，它通常还有“TEL”插座，在此可以接上一个电话机。电话机和传真机实际上是串行连接的（包括自身带电话机的传真机，其内部亦如此）。有人将电话机与传真机并联相接，即电话机直接连到“LINE（L1，L2）”上，这时如果采用该电话机拨号来进行传真机发送，则会出现通信失败的现象，原因是传真机内部线路并没有转换到外部“LINE”上去。

2．传真机的使用

（1）接收文件

从传真机的发送文件来看，接收文件亦被分为两种状态。

① 自动接收

自动接收时，传真机必须是处于自动接收状态，可用键选择或者通过编程设置；通常会有自动接收批示灯批示或在显示屏上显示现时为自动接收状态。

对方发送的传真到来时，电话铃在响若干声后（可按要求设置）即转入自动接收，接收从对方来的传输文稿。

接收完毕，若成功，则会有通信成功的信息显示；不成功，则会有出错信息显示或告警。

② 手动接收

在传真机处于手动接收的状态下，电话铃声响后，即可进行接收操作，具体可分两种情况：如果对方是手动发送，回答呼叫，按照对方要求，按下“启动”键，挂下话筒，便可接收对方来的传真文件；如果对方是自动发送时，在拿起话筒时，会听到类似“哔”音的 CNG 信号，这表明对方是自动发送传真状态，这时按下“启动”键，便能接收文件。

通话请求：传真机的请求通话功能可使用户在传送或接收文稿的过程中，通知线路上的另一方，要在这次通信完毕后或进行中与其通话。这个功能对于发送、接收双方通报传送文件的质量是非常有帮助的。有一个简单可行的方法，就是通信双方在启动传真通信后，不要挂机，这样在传真结束后，可再进行通话。有时，传真机亦可能会出现“噗，噗……”的声音，这时只要按下“通话请求”或“停止”键，便可消除这个声音而进行正常的通话。

复印、发送和接收是传真机的三项基本操作功能，任何传真机都少不了，其他操作都是为了更加方便人们的使用而设置的，用户可以根据厂家提供的使用说明书，按部就班地进行操作。

（2）发送文件

① 手动拨号发送文件

手动拨号发送文件步骤如下。

第一步，装入文件。把将要发送的文件放入文件进稿器上，选择好清晰度和对比度。

第二步，呼叫对方。拨对方的电话号码，若占线可重拨，直至拨通。

第三步，等待对方“准备好”的回音。此时可能出现两种情况：如果对方传真机处于自动接收状态，用户会听到“准备好接收”的“哔”音信号（CED 信号）；如果对方是手动接收状态，请对方操作员按下“启动（START）”键，将听到类似“哔”音的信号。

第四步，启动发送操作。当听到对方来的“哔”音信号，立即按下“启动”键（见图 5-16），挂下话筒，文稿会自动进入传真机并被发送给对方。此时，如果传输成功，将会显示“成功发送”信息；倘若通信失败，亦会有出错信息显示。

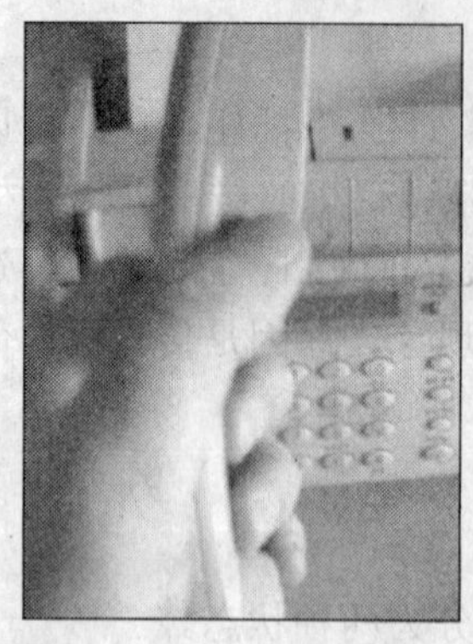
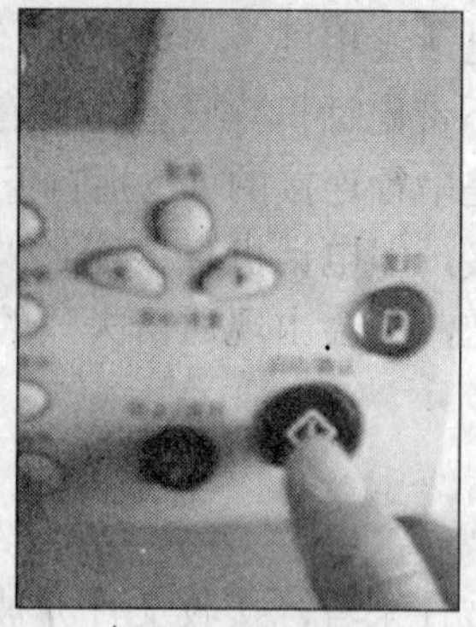

图 5-16　发送文件

② 用缩位拨号或单触键拨号发送文件

如果传真机具备快速拨号功能，且用户所需的电话号码已存入传真机，这时，将文稿放进文稿进纸器中，且选择好分辨率和对比度，按下相应的缩位拨号键或单触键，传真机将开始自动拨号，拨通以后的操作方法同上面的手动发送。

有的传真机具有自动发送状态，这时它发一个标识之后，可自动转入启动发送状态，在单触键或缩位键拨号时发出的是传真的单音信号（CNG），对方传真机若为自动接收的话，在收到该 CNG 信号后，便自动进入传真状态，进行传真通信；对方传真机若是手动接收的话，对方操作员听到类似于“哔”音的 CNG 信号后，便可按下“启动”键，开始传真文件的接收。

（3）复印操作

复印操作是传真机最为简单的操作，但它的意义却不简单。

首先，它有类似于复印机的功能。有的传真机设有专门复印键，将文稿放在进稿器上，按下该复印（COPY）键，即可完成复印动作，通常复印操作均按“FINE（清晰）”方式进行。现在市场有些中高档传真机也具有增强复印功能，例如放大/缩小复印，复印缩放范围一般为 25%～200%；排序复印等；目前大多数传真机的复印键盘和启动键是合二为一（START/COPY）的，这时，要进行复印操作，需首先确认传真机线路处于未接通的状态，否则按下“START/COPY”键，将成为发送状态。

其次，复印操作可以判断一台传真机扫描、打印及主控部分是否有故障。若在传真机上复印出来的副本不清楚，那接收方收到的文件也不会清楚。所以，传真件不清楚不一定是接收方的问题，要根据具体情况具体分析。

（4）装入文稿

在装入文稿时，要将待发送的文稿按传真机所示方向放入传真机的输入糟，按文件尺寸调正文件导板，使之紧挨文件边缘。

文稿的字迹较小时，可以选择传真机的精细或超精细方式，以改善文件的清晰度；如果文稿中包含有图片，可以选用半色调方式；当原稿的对比度较弱时，可以选用“浅色”方式，以补偿对比度。

如果要放入多页文稿可先将文件码齐，对齐上下边，文件页数不得超过 ADF 的指标；第一张要传出的文稿放在底部，依次类推。

（5）发送原稿的准备

一台传真机收到文件的质量部分取决于发送的原文件的质量，以下几点将有助于得到质量良好的原稿文件：一是用打字机打印；二是用黑墨水书写；三是用白色或浅色的纸。

为了慎重起见，用户在传真之前，可以先将原稿文件用该传真机复印一下，预测它送到收端的质量如何，通过调对比度、清晰度（分辨率）或选用图片（半色调）方式可以改善传送原稿的质量。

如果被传真的文件纸非常薄（厚度小于 0.06mm），或非常厚（厚度大于 0.15mm），或者文件有折叠、扭曲、撕破或粘贴现象，则可将原件用复印机复印后再传送。

传真机通常备有一张用透明纸做的载体，如果被传真的文件胡折叠、扭曲、破损或粘贴而无法复印时，可将其夹入载体进行传送。将原稿放入载体夹，使有文字的那面朝透明纸面。

如果被传送文稿尺寸大于传真机所能接收的最大宽度，或者小于所能接受的最小宽度，亦可先用复印机进行缩小复印或放大复印，使之成为能够传送的文件。

3．传真机的维护

要最大程度地延长传真机的使用寿命，并保持其满意的效果，就要进行必要的维护与保养，具体如下。

（1）使用环境

传真机要避免受到阳光直射、热辐射，及强磁场、潮湿、灰尘多的环境，或是接近空调、暖气机等容易被水溅到的地方。同时要防止水或化学液体流入传真机，以免损坏电子线路及器件。为了安全，在遇有闪电、雷雨时，传真机应暂停使用，并且要拔去电源及电话线，以免雷击造成传真机的损坏。

（2）放置位置

传真机应当放置在室内的平台上，左右两边和其他物品保持一定的空间距离，以免造成干扰并有利于通风，前后方应保持 30cm 的距离，以方便原稿与记录纸的输出操作。

（3）不要频繁开关机

因为每次开关机都会使传真机的电子元器件发生冷热变化，而频繁的冷热变化容易导致机内元器件提前老化，每次开机的冲击电流也会缩短传真机的使用寿命。

（4）尽量使用标准的传真纸

应按传真机说明书，使用推荐的传真纸。劣质传真纸的光洁度不够，使用时会对感热记录头和输纸辊造成磨损。记录纸上的化学染料配方不合理，会造成打印质量不佳，保存时间更短。而且记录纸不要长期暴露在阳光或紫外线下，以免记录纸逐渐褪色，造成复印或接收的文件不清晰。

（5）不要在打印过程中打开合纸舱盖

打印中不要打开纸卷上面的合纸舱盖，如果真的需要必须先按停止键以避免危险。同时打开或关闭合纸舱盖的动作不宜过猛。因为传真机的感热记录头大多装在纸舱盖的下面，合上纸舱盖时动作过猛，轻则会使纸舱盖变形，重则会造成感热记录头的破裂和损坏。

（6）定期清洁

要经常使用柔软的干布清洁传真机，保持传真机外部的清洁。对于传真机内部，除了每半年将合纸舱盖打开使用干净柔软的布或使用纱布沾酒精擦拭打印头外，还有滚筒与扫描仪等部分需要清洁保养。因为经过一段时间使用后，原稿滚筒及扫描仪上会逐渐累积灰尘，最好每半年清洁保养一次。当擦拭原稿滚筒时，也必须使用清洁的软布或沾酒精的纱布，需要小心的是不要将酒精滴入机器中。而扫描仪部分（如 CCD 或 CIS 以及感热记录头）就比较麻烦，因为这个部分安装在传真机的内部，所以需要工具的帮忙。一般来说会有一种清理工具，沾了酒精以后，由走纸口送入传真机，进行复印时，就可以清洁扫描仪玻璃上的灰尘。切不可直接用手或不洁布、纸去擦拭。

5.3 复印机的使用与维护

5.3.1 复印机基本知识

复印机以其操作方便，可快速、忠实地再现原稿，取代人们大量重复性工作等特点，在各行各业得到了广泛的应用。复印机是现代光、机、电技术结合的产物，其发展十分迅速。

1．复印机的分类

复印机多种多样，性能各异，目前尚无统一的分类方法，大致可从以下几个方面分类。

复印机按体积分类，可分为大型工程复印机、中型复印机、小型复印机、超小型复印机和微型复印机。

复印机按用途分类，可分为办公用复印机、工程图纸复印机、全彩色复印机、特殊用途复印机等类型。

复印机按机器的外型结构分类，可分为落地式复印机、台式复印机和便携式复印机。

复印机按速度分类，可分为低速机（复印速度为 12 张/min 以下）、中速机（复印速度为 15～35 张/min）、高速机（复印速度为 36～70 张/min）和超高速机（复印速度为 70 张/min 以上）。

复印机按光导材料分类，可分为硒（Se）、硒—碲合金（Se-Te）、氧化锌（ZnO）、硫化镉（CdS）、有机光导体（OPC）等感光鼓复印机。

复印机按静电潜像的方式分类，可分为放电成像法（卡尔逊法）、逆充电成像法（NP 法或 KiP 法）、持久内极化成像法（PIP）、电荷转移成像法、充电成像以及屏内（栅极）离子流法和磁记录法。

复印机按显影方式分类，可分为干式显影和湿式显影两种。其中干式显影又分为双组份显影和单组份显影。

复印机按复印纸张分类，可分为普通纸复印（间接法）和涂层纸复印（直接法）。

目前，应用最广泛的是普通纸静电复印机（干式间接法），通常说的复印机就是指这一类复印机。

2．静电复印机的工作原理

（1）基本工作原理

复印机的基本工作原理是：静电复印机是用电摄影方式对原稿进行摄影，将原稿上的图文内容投影在某种光导材料制成的光导体鼓面上，利用静电效应，在导体表面带上电荷，形成与原稿图文内容一样的潜像，由这些电荷吸引带有异性电荷的色粉微粒，这样在光导体表面就会显示出色粉图像。经过转印，将光导体表面的色粉图像印影到复印纸上，再经某种定影方法，即可得到所要的复印品。

（2）光导体

光导体是静电复印机的“心脏”，通过它把光信号转换为电信号，从而形成静电潜像，这是由于光导体具有光电导性。在黑暗的状态下，它的电阻值很大，是绝缘体，能够保存电荷；而在光照的状态下，它的电阻值便急剧下降而成为导体，能够在 0.1s 内使光照表面迅速放电。

光导体的结构如图 5-17 所示，包括 4 层：上表面阻挡层、光导膜层（或称储藏层）、下表面阻挡层和底基导电层。上表面阻挡层的作用是限制电荷跑入导体内部，并且保存沉积在表面层上的电荷。当电晕放电装置进行充电时，光导体的下面即感应生成一个大小与充电电荷数量相等，但极性相反的电荷。因此光导体相当于一种平行板式电容器，实际上是一种电荷的储藏装置。

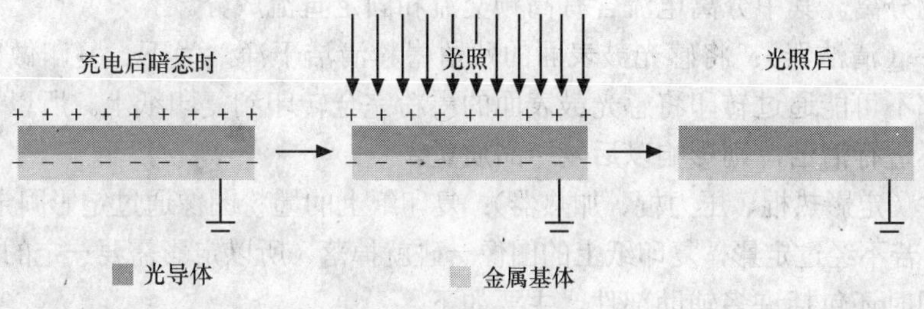

图 5-17　光导体的结构图

常用的光导体材料有硒（或硒合金）、硫化锌、氧化锌等。用硒（或硒合金）制造的光导体（硒鼓），由于其具有制作容易、价格低廉、寿命校长（可复印几万次，甚至可高达十几万次）并且可以进行二次镀膜等优点，因而得到广泛应用。硒鼓的缺点是光灵敏度（对光反应的速度，类似于照相胶卷的感光度）不够高，黑白对比不够强烈，图像层次不够丰富，表面强度小（所以只宜用细软布或皮毛清扫鼓面）等。

3. 静电复印机的工作过程

复印机的工作过程及各部件如图 5-18 所示。

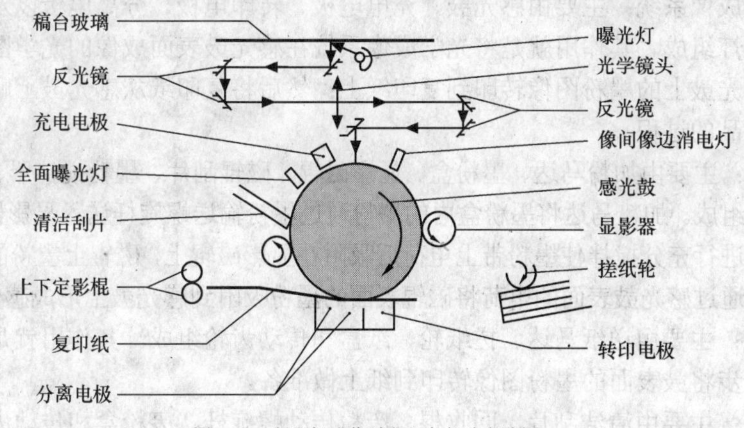

图 5-18　复印机成像过程及各部分名称图

复印机的工作过程主要包括以下几个部分（按照复印顺序）。

充电部件（高压发生器、电极架、电机丝）：使感光鼓表面均匀地带上电荷。

曝光部件（扫描曝光灯、反光镜、镜头）：使感光鼓表面按照原稿图像，形成图像的反转电位潜像。

显影部件（显影器、高压发生器）：将感光鼓表面的电位潜像转化为墨粉图像。

送纸部件（马达、搓纸轮）：马达带动搓纸轮将复印纸送入机内，为下一步将鼓表面的墨粉图像转印到纸上做准备。

转印部件（高压发生器、电极架、电机丝）：通过转印电极使复印纸表面带上均匀的与墨粉电荷相反的电荷，将感光鼓上的墨粉图像转印到复印纸上。

分离部件（高压发生器、电极架、电机丝）：由于复印纸和感光鼓表面均带有电荷，而且极性相反，所以复印纸在复印过程中不易从感光鼓上分开。因此要将完成复印的复印纸顺利从鼓上分开，需要采取分离的措施。早前的复印机采用机械分离，但易卡纸；当前的复印机均采用电流分离。其中分离电流含有高频交流和固定直流成分。

清洁部件（清洁器）：将感光鼓表面的残留墨粉清洁干净，为下一复印做好准备工作。所有复印机都不可能通过转印将感光鼓表面的墨粉完全转印到复印纸上。所以，鼓表面均有残留墨粉，不进行清洁，则影响以后复印品质量。

定影部件（定影热棍、压力棍、加热器）：复印纸上的墨粉图像通过定影固定在复印纸上，以便于保存。若不经过定影，复印纸上的图像一碰就掉落（所以定影需要一定的温度和压力）。

复印机同时还包括许多辅助部件，主要如下。

消电部件（全面曝光灯）：将感光鼓表面的残留电位清除，为以后的复印做准备；否则复印品会有残留图像或底灰。

删边部件（像间像边消电灯）：复印品均有前端、前后侧、后端或缩小部分的空白，所以需要通过像间像边消电灯将不需要的感光鼓表面电位清除。

4．静电复印机的基本组成

复印机机械结构主要包括以下几个部分。

光学成像系统：主要由曝光灯、反光镜（1～6或1～4块）、光学镜头组成。其作用就是将原稿成像到感光鼓上，所以，光学系统的成像质量直接影响复印品的质量。

感光鼓及成像系统：主要由感光鼓、充电电极、转印电极、分离电极以及像间像边消电灯和全面消电灯组成。其作用就是将光学成像系统在感光鼓表面成像的光学图像转化为电位潜像；再将感光鼓上的墨粉图像转印到复印纸上；然后将复印纸从感光鼓上顺利剥离下来完成原稿到复印品的过程 。

显影系统：主要由加粉马达、墨粉盒、显影磁辊、磁辊刮片、墨粉搅拌器、墨粉输送螺旋杆和传动齿轮组成。加粉马达将墨粉盒内的墨粉通过墨粉输送螺旋杆送入显影器内，然后墨粉搅拌器将墨粉进行充分搅拌使墨粉带上电荷后吸附在显影磁辊上，磁辊上墨粉的厚度由磁辊刮片控制。最后通过感光鼓表面的电荷将磁辊表面的墨粉吸附到感光鼓上形成感光鼓墨粉图像。

送纸系统：主要由送纸马达、搓纸轮、纸盒和传动齿轮组成。其作用就是将复印纸送入机内，为下一步将鼓表面的墨粉图像转印到纸上做准备。

清洁系统：主要由清洁刮片、回收棍、废粉传动螺旋杆、废粉盒和传动齿轮组成。清洁刮片将感光鼓表面的残留墨粉刮下来，然后通过回收棍、废粉传动螺旋杆将废粉收集到废粉盒。因为所有复印机都不可能通过转印将感光鼓表面的墨粉完全转印到复印纸上。所以 ，鼓表面均有残留墨粉，不进行清洁，则影响以后的复印品质量。

定影系统：主要由定影热棍、压力棍、加热灯管、热敏电阻、过热保护开关和传动齿轮组成。其作用就是通过加热灯管将热棍加热到一定的温度，此温度值由热敏电阻控制。然后利用热辊和压力棍之间的压力将复印纸上的墨粉熔化后固定在复印纸上。

传动系统：主要由主马达、扫描灯架马达、镜头马达、送纸马达和显影马达（后两种马达一些复印机没有）、传动齿轮和传动链条（皮带或钢丝绳）组成。主马达驱动感光鼓、输纸机构、清洁器、定影器、显影器和送纸机构（一些机型由独立马达驱动）；镜头马达控制镜头按不同的比例前后移动，保证复印品效果；灯架马达驱动灯架的前进和后退，同时也要保证灯架的移动与感光鼓的转动同步（具体如何实行后面章节将详细讲解）；送纸马达驱动搓纸轮将纸送入机内；显影马达驱动显影器的转动，将墨粉同步输送到磁棍上。

输纸系统：主要由输纸导棍、输纸轮、输纸皮带、树枝风扇和输纸导板组成。复印纸被搓纸轮送入复印机到定影后输出复印机完成，除了送纸、转印、定影过程外，需要其他的辅助过程，而输纸系统就是实行复印纸在复印机内正常传输必不可少的部分。当然，这里也涉及复印纸的定位、同步问题。

5.3.2　静电复印机的使用

1．复印机的安装与工作环境

一般来说复印机对工作环境、场地的要求并不高，通常情况下都能正常工作。但并不是说复印机的安放可以不考虑场合地点随便乱放，因为不良的环境对机器的寿命和复印质量会有较大的影响，以及对操作带来妨碍，因此在安放和安装复印机前，先要认真阅读说明书，按说明书中提出的具体要求来执行。

（1）电源接地

一般复印机的电源电压为 220V±10%，采用单相交流电，电源频率为 50Hz。复印机应避免接在电源电压变化较大的电网中，因为电压波动会造成复印机工作不稳定或复印性能变化，复印质量难以得到保证，为了保证复印机正常工作，应考虑给复印机配备交流稳压电源。除此之外，复印机在接电时应将复印机可靠接地，否则复印纸在充电、转印过程中会带有大量电荷，而这些电荷是通过纸路静电消除装置消除的，若没有可靠接地，纸与光导体会粘在一起，不易分开，造成卡纸。再则，复印机金属外壳不接地，易造成触电事故。所以复印机一定要可靠接地。

（2）环境温度

复印机使用环境温度应保持在 10℃～35℃的范围内。温度过低会对光导体有影响，会造成复印质量差；温度过高则会造成机器散热困难，大大缩短连续工作时间，所以复印机应放置在通风的环境内。

（3）环境湿度

复印机应在室内相对湿度 20%～35%的环境中使用。如果湿度偏高，会出现以下现象。

① 可能会引起高压电极打火花现象，轻者影响复印质量，严重时会损坏光导体，使光导体表面电位不易保持，引起显影后的色粉图像浓度降低。

② 可能引起色粉结块，造成载体搅拌不匀，色粉图像线条粗糙，复印机的分辨率下降。

③ 可能造成复印纸受潮，引起输纸装置发生卡纸现象。

④ 可能影响转印质量，造成复印品图像不全或图像偏淡，定影时复印纸起皱。

（4）通风防尘

复印机在复印过程中会产生大量对人体有害的臭氧，因此复印机房内要保持良好通风。同时机房内又要保持干净，因为灰尘会污染复印机的光学系统，使反射率和解像度降低，造成复印品的底灰增大。

（5）安置条件

复印机的安置应保证处于水平位置，要保持平稳，无晃动，机器四周要留有一定的空间，后部距离墙至少在 10cm 以上。总之，复印机安置的空间既要便利于操作又要利于保养。除此以外，复印机安置的地方不要受阳光直射，附近不要有氨、酸等有害物质，更不能有明火或热水器等。

2．复印机的操作

复印机在使用过程中，操作人员首先应通过操作面板上显示的各种符号和提示来判断机器的工作状态，根据不同的需要输入各种指令，来对复印机进行操作和控制。

复印机的按键一般采用各种符号来表示相关功能，或用各种提示符来表示某些信息或机器的状态，因此要熟练操作各种型号的复印机，就必须将操作面板上的各种显示符号及提示符号的含义了解清楚。复印机的按键和指示器都有统一的符号来表示其功能和作用。

下面介绍复印机的操作步骤。

（1）机器预热

操作第一步是打开复印机电源开关，机器进入预热状态，操作面板上出现预热等待信号。这时热辊定影加热灯点亮对热辊加热，当定影温度上升到规定温度时，面板上的等待信号灯由原来闪烁发光变为长亮，这表示机器预热结束，接下来便可以进行复印。

（2）放置原稿

放置原稿前，要仔细看一下原稿上字迹、图像的清晰度和色浓度，以作为调节复印浓度的参考。原稿放置在稿台上，不同型号的复印机有不同放置原稿的方法，一般有两种：一种是将原稿放置在稿台的中间；另一种是靠边放置在定位线上。

（3）复印纸尺寸选择

根据所需复印件的尺寸要求，将纸装入相应的纸盒里，按纸盒选择键，选中所需复印纸尺寸的纸盒即可。如果机器带有自动选纸功能，那就不必再按纸盒选择键了，机器会自动检测原稿尺寸或根据特殊操作要求自动选择纸盒。

（4）设定复印倍率

一般复印机都带有复印缩放倍率的功能。使用时可根据原稿件的尺寸与所需复印件的尺寸，来选择合适的复印倍率。复印机的复印倍率有两种方式：一种为固定缩放倍率，缩放只有固定的几档，如 A4—A3、B5—B4、A4—B5 等；另一种为无级缩放倍率，它是用百分比来表示的，如一般复印机的缩放倍率可在 0.5～2.0 任意改变，即表示原稿件尺寸与复印件尺寸之比可在 0.5～2.0 随意选择，这给实际应用带来了极大的便利。

（5）调节复印浓度

复印机都带有浓度调节键，使用时可根据原稿件的纸张、字迹的色调深浅来选择复印浓度。通常纸张底色较浓，如画片之类可将复印浓度调浅些；如字迹、线条较淡，则可将复印浓度调深些；如果复印机带有自动浓度选择功能，应优先采用自动方式，当采用自动方式不能满足复印要求时，可再用手动方式来选择适合的复印浓度。

（6）设定复印份数

试印后，当复印件的质量被认可后，就可用数字键输入所需复印的份数。如果选错了复印份数可按清除键，然后再重新设定。一切就绪，按下复印键即可开始复印。

5.3.3 静电复印机的保养与维护

1．复印机消耗材料

（1）复印纸

复印纸用特殊方法生产，可以防止油墨污染，具有吸附或半吸附性的复印机用纸，均称为复印纸。复印纸按照复印成像的方式不同可分为涂层纸和普通纸两种。涂层纸用于直接法复印机，普通纸用于间接法复印机（即普通纸静电复印机）。

在复印工作中，静电复印机经常发生卡纸现象，这是静电复印机不易避免的问题。原因是多方面的，除了机器本身的结构问题外，还与操作方法、机器所处的工作环境的温度、湿度、使用纸张以及机器的日常维护保养等因素有关。因此，选好、用好、保存好复印纸对于保证复印品的质量和复印机的使用寿命是至关重要的。

性能优良的复印纸应当从以下几个方面体现。

① 纸张湿度。如果湿度太高，那么墨粉就不可能完全粘在纸上，然而，湿度太低则静电荷变得过强，纸张就会缠绕在机器的各种表面上，其结果是造成卡纸。同时，纸张也会卷曲或者表面凹凸不平，也会由此而产主不良的复印件和卡纸现象。为确保复印纸合适的湿度，应采取防潮包装，以免受环境温度、湿度的影响。

② 纸张的挺度。挺度是保证复印过程中不发生卡纸的主要原因之一。纸张挺度过软，会出现卡纸故障；纸张过硬，又可能跳出规定流径的路线产生不希望出现的后果。假如纸张突然跳开，会将松散的墨粉由影像区弹飞，从而损坏了影像的质量，因此纸张不宜过软也不宜过硬。

③ 纸的电性能。纸的绝缘电阻应在 100MΩ～2000MΩ之间。如果纸张绝缘电阻太大，同时又太干燥，在复印过程中，由于摩擦等原因，会使纸带静电过大，不易分离，产生卡纸，供纸时还会出现双张。因此要求纸的电性能一定要好。

④ 纸张的平整度。纸要平整，表面光洁，裁切整齐，纸的四角要均为直角，四边平直，无毛边，长、宽尺寸要标准，当纸张通过机器特别是在被加热定影时，纸张才不会弯卷。

综上所述，复印时应当使用正规的复印纸，不要用其他类型的纸张来代替。复印纸的保管必须正确，因为纸的状态不良会造成复印的图像质量差、复印纸起皱和卡纸等故障，这就要求在保存复印纸时要注意防潮，避免放在有阳光直射和尘土太大的地方，要注意通风，切勿堆放在地上，最好堆放在专用纸架上。堆放时要十分平整，防止用线绳捆绑，避免纸张压成折痕或破裂。

复印纸的规格分为 A 型、B 型和 C 型，其中 C 型复印纸很少用到，常用到的是 A 型纸和 B 型纸。其中最常用的规格有 A3，A4，B4，B5，如表 5-1 所示。

表 5-1　复印纸的规格

纸的标准	幅面尺寸（mm）	纸的标准	幅面尺寸（mm）
A0	840×1188	B1	728×1028
A1	594×840	B2	514×728
A2	420×594	B3	364×514
A3	297×420	B4	257×364
A4	210×297	B5	182×257
A5	148.5×210	B6	128.5×182

（2）墨粉

目前显影材料有两种类型：一种叫双组份，由墨粉和载体组成（显影粉呈黑色，所以叫墨粉）；另一种叫单组份，是不需要载体的。目前在静电复印机中双组份占 77%，居主流地位。

静电复印常见的墨粉是一种含有热熔性脂、颜料及其他材料的微细粉末，其粒径应在 21μm～25μm 范围之内，是随用随添的直接消耗材料。

（3）载体

在静电复印中，携带墨粉并使墨粉与静电潜像充分接触和吸附的介质称为载体。根据显影方法的不同，光导体表面极性或墨粉极性要求的不同，载体的形式也有所不同。常用的载体有玻璃球、钢球和铁粉以及二氧化硅、钙、镁、铅的硅酸盐粒子等材料。载体在显影剂中有着重要的作用。

① 使用载体可减少墨粉的飞扬。

② 静电墨粉与载体相互摩擦，能使静电墨粉带上电荷，载体起到了中间介质作用。

载体虽然是循环反复使用的，但有一定的使用寿命，一般为 20000～60000 张不等，所以载体也是一种不可缺少的消耗材料。

2．复印机的保养

由于许多静电复印机部件的表面精度要求很高，如光学元件、光导体等在工作时不能有任何污染，因此，操作人员每天都应在复印工作前及复印结束后进行例行保养。保养工作的范围如下。

① 复印工作前，先查看工作电源的电压是否符合复印机要求。

② 将复印机室打扫干净，将台板、桌面的灰尘擦挣，保持室内空气清新。

③ 揭开复印机外罩后，将复印机稿台盖板表面及其他外表面清洁干净。

④ 将当天需用的复印纸抖松，避免复印时纸张贴合过紧，搓纸困难。

⑤ 揭开稿台盖板，清洁稿台玻璃。同时检查电晕丝和光导体是否有污迹或残粉，如有则应该用清洁棉或毛刷清洁。

⑥ 每日复印量较大时，复印完毕后，需清洁一下清洁装置内积存的色粉。

⑦ 复印完毕后，切断复印机电源，罩上外罩。

复印机除日常保养的项目外，还需要根据一定的复印张数和复印工作时间，进行定期保养，定期保养可分为 3 级。

① 一级保养由操作人员来完成。一般在复印份数达到 2000 张时，就应进行一次一级保养。如果日复印量达 3000 张以上，则当天复印工作结束后，就应进行一次一级保养。

② 二级保养由维修人员与操作人员一起完成。二级保养的间隔时间主要以复印份数的多少来决定。由于复印机结构和性能有差异，型号不同，因此，两次二级保养间隔期中的复印份数也不相同，通常复印数达到 15000～20000 份时即应保养一次。当然，也可按照维修手册中的期限规定进行保养。

③ 三级保养又称强行保养，由维修人员来进行。静电复印机通常达到光导体规定的使用寿命期限时，如当硒合金鼓复印 100000 张，硫化镉复印 50000 张，氧化锌复印 2500 张时，复印机就必须进行三级保养。

3．复印机的日常维护

在复印机的运行过程中，它的光学系统、机械系统和电路系统除了正常的磨损外，还受到来自复印机内部和外部的灰尘等杂物的侵害，造成复印品质变差和运行故障。保养主要是对复印机的光学、显影、充电、转印、分离、消电电极定影、转送等部件和色粉回收等系统进行清洁或进行局部调整。通常，光学系统中的杂物会造成复印件底灰较重，出现黑色斑点，机械系统中的杂物会造成卡纸，复印件出现污迹等问题。因此，在日常工作中，我们要注意复印机的清洁保养。通常，可以做以下工作。

（1）盖板的清洁

由于接触各种原稿和被手扶摸，会使洁白的塑料衬里或传送带变黑，造成复印件的边角出现黑色污迹。用棉纱布蘸些洗涤剂反复擦拭，然后用清水擦拭，再擦干即可。注意：不要用酒精、乙醚等有机溶剂擦拭。

（2）稿台玻璃的清洁

由于稿台玻璃容易受到稿件和手的玷污，同时也容易被划伤，所以应定期清洁保养才能保证良好的复印效果。在工作中要避免用手直接接触稿台玻璃，如有装订，应将原稿上的大头针、曲别针、订书钉等拆掉，并放在指定位置。涂改后的原件一定要等到涂改液干了以后再复印。清洁稿台玻璃时，应避免用有机溶剂擦拭。因为稿台玻璃上涂有透光涂层和导电涂层，这些涂层不溶于水，而溶于有机物质。

（3）电路系统

电路系统因长时间在高压下工作，吸附了大量的粉尘，从而造成电子元件间的电阻率降低，引起电流击穿电子元件，烧毁线路板。以下部分的清洁工作应由专业技术人员进行：光学系统的清洁、机械系统的清洁、进纸系统的清洁和出纸系统的清洁。

（4）清除废旧墨筒

应小心地清除废旧墨筒，以防墨粉充斥在空气中，过多地被人体吸入。

（5）更换部件

在复印到一定张数后，复印机的易耗性零件（如清洁刮片、电极丝、分离爪（片）、搓纸轮等，这些零件在保修期内也不属于免费提供）由于磨损，可能需要进行必要的更换。而这类维修及零备件费用的支出，是正常的，不应认为是设备的质量问题。

5.3.4 静电复印机常见故障的排除

现象 1：复印机局部出现斑白。

原因：这是由于复印机的感光鼓表面受潮结露的缘故，使鼓表面的局部无法带电吸附墨粉，所以复印时局部无法显影。

现象 2：开机复印出现全白现象。

原因：这是由于复印机运行过程中转印分离电极丝漏电，无法将墨粉由感光鼓转印到复印纸上的缘故。

解决措施：开机预热半小时后使用，如仍不能解决应联系维修人员。

现象 3：复印件皱折。

原因：这是由于纸张过潮的缘故，导致复印纸在定影过程中纸张严重变形。

解决措施：更换一包新的复印纸。复印纸用多少取多少，不要过早地打开包装。

现象 4：复印件表面出现水波纹状墨迹。

原因：这一现象多发生在佳能复印机上，主要由于显影辊受潮的缘故，墨粉在显影过程中无法正常显影。

现象 5：纸卡在输纸道内。

原因：①输纸道内有异物；②复印纸走偏。

现象 6：纸卡在分离器上。

原因：①吸气分离的吸力不足；②复印纸走偏。

现象 7：复印件定影不牢。

原因：①定影灯管或电阻丝损坏；②加热辊压力不足。

现象 8：复印件上有黑点。

原因：充电极弹簧与高压端接触不良。

5.4 扫描仪的使用与维护

5.4.1 扫描仪基本知识

扫描仪是计算机的一个输入设备，现在在家庭日常应用、桌面出版、广告、办公和多媒体制作等方面得到了广泛的应用。

1．扫描仪内部结构和工作原理

扫描仪一般由光源、光学透镜、扫描模组、模数转换电路和外壳组成。光源发光照在原稿上，原稿的反射光通过光电元件后，光信号被转换成电信号，然后将电信号通过模数转换器转换为数字信号，再传输到计算机中进行处理，这样一幅原稿就被扫描成可以被计算机处理的数字信号，完成了扫描工作。

扫描仪的核心元件就是感光元件，目前市场上扫描仪所使用的感光器件主要有 3 种：光电倍增管、CCD 和 CIS（接触式感光器件）。其中光电倍增管主要用在高档的滚筒式扫描仪上，CIS 用在很早以前的低端扫描仪上，现在的平板扫描仪基本上是采用 CCD 作为感光元件。

电荷耦合器件（Charge Coupled Device，CCD）是扫描仪的感光元件，光通过 CCD 被转换成电信号，跟数码相机里面使用的 CCD 原理基本相同。CCD 的芯片上集成了成千上万个光电三极管，光电管之间又分为硅氧化物隔离和半导体隔离两种，把光电管用红色、绿色和蓝色的滤色镜罩住，就可以实现彩色扫描。使用 CCD 的扫描仪通常有扫描质量比较高、扫描的原稿范围广（可扫实物）、使用寿命长和分辨率高等特点，是现在最流行的扫描仪。

CIS 采用接触式图像感光元件（光敏传感器）来进行感光，需要一次扫描，三次曝光，扫描速度慢，并且没有景深效果，原稿必须与感光元件贴得很近才有好的扫描效果，因此无法进行立体实物扫描；其分辨率只能达到 300dpi 或 600dpi；其 CIS 光源的均匀性不好，使得 CIS 扫描仪的扫描图像清晰度和色彩还原度不好，现在用得非常少了。

2．扫描仪分类

扫描仪大体可分为以下几类。

（1）平板扫描仪

图 5-19 所示为采用 CCD 作为感光元件的平板式扫描仪，桌面出版和印前处理一般都用它作为图像捕获设备。

图 5-19　平板扫描仪

在平板扫描仪中，有价格低廉的黑白扫描仪，有具专业水准的彩色扫描仪。平板扫描仪可以扫描普通的反射原稿，也能扫描透射原稿（普通扫描仪需要另配一个扫描设备才能扫描透射稿），还能扫描实物。平板扫描仪的光学分辨率通常为 300dpi～8000dpi，色彩位数通常为 24 位～48 位，扫描幅面一般为 A4，也有 A3 幅面的。

平板扫描仪扫描是把要扫描的原稿（照片、书本、报纸、杂志、照片底片或实物）放在扫描仪的透明玻璃板上，再盖上盖子就可以扫描，相当方便，而且扫描出的效果也是非常好的。

平板扫描仪扫描原稿的光源一般是荧光灯和卤素灯，扫描反射原稿的光源来自扫描仪的玻璃板下方，而透射原稿的照射光源在玻璃板的上面。无论扫描反射稿还是透射稿，当这些特定颜色和强度的光照射到 CCD 上的感光元件后，在 CCD 上产生相应的电荷，这些电荷到达一个模数转换器，模数转换器将这些模拟信号转成数字信号，再传输到计算机中的图像处理软件进行处理。

平板式扫描仪通常操作简单，可以通过图像编辑软件（如 Photoshop）直接操作，性能可靠，是最常见的一种扫描仪，目前在市面上大部分的扫描仪都属于平板式扫描仪，是现在的主流。

（2）底片扫描仪

专用的底片扫描仪通常采用 CCD 作为感光元件（CIS 达不到要求），主要用于对透射稿（如反转片和负片等）进行高分辨率的扫描。

底片扫描仪扫描精度高，一般为 2400dpi～4800dpi，色彩深度一般为 36 位或 48 位；动态范围大（最低亮度与最高亮度的比值比较大），这样就使得高光部分和暗部都能够表现正常，尽量还原出接近原稿的效果；底片扫描仪的动态范围是 3.6D～4.2D（普通平板扫描仪动态范围一般在 3.6D 以下）。

底片扫描仪的色彩矫正功能强大，因为透射稿的色相非常复杂，要求能够对不同的透射稿进行正确的色彩校正；大多数平板扫描仪在安装了透扫适配器以后也可以扫描透射稿，但是没有色彩校正功能，导致扫描效果比不上底片扫描仪。再就是底片扫描仪的扫描面积比较小，通常扫描的透射稿面积在 4×5 英寸以下。底片扫描仪如图 5-20 左图所示。

底片扫描仪

滚筒扫描仪

图 5-20　底片扫描仪和滚筒扫描仪

（3）滚筒扫描仪

滚筒扫描仪是专门为专业扫描设计的高档彩色扫描仪，造价相当高。它通常使用光电倍增管来分辨 RGB 信号，在各种感光元件中，光电倍增管是性能最好的一种，无论在灵敏度（感光元件对最暗光线的感受能力，单位为勒克司）、噪声系数（感光元件本身噪声的大小决定了扫描仪的色彩位数，噪声系数越小，扫描仪的色彩位数越高），还是动态范围上都遥遥领先于其他感光元件，更难能可贵的是它的输出信号在相当大范围上保持着高度的线性输出，使输出信号几乎不用做任何修正就可以获得准确的色彩还原。

尽管扫描速度比较慢（一次只能扫描一个像素），价格非常高，但是因为扫描精度高（可以达到 10000dpi 以上），动态范围大，可以扫描出非常逼真的色彩及高精度的图片，滚筒扫描仪通常是专业用户必备的扫描仪，它能扫描负片、反转片、透射稿和反射稿，扫描时要求原稿比较柔软，这样才可以放置在滚筒扫描仪上进行扫描。滚筒扫描仪如图 5-26 右图所示。

（4）手持式扫描仪

早期的手持式扫描仪绝大多数采用 CIS 技术，光学分辨率为 200dpi，后来又扩展到 600dpi。手持式扫描仪有黑白、灰度和彩色多种类型，其中彩色类型一般为 16 位彩色。也有个别高档产品采用 CCD 作为感光元件，可实现真彩色，扫描效果较好。

5.4.2 扫描仪的使用与维护

1. 扫描仪的安装

（1）扫描仪硬件安装

扫描仪主要有 LPT，USB 和 SCSI 这 3 种接口，还有很少一部分扫描仪采用 IEEE 1394 和 RS232C 等接口。下面介绍常见的 3 种接口的扫描仪安装，除 USB 接口的扫描仪外，其他扫描仪安装时必须在关机的情况下操作。安装前注意查看扫描仪有没有扫描头锁，如有的话要将扫描头锁打开，如图 5-21 所示。

图 5-21　扫描头锁

① LPT 接口

LPT 接口是一种增强了的双向并行传输接口，在 USB 接口出现以前是扫描仪最常用的接口。其最高传输速度为 1.5Mbit/s，设备容易安装及使用，但是速度比较慢。

把连接线的一端接于扫描仪后方标识为“PORT A”接口上，另一端与计算机上的打印机端口相连。然后开机进入 Windows，放入扫描仪驱动程序的安装光盘，安装扫描仪的驱动程序，完成后就可以使用扫描仪。如果另有一台打印机，也使用 LPT 接口，则可以把扫描仪跟主板上的 LPT 接口连接，打印机连接在扫描仪的接口上，注意不要跟打印机有中断冲突。

② USB 接口

USB（通用串行总线接口）是目前最常见、最通用的接口，如图 5-22 所示。它最多可连接 127 台外设。

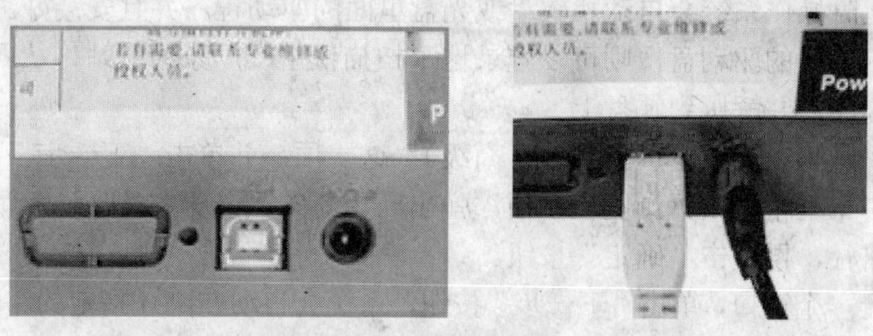

图 5-22　USB 扫描仪接口

USB 1.1 标准最高传输速度是 12Mbit/s，USB 2.0 标准最高传输速度是 480Mbit/s，可以热插拔，即插即用，所以有 USB 接口的扫描仪连接非常简单。接上扫描仪的 USB 连线和电源即可。

在关机或开机状态下把USB连线插到计算机的USB接口上，操作系统会检测到当前USB接口上的新设备，然后按照系统的提示插入驱动安装光盘，安装好驱动，再安装扫描软件即可。

③ SCSI 接口

SCSI（小型计算机标准接口）设备具有传输速度快的优点，一般用在需要大量传输数据的高档扫描设备上，如滚筒式扫描仪和高档扫描仪几乎都是采用 SCSI 接口，如图 5-23 所示。

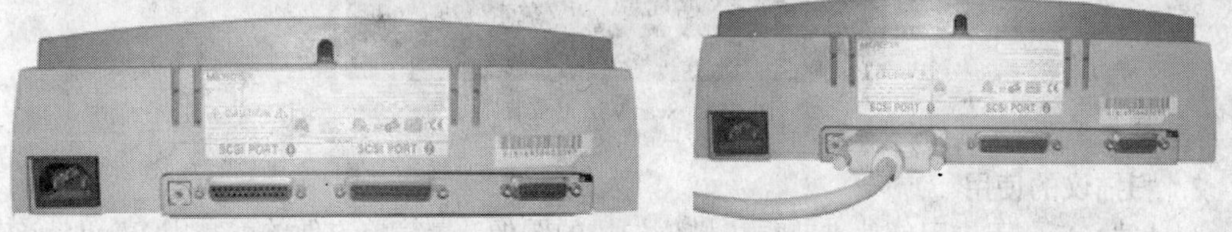

图 5-23　SCSI 扫描仪接口

打开机箱，如果是 PCI 接口的 SCSI 卡，就插在空闲的 PCI 插槽上，如果是 ISA 接口的 SCSI 卡就插在 ISA 插槽上。再用 SCSI 数据线把扫描仪和 SCSI 卡接口相连，打开扫描仪电源，再打开计算机，操作系统会自动检测出新增的 SCSI 卡（操作系统会自动识别大部分 SCSI 卡），并安装相应的驱动程序。如果操作系统不能识别 SCSI 卡，需要自己手动安装 SCSI 卡的驱动，再安装扫描软件和图像处理软件。

安装 SCSI 接口时很有可能遇到硬件中断冲突，此时可以进入设备管理器或进入 CMOS 更改设备的中断号来解决问题。尤其是当多个 SCSI 设备串接到同一个 SCSI 接口时，需要正确设置每台 SCSI 外设的 ID 号，并要将 SCSI 终结器设置得当。

（2）扫描仪软件安装

用数据线把扫描仪跟计算机连接起来，只是完成了安装的第一步。现在扫描仪还不能正常使用，必须安装扫描仪的驱动程序才可以使用。下面就以实际安装一台 USB 接口的扫描仪驱动程序来说明。

当把扫描仪的USB线接到计算机的USB接口后，Windows Me/2000/XP操作系统会自动弹出一个“找到新的硬件向导”对话框。

如果有扫描仪的驱动软盘或光盘，就把驱动盘放入计算机的软驱或光驱里面，单击“下一步”按钮，此时操作系统会自动找软盘或光盘里面的驱动程序并且安装好。

如果没有扫描仪的驱动盘，则可以登录这个扫描仪生产厂家的网站，从网络上下载这个扫描仪的驱动程序，并解压到硬盘上。

然后选择“从列表或指定位置安装（高级）”这一项，并单击“下一步”按钮。

在弹出的对话框中单击“浏览”按钮，弹出一个新的“浏览文件夹”对话框，选择已下载的驱动所在路径，再单击“确定”按钮。

此时回到上一个窗口，单击“下一步”按钮，系统会自动在刚才指定的路径下查找驱动，找到后就开始自动安装软件。

驱动安装完成后单击“完成”按钮即可。此时扫描仪的驱动安装就全部完成。

除了安装驱动程序外，最好再顺便安装好随扫描仪附送的应用软件，例如Microtek公司出的扫描仪都附送有Scan Wizard扫描应用软件，软件安装界面如图5-24所示。

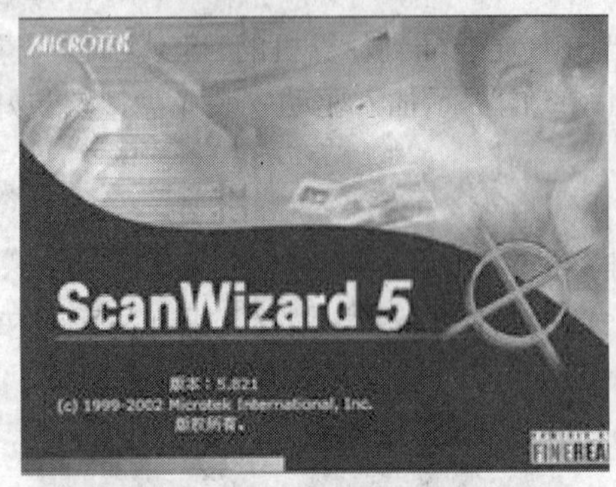

图5-24　Scan Wizard安装界面

2．扫描仪的使用

驱动装好后，用应用软件来获得扫描仪扫描的图像。最简单方便的就是用Windows操作系统自带的“画图”软件来获得扫描仪的图像，还可以用专业的图形图像软件，如Photoshop来获得扫描的图像。

考虑到有些计算机里没有安装Photoshop软件，而“画图”软件是每个Windows操作系统默认都安装了的软件，下面就用“画图”软件来讲解如何获得扫描的图像。

这里以Windows XP操作系统为例来讲解。选择“开始”/“所有程序”/“附件”/“画图”命令，弹出“画图”软件的窗口。

选择“文件”/“从扫描仪或照相机”命令，此时弹出“用USB1200 Scanner扫描”对话框。

对话框中有4个选项，对应我们要扫描的原稿类型。如果要扫描一张彩色照片，就选择“彩色照片”单选钮，把照片放到扫描仪中，盖上盖子，并单击“预览”按钮。此时扫描仪就开始预览。

确定无误后，单击“扫描”按钮，此时扫描仪就开始扫描。

过一会扫描完成，就可以保存照片，也可以对照片进行修改。

至此利用“画图”软件获得扫描图片的工作就完成了。

3．使用扫描仪注意事项

普通的平板扫描仪除了可以扫描照片、文本、杂志、报纸等反射稿以外，还可以扫描实物和底片。

（1）实物扫描

采用 CCD 传感器的扫描仪不仅可以扫描照片、文稿这类平面的原稿，还能扫描一些实物，如手机等。下面就介绍扫描立体物件的方法。

将所需要扫描的物件置于扫描平板上，如图 5-25 所示。

在实物上面盖上一张不透明的纸，然后预览扫描的实物，调整要扫描的范围。

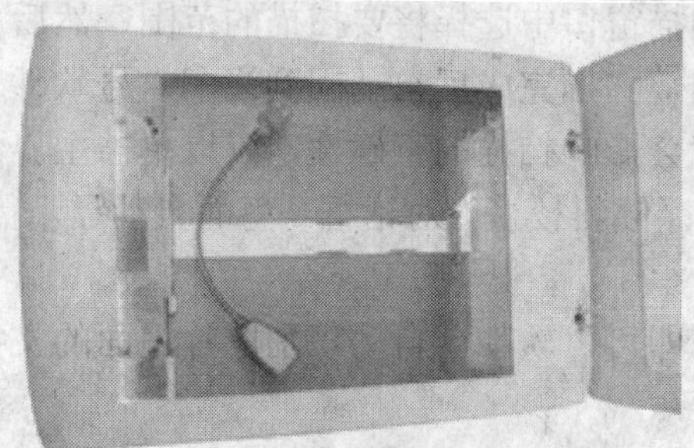

图 5-25　扫描平板

再调节实物的亮度、对比度和色彩等。调节完成后就可以扫描了，扫描后的图片如图 5-26 所示。

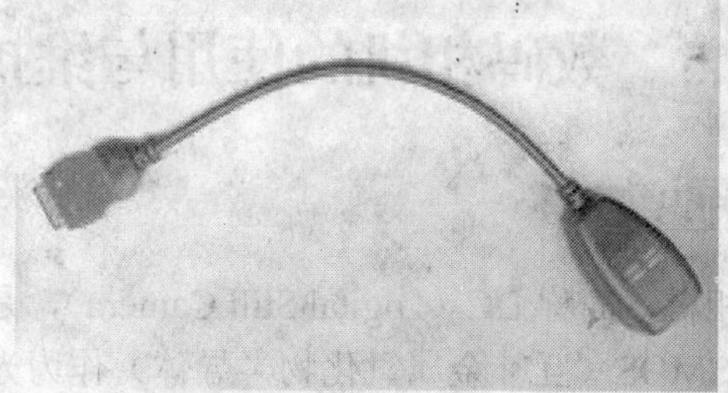

图 5-26　扫描结果

扫描完成后，就可以用 Photoshop 等图像处理软件处理这张图片，例如去掉图片中的背景等。

（2）文字识别 OCR

扫描仪还有一个非常有用的功能就是文字识别 OCR（Optical Character Recognition，光学字符识别）。印刷体上的文章通过扫描，可以转换成可编辑的文本，这样大大方便了文字录入工作者。现在来实际操作一下如何使用扫描仪的文字识别技术。

要实现文字识别，除了安装好扫描仪的驱动和扫描仪的应用软件外，还要安装 OCR 文字识别软件才可以。目前市场上的中英文文字识别软件很多，如清华紫光的 OCR、丹青、尚书、汉王等文件识别软件。这里以尚书六号软件为例来讲解。

安装好尚书六号文字识别软件并运行。在主界面中单击“扫描”按钮，此时尚书六号软件自动调用扫描仪的应用软件 Scan Wizard（不同的扫描仪附带的应用软件不一样，因为这里使用的是 Microtek 扫描仪，所以配的是随机送的 Scan Wizard 应用软件和尚书文字识别软件，其他扫描仪都有专用的应用软件和识别软件）。

如果要详细地设置扫描参数，可以单击切换到高级控制面板的按钮，此时 ScanWizard 软件就切换到高级控制窗口。

其中最左边的是“设置”窗口，主要的扫描参数就在这个窗口里面设置。

可以设置扫描的色彩深度、分辨率、亮度和对比度、去网纹等参数。这里要注意的是扫描分辨率，一般来说扫描分辨率要高一些，通常设置在 300dpi；分辨率设置过低会严重影响识别率。某些识别软件要求必须用黑白二色来扫描，不支持用真彩色来扫描，否则识别率就非常低。

设置好参数后，再在扫描窗口中选择将要扫描的范围，然后单击“扫描”按钮。

此时扫描仪就开始扫描，扫描完成后自动回到尚书六号软件窗口，并显示扫描的图片。

如果原稿没有放正，就会影响扫描的正确性，可以单击主界面工具栏最下面的“倾斜校正”按钮，此时会弹出一个“倾斜校正”对话框，里面自动显示需要校正的角度，单击“是”按钮即可。

然后单击“识别”按钮即可，软件会自动识别图片里面的文字，识别完成后就自动切换到文稿校对窗口。

这时图片上的文字全部识别出来，并且全部正确。如果有识别不正确的字，可以在候选字中选择一个正确的字替换识别错误的字。完成后选择“文件”/“存储文本文件”命令，此时弹出“另存为”对话框，输入想要保存的文件名，再单击“保存”按钮就完成了存储，以后可以直接调用这个文本。

5.5 数码相机的使用与维护

5.5.1 数码相机基本知识

数码相机又称为数字相机，简称 DC（Digital Still Camera），是一种非胶片相机，它采用 CCD（电荷藕合器件）或 CMOS（互补金属氧化物半导体）作为光电转换器件，将被摄物体以数字形式记录在存储器中。

1. 数码相机基本结构

尽管目前市场中的数码相机种类繁多，但从基本结构上讲，都可以概括为以下几个部分。

（1）镜头

镜头是数码相机的眼睛，当聚焦于某个景物，并按动快门时，镜头就将景物成像在图像传感器上，这个图像是光学图像，其色彩和亮度分布是与景物一一对应的。从成像原理上讲，数码相机的镜头与传统相机的镜头没有什么区别。

（2）图像传感器

图像传感器是一种半导体芯片，其表面包含有几十万到几百万个光敏元件（光电二极管）。当光电二极管受光照射时，就会产生电荷，电荷的多少与光强成正比，光线越强，产生的电荷就越多，反之亦然。当按动数码相机的快门时，外面的景物通过镜头生成的光学图像就投射在图像传感器表面上，随后的过程如下。

①图像传感器把光学图像转变为电荷图像，再转变为电信号（模拟信号）。②模拟信号经过 A/D（数/模）转换器转换为数字图像信号。③数字图像信号被送入微处理器中经过加工处理成特定格式的图像文件（如 Tiff，Jpeg，FlashPix 等），对于高档数码相机经 A/D 转换后的数字图像信号首先被送入缓存器中暂存，接着再送入微处理器。④最后将数字图像文件送到内置存储器或可移动存储器（外存储卡）存储。其过程如图 5-27 所示。

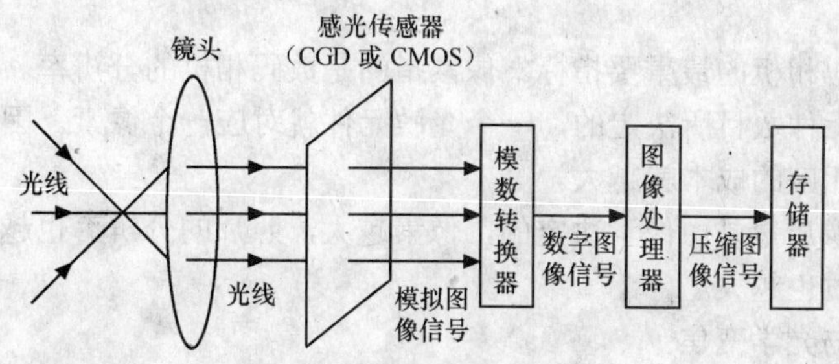

图 5-27　图像传感器工作流程

（3）液晶显示屏（LCD）

液晶显示屏位于数码相机机身的背面（见图 5-28）。通过液晶显示屏可以及时查看所拍的照片，若不满意可随时删除，重新拍摄。此外，液晶显示屏还能够充当相机的操作界面，这如同计算机显示器的作用一样，可以通过对菜单命令的使用，控制数码相机。

机身正面

机身背面

图 5-28　数码相机液晶显示屏

（4）接口

接口的作用是为数码相机与其他设备的连接提供一个通道。通过这些接口，可以将数码相机中所存储的数码相片传输到其他设备中，如计算机、数码冲印机等。

（5）存储卡

也有人说数码相机的“胶卷”是储存卡，这并不是没有道理的，因为存储卡是 CCD 所形成的光电信号即影像数据的储存“仓库”。数码相机所拍摄的照片最终都储存在存储卡中，目前存储卡的容量已经日渐地增大，可以为用户提供更大的存储空间。其接口和外形如图 5-29 所示。

接口

存储卡

图 5-29　存储卡

2. 数码相机的主要技术指标

（1）数码相机中的像素

像素（Pixel）是由 Picture 和 Element 这两个字母所组成的，是用来计算数码影像的一种单位，如同摄影的相片一样，数码影像也具有连续性的浓淡阶调，若把影像放大数倍，会发现这些连续色调其实是由许多色彩相近的小方点所组成，这些小方点就是构成影像的最小单位：像素。

像素是衡量数码相机的最重要指标。像素指的是数码相机的分辨率。它是由相机里的光电传感器上的光敏元件数目所决定的，一个光敏元件就对应一个像素。因此像素越大，意味着光敏元件越多，相应的成本就越大。

数码相机的图像质量是由像素决定的，像素越大，照片的分辨率也越大，打印尺寸在不降低打印质量的同时也越大。

（2）数码变焦与光学变焦

数码相机变焦方式分为数码变焦和光学变焦两种。数码变焦实际上是画面的电子放大技术，其并没有改变镜头的焦距，而是进行画面放大，即把原来 CCD 或 CMOS 影像感应器上的一部分像素使用软件“插值”处理手段放大到几十甚至于几百倍而成为一整幅画面，在视觉上给人一种远处景物被拉近的感觉。虽然拍摄图像有所放大，但是清晰度会有一定程度的下降。客观地说，数码变焦的实际意义并不大。光学变焦是依靠光学镜头结构的变化来实现变焦，就是通过镜片移动来放大与缩小需要拍摄的景物，它实实在在地改变了镜头的焦距。镜头的最大焦距除以最小焦距就是光学变焦率或者变焦比，但通常只简称为光学变焦。

（3）数码相机中的分辨率

数码相机中的分辨率又称解析度，是指图像包含信息的量值。数码相机分辨率的高低，取决于相机中 CCD 芯片上像素的多少，通过把更多的像素紧密地排放在一起，就可以得到更好的图像细节。分辨率的度量是用每英寸点（Dot Per Inch）DPI 来表示的，它控制着图像的每 2.45cm（1 英寸）中含有点的数量。就同类数码相机而言，分辨率越高，相机的档次也就越高，但不能单纯地认为分辨率越高越好，因为图像的分辨率越高，生成的图像就越大，这就需要根据存储介质的容量来衡量得失。由此看来，单纯依靠百万像素的高分辨率还是不能完全衡量数码相机的质量的，画质与相机的镜头性能、自动曝光性能、自动对焦性能、白平衡调节等多种要素紧密相关。

（4）数码相机中的感光度

数码相机上的相当感光度与胶卷感光度的含义不完全相同，但标度完全相同，仍然是采用 ISO 制。其数值大小与所需曝光量之间的关系也完全相同。在数码相机中，ISO 值是指感光度的大小，其代表 CCD 或者 CMOS 传感器对光线感应的灵敏度。这一指标表示需要多少光线才能完成正确曝光的数值。从大体上来说，ISO 值越高，说明传感器对光线的感应灵敏程度就越高。在目前市场上，ISO 最常见的范围一般是 ISO100～ISO400，当然，许多专业相机会达到更高。ISO 值的高低能直接影响到拍摄的效果；不过也不是越高越好。

（5）曝光补偿范围

在数码相机中，曝光补偿范围也是相当重要的一个技术指标。因为数码相机中的 CCD 成像芯片，存在着固有的限幅、暗生电流等半导体的本征特性，这就使得用数码相机的拍摄曝光比传统摄影的拍摄曝光有着更高的要求，尤其是 CCD 芯片表现覆盖按补色方式排列的滤光片的数码相机更是如此。目前绝大多数轻便数码相机只有自动曝光一种曝光确定形式，而且无法进行测光锁定，这些不仅要求数码相机上有曝光补偿功能，而且要求可曝光补偿的范围较大，至少达到±2EV，必须给曝光补偿范围给以足够的注意。

（6）拍摄间隔和连拍速度

拍摄间隔和连拍速度这两个性能指标，都与数码相机的拍摄效率息息相关。拍摄间隔是指用户按下快门按钮到快门钮能再次被按下拍摄之间最短要相隔的时间。在传统照相机上几乎不存在拍摄间隔问题，而拍摄间隔是数码相机的共性问题，因为数码相机在开启快门曝光后，要对拍摄得到的信号进行一系列处理，例如要将模拟信号转换为数字信号，将每个像元得到的单色信号与相邻其他像元得到的其他颜色信息综合为多色像素，增强图像边界的锐度，对影像进行压缩，将数字影像文件存储到存储卡上等，而在这一系列过程未完成前，数码相机是无法再拍摄的。不同的数码相机拍摄间隔差距很大，有的只有几秒，有的长达10多秒，在同一数码相机上，由于拍摄时选用的分辨率和存储压缩比不同，拍摄间隔也相差较大。

5.5.2 数码相机的使用与维护

1．设置数码相机

要拍摄到品质较高的数码照片，必须在使用数码相机拍摄之前根据具体的情况对其进行相关的设置。

（1）设置分辨率和图像压缩比

数码相机有不同档次的分辨率供摄影者选择，这是与传统相机不同的地方。图像的分辨率越高，占用的存储介质空间越大。

数码相机上有相应的装置可供用来设置图像分辨率。

拍摄前，可以根据实际需要选择相应的档次。下面几种情况的选择建议可供参考。

① 如果拍摄的数字影像文件是要通过打印或其他方法获得较高质量的照片，则应选用最高分辨率。

② 如果拍摄的数字影像文件最终是要用于书刊中作为插图的，则应当根据印刷的分辨率和图片在书刊中的尺寸，确定拍摄分辨率。例如是用在精美的杂志上的，印刷的尺寸又大，就要用最高分辨率拍摄了。

③ 如果拍摄的影像主要用于在计算机上显示，或通过投影机投影，则拍摄分辨率要根据计算机显示器或投影仪的分辨率来确定，如选取1024×768像素或800×600像素。

④ 如果拍摄的影像图片将用于网上传输，如用来制作网页或通过E-mail发送，则应尽量使用较低的分辨率拍摄，以求得到较小的文件，有利于减轻网络的负担。

选择压缩比的原则是：对影像质量要求越高，选择的压缩比应越低，甚至选择无压缩；对影像质量要求不高，就可以选择高一些的压缩比。很多数码相机采用的压缩存储影像文件的文件格式是JPEG格式。它的体积小，有利于存储大量的图片。但要注意的是，如果压缩比太大，会使图像的质量下降。图5-30所示为分辨率为300像素和分辨率为72像素的图形。专业级数码相机在存储影像文件时，可以用TIFF无压缩格式或RAW无损压缩格式，这些格式的文件比较大，有4MB～9MB。但是它可以使用户获得高质量的图像。注意：一个高质量的图像文件在计算机中可以通过图像处理软件的简单处理而获得低分辨率的图像，但反过来却是无法做到的。在设置图像分辨率和压缩比时也应当考虑这个因素。

图 5-30　分辨率为 300 像素和分辨率为 72 像素的图形

（2）设置感光度

数码相机的感光度大都有几个档次，感光度越高，对光线就越敏感，对同样强度的光线的接纳能力就越强。摄影者可以根据光线情况进行选择。值得注意的是，有些数码相机的感光度 ISO 值的档位很多，对于非专业用户选择起来相当不便。不过，这里有一个规律：在同样条件下，当 ISO 值提高一倍，所需要的快门速度就应该相应地提高一倍，或者使光圈收缩一个档位。总之，ISO 值越高，就越容易出现噪点，还可能出现单色或彩色的斑点，拍摄效果就差了。所以在实际使用中只要光照条件允许，选择较小的 ISO 值即可满足拍摄要求，以保证获得细腻清晰的照片；而在一些特殊的场合，使用高档位的 ISO 值也是必须的。图 5-31 所示为无噪点和有噪点的图像对比。

无噪点

有噪点

图 5-31　设置感光度

（3）设置曝光度

曝光量是影响照片质量的重要因素，曝光量的大小是由相机镜头的光圈系数和相机的快门速度来共同控制的。光圈系数越大，快门速度越高，曝光量越小。曝光量常用 EV 值来表示，EV 值越大，曝光量越小。EV 值越大，对应于景物亮度越高、感光度设置越高，这时选用的光圈系数大，快门速度高，反之异然。尽管数码相机都有自动测光和各种自动曝光模式，但由于数码相机的曝光宽容度较小，所以曝光量的控制精度要求比传统相机高，误差要求在±0.3EV 左右。这就要求摄影者更应注意掌握好曝光。在曝光量一定的前提下，不同的快门速度也会在很大程序上左右画面的质量，快门时间较短，图片质量越高；快门时间长了就可能产生一些噪点，甚至破坏最终的影像。所以在暗的光照下，尤其在论据间拍摄时，要特别注意这个问题，尽量避免用太长的快门时间。图 5-32 所示是设置曝光度的效果对比。

曝光正常

曝光不足

曝光过度

图 5-32　设置曝光度

（4）设置闪光灯

大多数数码相机都带有内置闪光灯。内置闪光灯一般具有 3 种设置状态：自动、强制和关闭。3 种状态构成一个循环，由数码相机上的一个设置按钮控制。自动状态表示当光线不足时，相机会根据测光系统测得的数据，自动发出闪光，无需人为干预。强制状态表示不管光线如何，它都会闪光。这种状态主要用于在当被摄主体处在强逆光下时，闪光灯可对主体进行补充照明，也可用在摄影者认为需要强制补光的情况。在禁止使用闪光的环境或不需要使用或不想使用闪光灯时，可选择关闭状态。

（5）设置冲印尺寸与拍摄参数

目前数码冲印系统可以提供小至 1 寸，大至 16 寸的 10 种不同规格的冲印服务，不同规格的冲印尺寸对数码照片有不同的要求。要得到好的照片，数码相机的有效像素最好在 300 万像素以上，同时，拍摄的数码照片分辨率也有一定要求。一般情况下，在数码冲印时有一个简单的计算方法，可以计算多大分辨率的数码照片合适冲印多大的照片，例如，分辨率为 1600×1200 像素的数码照片，通过 1600÷250=6.4 四舍五入后为 6 的计算方法，计算出合适的冲印照片尺寸是 6 寸，那么可以将 6 乘以 250，就可以得出选择 1600×1200 像素的分辨率是比较合适的。

2．数码相机的使用方法与技巧

（1）取景器的使用技巧

可以把数码相机的"拍摄预览"功能打开，这样，每拍摄一张照片之后，LCD 可以将刚拍的照片显示，但只保持 2s 或稍长的时间，然后即恢复关闭状态，既省电，又看到了拍摄的实际效果。利用 LCD 还可以回放，查找所拍摄的照片。把"回放/记录（play/REC）"开关拨到"回放（play）"位置，即可在 LCD 上显示，随后按"+"或"-"按钮即可进行搜索查找；想加快查找速度，还可以使 LCD 处于多帧（MultiI）或索引（INDEX）呈现方式。一般 LCD 可同时显示 4 帧或 16 帧照片。数码相机取景器如图 5-33 所示。

图 5-33　数码相机取景器

（2）掌握数码相机的聚焦

如今数码相机都提供了多点对焦的选择，例如常见的三点对焦、五点对焦和七点对焦。另外，数码相机一般都有自动聚焦功能，专业单反型和某些便携型数码相机还有手动聚焦功能。自动聚焦功能可以使拍摄变得更加方便快捷，而手动聚焦则能够帮助使用者更主动地进行拍摄。自动聚焦在一般情况下是能够保证聚焦清晰的，但是在有些特殊情况下，低档的数码相机的自动聚焦往往会变得很慢，甚至失灵。这样的情况包括被摄景物的对比度很低，如天空、白墙等；被摄景物移动得很快或者是闪烁的，如舞厅里闪动、旋转的灯光等。尤其是在代照度的光线条件下，自动聚焦速度将明显下降，这时候，许多相机会自动使用闪光灯照亮被摄物体，以帮助聚焦。当遇到被摄景物难以自动聚焦时，可采用手动聚焦。如相机没有手动聚焦功能，则可使用一些小技巧，如可以先找一个其他的等距离的物体，半按下快门，将焦点锁定，然后对准要拍摄的景物重新构图，再继续按下快门，这样即可成功拍摄。另外不少相机的自动聚焦区域仅固定在取景框中心的一个很小的矩形框中，如果想拍摄的主体不在画面正中，则很可能导致错误聚焦，这时，仍然必须使用聚焦锁定功能，先将被摄主体放置在画面中心，锁定焦点，然后重新构图，进行拍摄。图 5-34 所示为聚焦对比图。

图 5-34　聚焦

（3）测光方式选择技巧

几乎目前所有的数码相机都采用 TTL 测光方式经过镜头来测光。透过镜头测光的好处是能够直接反射所见景物光线的大小，也就是光线经于镜头投射在感光元件上，感光元件再将光信号传送给数码相机的处理芯片做分析。另外，部分半专业或者专业数码相机还提供多种测光方式供用户选择，在选择测光方式时，首先要弄明白这些测光方式的特点。目前，数码相机的测光方式有许多种，但实际上可以将它们划分为平均测光、中央重点测光和点测光几种。

（4）使用存储卡

将存储卡放入数码相机是看似简单的一件事情，不过如果没有处理好，会导致存储卡的损坏，正确的操作步骤如下。

① 装卡必须在数码相机关机状态下进行。②注意装卡时方位必须正确：CF 卡装入相机时，必须使卡上箭头对准相机卡仓；SF 卡装入时，要使卡上缺角一端指向相机卡仓的指定位置；PCⅢ型卡装入时，应当将卡的薄边插入相机卡仓。③插卡时要用力均匀并插到位，CF 卡和 PC 卡到位时存储卡释放键会弹出来。④装好后应将仓盖关闭。

从数码相机中取出存储卡也要相当小心，否则会破坏存储数据，甚至损坏存储卡。正确的操作步骤如下。

① 不能在相机正向存储卡写入或读出信息时取出存储卡，否则会导致存储卡上的文件损失，甚至损坏存储卡。相机正在写入或读取信息时，有些数码相机的机背上的“Card Busy”

指示灯会闪亮，意为卡正工作；另一些数码相机是在 LCD 屏上显示“WAIT”（等待）字样。②对 CF 卡和 PC 卡，要打开仓盖并按下释放键，再用手将卡拔出来，不可不按键而硬拔。而 SM 卡是打开仓盖后，直接用手拔出。③应特别注意防止卡从手中滑落，否则亦可造成文件丢失或卡损坏。④卡取出后，应及时关闭仓盖，以免灰尘杂物落入仓内，导致接触不良。

删除存储卡中文件的方法各不相同，归纳起来大约有 4 种。

①仅利用删除键删除。②利用删除键和 LCD 一起来删除。③利用选择屏幕菜单删除。④利用计算机来删除。

（5）数码相片的导入方法

如今，数码相机提供了多种多样的输出接口，例如 USB 接口、1394 接口、视频输出接口等，有一些比较陈旧的机型还具有串行接口。

导入前，先安装驱动程序，驱动程序安装方法与打印机驱动程序安装方法类似。具体的操作步骤如下。①将数码相机与计算机用 USB 线进行连接，并确保数码相机处于开机状态。②将数码相机附带的光盘放入光驱，打开数码相机的电源，系统提示“发现新硬件”并自动弹出“添加新硬件向导”对话框。③选择“从列表或指定位置安装”项，单击“下一步”按钮，进入“选择您的搜索和安装选项”对话框。④单击“浏览”按钮，在弹出的对话框中找到光盘中驱动程序的所在位置。⑤单击“确定”按钮，回到刚才的“选择您的搜索和安装选项”对话框。单击“下一步”按钮后，系统开始按照所指定的光盘路径，搜索并安装数码相机的驱动程序。⑥对话框提示完成驱动程序的安装，单击“完成”按钮，关闭向导。⑦重新启动计算机，在“我的电脑”窗口中，即可找到数码相机所在的盘符，打开这个标识，进行相关的复制与粘贴的操作，即可将这些相片存储到计算机中了。

3. 数码相机的日常维护与保养

在使用数码相机的时候，一定要注意日常的维护与保养。这样才能让数码相机发挥出最好的拍摄效果。

（1）使用时要特别注意握紧相机，最好把相机带套在手腕或脖子上，以免相机从手中脱落掉在地上摔坏，也要防止其他强烈震动使其性能受到影响。

（2）防止较长时间对着强烈日光或其他强光源拍照。虽然 CCD 和 CMOS 比较耐强光和高温，但仍需注意防止灼伤或受损。特殊情况下，无法避开强烈日光或强光原时，要尽量缩短拍照时间。

（3）远离强磁场和强电场。强磁场或强电场会影响数码相机中电路的正常工作，甚至造成故障。所以不要把数码相机随手放在电视机、音响、电磁灶等有强磁场和强电场的电器设备上。

（4）防水防潮。在高温高湿的环境中使用数码相机，镜头容易发霉、电路易出故障。如果在潮湿环境中使用后或相机被雨淋湿，要及时晾干或吹干。

（5）防烟避尘。不可在烟、尘很大的地方使用数码相机。迫不得已在此环境中使用后应及时清洁处理。拍照间隙应及时盖上镜头盖。

（6）电池的使用和保养。数码相机对电力的需求特别大。因此，锂电池和镍氢电池这些可重复使用且电量也较大的电池越来越受到数码相机用户的欢迎。但不论是哪种电池，其使用、保存、携带都有很多要注意的地方。镍氢电池有记忆效应，这种效应会降低电池的总容量和使用时间。随着时间的推移，存储电荷会越来越少，电池也就会消耗得越来越快。因此，应该尽量将电力全部用完再充电。如果使用的是专用的锂电池，或锂离子电池，记忆效应的问题就不需要怎么考虑了。在日常使用过程中，要注意保持电池绝缘皮的完整性，一旦发现有破损，应该用透明胶布粘牢。应定期检查电池的电极是否出现氧化的情况，轻度氧化将其擦拭掉就可以，但如果是严重的氧化或脱落的情形，应该立即更换新的电池。同时，为了避免电量流失，需要保持电池两端的接触点和电池盖子内部的清洁，如有需要，可以使用柔软、清洁的干布轻轻地拂拭电池。用户可以用小的橡皮擦伸到电池匣里清洁金属触点，但绝不能使用清洁剂等具有溶解性的清洁剂。如果用户打算长时间不使用数码相机时，必须将电池从数码相机中或是充电器内取出，并将其完全放电，然后存放在干燥、阴凉的环境中，而且不要将电池与一般的金属物品存放在一起，这对于非充电电池尤其重要。

5.6 数码摄像机的使用与维护

随着人们生活水平的提高，数码摄像机已越来越多地走进普通家庭和单位，可以用它来拍摄一些家庭聚会、生活细节、旅游游记等录像，然后刻录成光盘保存。

5.6.1 数码摄像机基本知识

1. 数码摄像机的组成

概括地说，数码摄像机主要由 5 个部分组成，即取景系统、控制系统、成像系统、存储系统和电源。

（1）取景系统

取景系统是由数码摄像机获取图像的相关部件构成的，其作用是使拍摄者通过它们看到所拍摄的音像。数码摄像机所采用的取景方法与传统摄像机既有相同之处，也有不同之处。相同之处是都通过镜头和取景器取景，不同之处是数码摄像机可采用 LCD 取景。

① 镜头

摄像机是用镜头来摄取景物的。客观存在的场景实际上是一种光学信息，它包含着不同亮度的光谱（即颜色）信息。不论是数码摄像机还是传统摄像机，首先接收的都是景物的光学信息，这些信息必须经过光学镜头才能成像到感光器件上。最简单的镜头是单个组件的凸透镜，类似于平时用的放大镜。但在实际应用中，由于透镜有球差、色差等影响像质的各种因素存在，为了解决这个问题，厂商在镜头设计中普遍采用了不同曲率、不同材料的透镜组合，以消除或减轻其影响。

② 电子取景器

电子取景器就是把一块微型 LCD 放在取景器内部，由于有机身和眼罩的遮挡，外界光线照不到这块微型 LCD 上，也就不会对其显示造成不利影响。另一方面，它通过一组取景目镜来观察 LCD，有一定的放大倍数。电子取景器的功能类似于 LCD，但它是通过光学取景器显示的。它的优点是可以避免因开启 LCD 而过度消耗电量，从而增长拍摄时间和电池的使用寿命。在室外拍摄时，它还可以避免因 LCD 反光导致的取景误差。电子取景器同彩色 LCD 一样可以用来回放、预览和进行菜单操作，用起来非常方便。

电子取景器的缺点是，所显示的质量和真正的单反摄像机的取景器会有些差别。图像色彩也会因为分辨率较低而不会像拍摄的图像本身那样鲜艳细腻，显得较粗糙和有颗粒感，无法显示所拍摄图像的最小细节，例如人眼是不是睁开等。

③ LCD

LCD（Liquid Crystal Display）是取景系统的另一种形式，通常位于数码摄像机的旁边。严格地讲，它的功能不单是作为取景器，但用它取景的效果的确与光学取景器大不相同。从图像传感器 CCD 或 CMOS 中直接提取图像信息，所拍图像通过 LCD 直接显示出来，是数码摄像机的一个突出优点，而且所反映出来的图像颜色逼真，观察十分方便，可以说是人观察事物的另一种延伸。

LCD 不仅能用于取景，还能够查看所拍摄的图像。通常 LCD 有对比度调节旋钮，这对于在低照度下看清拍摄画面很有用。液晶显示屏还可改变角度，除了拍摄时取景方便外，更重要的是可减少光线的反射。LCD 除了取景功能外，还有一个重要功能，就是“菜单”显示。菜单类似于计算机应用程序窗口中的菜单，其操作方式也基本相同。数码摄像机的许多功能是通过对菜单的选择操作来完成设置的。

（2）控制系统

控制系统（见图 5-35）是由数码摄像机的可操作控制的部件构成的，其作用是通过对其操控使图像聚焦更清晰，曝光更准确，色彩更真实，并将其完整保存下来。

图 5-35　控制系统

① 聚焦环和聚焦键

这是调整摄像机聚焦的控件，当需要进行手动聚焦时，就要调整这两个控件了。使用时在 CAMERA 方式下，轻按 FOCUS 键，这时手动调焦指示出现，然后转动聚焦环使聚焦清晰。

② 逆光键（BACK LIGHT）

当所拍摄的对象背后有光源时，就需要使用逆光键，它能够解决因背光带来的曝光的问题，需要使用时只需按一下该键即可。

③ 菜单键（MENU）

按这个键后，在取景器中将出现菜单设置画面，在这里可以转动 SEL/PUSH EXEC 拨盘进行各种各样的设置。如果需要退出菜单，只需再按一次该键即可。

④ 曝光键（EXPOUSRE）

一般摄像机都是自动曝光的，但是如果在拍摄对象逆光、拍摄对象明亮而背景暗或者要如实地拍摄黑暗图像时，这时这个功能就非常有用了。使用时首先按一下曝光键，然后转动拨盘调整亮度到需要的程度即可。

⑤ 电动变焦杆

使用电动变焦杆能够快速准确地调整聚焦，稍微移动电动变焦杆能够进行较慢的变焦，大幅度地移动它则进行快速的变焦，适当使用变焦功能可以获得更好的摄像。“T”侧用于望远拍摄，即将拍摄对象拉近；而“W”指将拍摄对象推远。

⑥ 电源开关

它是控制摄像机开启的总管，一般摄像机都是采用限位式操作的。这款摄像机的电源开关有 VCR（录像查看状态）、OFF（摄像机关机）、CAMERA（摄像机拍摄）以及 MEMORY（静态图像拍摄）4 种状态，如果需要转换状态，只需按住电源开关上的小绿键，然后转换开关到相应的位置即可。

⑦ START/STOP 键

这是摄像机的开始拍摄和结束拍摄键。在什么都准备好的情况下，按 START/STOP 键摄像机开始拍摄，REC 指示出现，位于摄像机前面的摄像指示灯亮，如果要停止摄像，再按一次 START/STOP 键即可。

（3）播放系统

播放系统是用来播放已录好的影像用的，利用它可以进行快速倒带、前进、播放等操作。如图 5-36 所示。

图 5-36　播放系统

① 播放键。数码摄像机装入磁带后，按下此键，数码摄像机首先加载（穿带），然后开始放像。

② 记录键。该键一般都有特殊的标记，是红色的按键或在键上标有标志点。记录前，连接好视频、音频线或射频线，将选择开关置于相应的位置，插入有防误抹片的录像带，然后按下此键，数码摄像机就开始记录。

③ STOP（停止）键。按下此键，数码摄像机将解除记录、重放、倒带、快进等一切功能而进入停机状态，在检查数码摄像机故障或经修理后试机时，要时刻准备及时按动此键，使数码摄像机停止动作，以防在数码摄像机有故障的情况下，损坏磁带或其他元器件。

④ REW（快倒带）键。

⑤ FF（快速前进）键。

⑥ PAUSE（暂停）键。

⑦ SLOW（慢动作）键。

⑧ SP/LP（记录速度）键。

（4）存储系统

存储系统可分为两部分，一是用于录像的录像带。录像带即视频磁带，是高密度的信息储存与转换媒体。目前数码摄像机一般都使用 8mm 规格的录像带，录像带对磁性记录与重放过程中的记录与重放信号的优劣有直接的影响。在摄录像记录媒体中，录像磁带一直是主流产品，但目前也有部分摄像机采用 DVD-RAM、硬盘等新型记录媒体。二是用于记录数码相片的存储卡，这是数码摄像机用来拍摄静像用的，与数码相机的存储卡一样，能够用它来拍摄相片，需要时可以用摄像机附带的 USB 电缆与计算机等其他装置交换图像数据。

录像带的安装。录像带是从摄像机的底部装入的，其操作步骤为：首先接通电源；然后平放摄像机，按箭头方向推动 OPEN/EJECT 开关打开盖子，这时录像带舱自动升起并打开，如图 5-37 所示；推录像带背后的中间部位将其装入，注意要将录像带带窗朝外插入录像带舱底部；最后根据录像带舱上的 PUSH 标志关上录像带舱，录像带舱完全降下后，关上盖子使它发出喀嗒声即可。

图 5-37 录像带舱

在使用之前最好将录像带处理一下。将 DV 录像带格式化对于批处理捕获与精确查找时间码是有必要的。此处的格式化指的是从头到尾地录制“空白”视频，完全没有中断。专业摄像师对于新的 DV 录像带都会进行这样的处理。格式化完毕之后，就可以开始拍摄视频。如此一来，当在 DV 摄像机上播放视频脚本时，计数器（在摄像机的液晶屏幕或观景窗上将显示成时间码）会持续递增，甚至是在没有视频时。

（5）电源系统

摄像机所用的直流电源均为封闭型蓄电池，这种完全封闭式的蓄电池避免了漏液及逸出气体等问题，而且使用起来十分安全。同时由于可以反复充电 300 次以上，所以使用寿命较长，使用起来灵活、方便，可免除使用交流电源时电源连接线的限制，使拍摄更加随意自由，特别是在外携拍摄时，充电电池更是必备的电源。另外，一般摄像机还提供直接接交流电源的插口，在室内使用摄像机时，可以用交流电源来供应电力。

电池是摄像机的动力源泉，这一步是必不可少的。如果是在户内摄像，可以用电源连接线和交流电源转变器来连接交流电使用，这时可以先将交流电源转接器接好，然后打开 DCIN 插孔盖，将连接线的一端插入即可；如果在户外摄像，就要用充电式电池来作为电源，这时只要抬起取景器，将电池顺着电池槽推入直至发出喀嗒声，然后放下取景器即可。如果要取下电池，只需抬起取景器，然后向下按住电池松开钮，再向上拿出电池即可。

在拍摄前要多准备一些电池，确保在拍摄过程中电池够用，以免错过每刻宝贵的片段。充电时，使用连接线插入充电接口即可。

2．数码摄像机的性能指标

（1）CCD

CCD 是 DV 最重要的组成部分，这里主要针对它的常规参数进行分析。CCD 一般描述为单 CCD 或三片 CCD（是否支持逐行扫描模式）。

CCD 是“Charge Coupled Device”的缩写，它是一种特殊的半导体器件，每个感光元件叫一个像素。单 CCD 摄像机是指摄像机里只有一片 CCD，并用其进行亮度信号以及色度信号的光电转换。而 3CCD 摄像机使用三片 CCD。光线通过特殊的光学棱镜后，被分为 R—红、G—绿、B—蓝 3 种颜色，这 3 种颜色就是电视所使用的三基色，分别用一片 CCD 接收每一种颜色并转换为电信号，然后经过电路处理后产生图像信号，从而构成了一个 3CCD 系统。和单 CCD 相比，由于 3CCD 分别用 3 个 CCD 转换红、绿、蓝信号，拍摄出来的图像从色彩还原上要比单 CCD 更准确和自然，清晰度也比单 CCD 高，具有很高的信杂比（信噪比）、极好的敏感度以及很宽的动态范围。

至于 CCD 的尺寸，这里的几分之几英寸是指 CCD 器件的对角线长度。家用 DV 的 CCD 尺寸大多是 1/4 英寸或 1/6 英寸，专业机则是 1/3 英寸、1/2 英寸居多，广播级多是 2/3 英寸。在同等像素下，CCD 尺寸越大，成像效果就越好。

（2）图像像素与最大静像分辨率

数码摄像机的图像像素一般有总像素和有效像素之分，两者略有差别。这是因为并不是所有像素都能用于光电转换的原因。

最大静像分辨率是指用摄像机拍摄静态画面时图像的最大分辨率。它与 CCD 元器件的大小直接相关。

从某种意义上说，分解力相当于清晰度，它可以用调制度或用在画面上可分辨的电视线数来表示。分解力分水平分解力和垂直分解力，水平分解力指沿水平方向所能分解的像素数目的能力；垂直分解力指在垂直方向所能分解的像素数目的能力。通常机器上所给出的指标都是指在画面中心的水平分解力的数值。例如佳能 XL1S、索尼 IP55E 等中高档 DV 均能达到 500 线以上的水平分解力。

（3）镜头方面

标准接口镜头口径为 85mm，而非标准镜头最大口径目前为 72mm，常见的还有 58mm，43mm 等口径。口径越大，光通量就越大，对光线的接收和控制就会更好，成像质量也就越好。另外，许多摄像机都配有优质镜头，如索尼公司消费级 DV 摄像机全面采用蔡司镜头。

光学变焦是指最广聚焦与最远聚焦两焦距的比值（即光学放大倍数），它是依靠光学镜头结构来实现变焦的。数码变焦则是指利用电路通过计算而实现的放大倍数，它实际上是把原来 CCD 上的一部分图像放大到整幅画面，以复制相邻像素点的方法进行插补，在视觉上给人一种画面被拉近的错觉。

焦距指的是最广聚焦与最远聚焦时的焦距，如 4.5mm～45mm。微距主要指在拍摄静止画面时，被摄对象太小，正常拍摄可能无法突出，选择这一功能，可以在离被摄对象很近的地方拍摄，使被摄对象得以放大。光圈是镜头中间的一组金属叶片，它有两个基本用途：一是帮助获得正确投影；二是缩小或放大光圈，以调节镜头通光量并控制曝光量。光圈大小会对通光量、景深、清晰度等造成影响。光圈大小与“f”值成反比，数值越小，光圈越大，镜头的通光量也越大，拍摄弱光环境的能力也就越强；反之，则弱。对于变焦镜头，如看到 f2.8/f3.8 的字样，这两个数值分别是广角端（最广聚焦）和望远端（最远聚焦）能够实现的最大光圈。在挑选时，可适当选取光圈大的。根据一般经验，镜头直径大的光圈也大。

（4）快门

对于 PAL 制摄像机来说，1/50s 的快门速度是标准速度，而更快的快门速度可以和光圈匹配调节控制景深，大光圈及高速快门配合远焦距可拍摄出主题突出、背景虚化的画面。

（5）灵敏度

灵敏度简单地说就是指在标准照度 2000lx，色温 3200k，0dB 增益下，摄像机使用的光圈指数。灵度越高，在同样环境下拍摄的图像就越清晰、透彻，层次感越强。目前最高灵敏度为 F13.0。摄像机的高灵敏度使景深加深，并能得到满意的聚焦，即使在最快的快门速度下，也可以在一定的光线下进行拍摄。

（6）最低照度

它是在摄像机开到最大光圈，使用最大增益时，要让图像电平达到规定值所需的照度。如松下 AG-DVC180 的最低照度为 3lx，F1.6，18dB（增益）。照度的单位为 lx，1lx 相当于在没有其他光源的情况下一个烛光的亮度。

（7）增益

摄像机都有一个将来自 CCD 的信号放大到可以使用水准的视频放大器，其放大量就是增益。如果现场光线在光圈、快门调到最大的情况下，依然达不到 CCD 工作的最低要求，就要使用增益。增益一般多分为 0dB，+3dB，+6dB，+9dB，+12dB，+18dB。

（8）存储介质

存储介质一般分为两部分，前面为记录动态影像部分，多为 Mini DV 录像带，另有 Micro MV 录像带，这是索尼公司独家拥有的一项新技术。它的录像带体积只有 Mini DV 的 30%。目前采用 Mini DV 带的摄像机还不多，主要有索尼 IP7，IP45E，IP55E 等。后一部分为记录静止画面部分，不同的厂家使用不同的存储介质，如 SD 卡、MS 卡、MMC 卡、记忆棒等。

（9）接口类型

接口一般分为音视频（A/V）接口、S 端口、IEEE 1394（i.link）接口、USB 接口、MIC 插孔、耳机插孔等。

（10）平均功耗

平均功耗一般指的是使用 LCD 和取景器时消耗的功率。例如索尼 DCR-PC120E 的平均功耗为 4.1W（使用 LCD），3.6W（使用取景器）。

（11）带仓机构

带仓机构一般设置在机身侧方或底部。例如索尼 TRV16E 的带仓就设在机身底部，但如果使用三脚架的话就很不方便。

5.6.2 数码摄像机的使用与维护

1. 摄像准备

准备阶段是为进行实际拍摄做好必要的准备工作。在拍摄之前，首先应该认真阅读所要使用的家用摄像机的操作说明书，不同型号或规格的家用摄像机，在功能和操作方法上存在很大的差异，这里以 SONY TRV17E 为例，介绍准备工作。

（1）安装电池

数码摄像机电池如图 5-38 所示。

图 5-38 电池

（2）安装录像带

① 录像带（见图 5-39）的准备。在拍摄前首先要给录像带贴上标签。插入摄录放一体机前，应给新的录像磁带贴上标签，并写清楚主题内容，为了防止出现故障，应贴在规定的位置。对于新磁带，在正式使用之前应该要在摄像机上快进与倒带 2～3 次，这是因为磁带在保存和运输过程中有可能发生局部粘结或轻微形变等现象，通过倒带可以释放压力并透进空气，使得上述现象得以改善。新带如果不倒带而马上使用，一旦遇到有粘接或形变现象，势必将加大拉力，影响走带稳定性及图像质量。

图 5-39 录像带

② 录像带的安装。

③ 格式化录像带。

（3）调整日期

检查日期 / 时钟指示系统，并把它调整到符合拍摄需要的状态，具体方法为：首先要检查位于机身底座电池室内的电池的电力状况，调整好日期 / 时钟指示上的时间码，时间码可显示年、月、日或显示年、月、日、时、分，设置时可以设置显示、不显示或自动。一般一次调整后，可长期使用，拍摄时只需按动选择按钮即可。电池大约可一年更换一次。对于 SONY DCR-TRV17E，日期与时间的设定方法为：打开 MENU 键显示菜单设定；转动 SEL/PUSH EXEC 拨盘选择日期与时间设置选择，然后按拨盘；再选择 CLOCK SET，如图 5-40 所示，然后按拨盘调整年、月、日及时间即可。

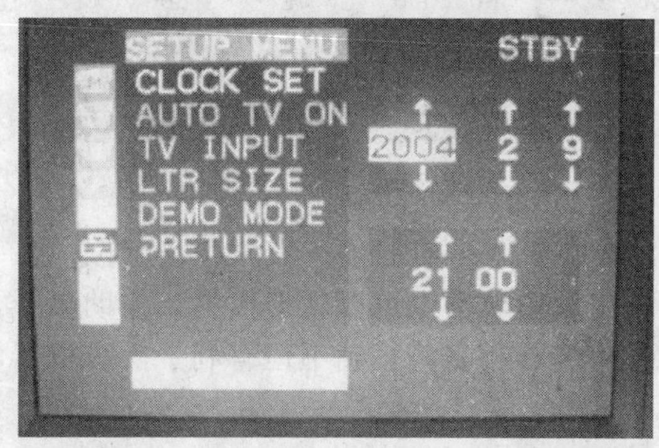

图 5-40　调整日期

2．试摄

在正式摄录前，最好按说明书指示摸清所有机件、按钮位置，熟悉每项功能，试拍几次，以防正式摄录时出错。有时以为是部机问题，其实可能是由于不熟悉某些功能、模式或拨错功能。部机不受控制或无反应，有时可能只是拨错至锁定或自动模式。对焦不清有可能是开错手动对焦或光度不足。如果取景器内的时间/日期不断闪烁，只要放入电池就可解决。

（1）握好摄像机

摄像机的持机姿势可以分为肩扛式和手握式两种。前者适用于“大带子”大型机，后者适用于“微盒”小型机。无论是手握式摄像机或肩打式摄像机都可以安装在三脚架上进行操作。而对于数码摄像机来说，因其比较小，一般都是用手握式操作。

手握式又分双手式与单手式两种，双手式仅限于横扁体形的机器，而绝大多数则为单手式。单手式适用于掌握式机器。这种机型整机小巧轻盈，拍摄时右臂基本悬空，看起来好像很轻松，其实比肩扛式更累人。拍摄时间一长手臂往往就会乏力，甚至发生颤抖，结果将会造成持机不稳，影响拍摄质量。因此，单手持机的功夫是需要锻炼的，平时可以像练习射击那样经常进行超负荷锻炼，借以增加臂力，达到举重若轻的程度。电子寻像器的亮度和对比度是可以调整的。光学寻像器的目镜也需要调整，转动目镜的调节环，使中间裂像装置的圆形轮廓线达到清晰为止。手提式摄像机一般都只有 1.5kg 左右，操作非常轻便。

手握式摄像机是用手握住摄像机的手柄进行操作。工作时，右手握紧摄像机手柄，左手进行聚焦和变焦的操作或拿稳摄像机，并用腕带固定，使右肘靠紧身体，左手托住摄像机，如图 5-41 所示，眼睛贴紧寻像器眼罩，保持摄像机稳定。

在站立拍摄时，用双手紧紧地托住摄像机，肩膀要放松，右肘紧靠体侧，将摄像机抬到比胸部稍微高一点的位置。左手托住摄录像机，帮助稳住摄像机，采用舒适又稳定的姿势，确保摄像机稳定不动。双腿要自然分立，约与肩同宽，脚尖稍微向外分开，站稳，保持身体平衡。

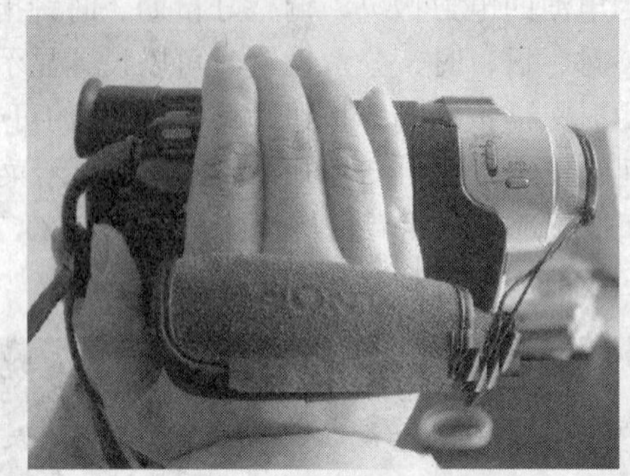

图 5-41　手握式摄像机

在采用跪姿拍摄时，左膝着地，右肘顶在右腿膝盖部位，左手同样要扶住摄像机，可以获得最佳的稳定性。在拍摄现场也可以就地取材，借助桌子、椅子、树干、墙壁等固定物来支撑，稳定身体和机器。姿势正确不但有利于操纵机器，也可避免因长时间拍摄而过累。

（2）准备拍摄

开始摄录前，将镜头盖或用手密实地盖住镜头，拍摄乌黑画面约 15s。如果拍摄后，录像磁带还有空白的话，亦可以同样的手法拍摄空白画面。这样做可以区分下一次的拍摄。另外，由于每个人的视力也是不同的，所以应该根据拍摄者的视力调整摄像机的镜框。为了清楚地看见镜框中的文字或标记，可以调整镜框下部或旁边的把手及旋钮。人的视觉不一，即使是用同一型号的摄像机，感觉亦有所分别。所以当拍摄者将摄像机转给下一个人使用时，便应重新做出调整。

（3）开始拍摄

其操作方法如下。

首先将镜头盖两侧的按钮按下，取下镜头盖，并将它装在腕带上；再按着 POWER 开关上的小绿键，将其设定于 CAMERA 位置，这时磁带并没有走带，摄像机处于待机状态。

图 5-42 所示为电源开关。它是控制摄像机开启的总管，它有 VCR（录像查看状态）、OFF

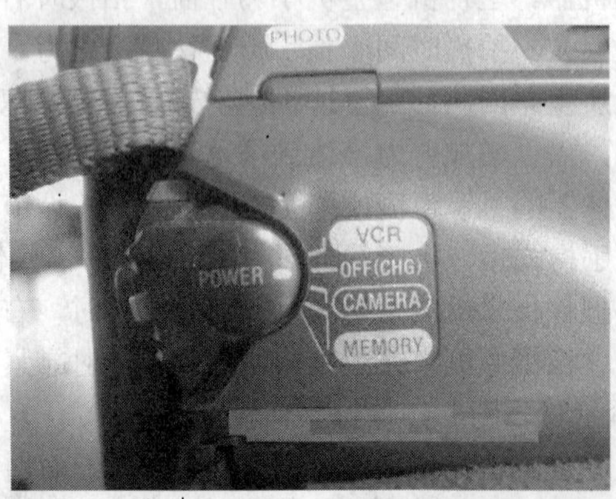

图 5-42　电源开关

（摄像机关机）、CAMERA（摄像机拍摄）以及 MEMORY（静态图像拍摄）4 种状态，如果需要转换状态，只需按住电源开关上的小绿键，然后转换开关到相应的位置即可。

然后将摄像机对着要拍摄的对象，将眼睛靠在眼杯上观察取景器上的画面，对其进行取景，也可以按液晶显示面板边上的 OPEN 开关打开液晶显示器，这样看得就清楚了，不过耗电较大。

调整拍摄距离，使拍摄对象的主体构图比例适中。如果镜头中的主体过小，或是淹没在背景中，观众就不知道作者想表现什么；主体在画面上比例过大，例如表现人物的镜头，人脸占满整个画面，显然就是比例失调。

如果觉得画面清楚了，这时就可以按 START/STOP 键开始摄像了，按下后摄像机开始拍摄，在显示器上 REC 指示出现，位于摄像机前面的摄像指示灯点亮，录像机就开始走带进行正常记录。在记录视频信号的同时，摄像机的附带话筒将拾取音频信号并传输给录像机记录下来。如果要停止摄像，只需再按一次 START/STOP 键即可。

（4）观看

① 在摄像机上观看

按 POWER 开关上的小绿键，将其设定于 VCR 位置，然后打开液晶显示器，在它的对面有许多录像带操作按钮，如进带、倒带、播放等，只需按上面的标注操作即可；然后按下 PLAY 键就可以看到刚才拍摄的内容了。若要调整声音，按两个 VOLUME 键之一即可。注意，液晶显示面板关闭时摄像机上的扬声器不发出声音。

② 在电视上观看

用摄像机附带的 A/V 连接电缆将摄像机连接至电视机，在电视机屏幕上观看播放的图像，操作放像控制键的方法与在摄像机的屏幕上播放图像时相同。在电视机屏幕上监视播放图像时，最好使用交流电源转接器，通过墙上电源插座对摄像机供电。连接电视机很简单，只需打开插孔盖，用摄像机附带的 A/V 连接电缆将摄像机连接至电视机，然后将摄像机的 TV/VCR 选择开关设定于 VCR 位置，将电视机设置为接收录像机信息状态，这时就可以开始播放录像了。

（5）摄像时身体的移动

在实际拍摄中，经常用到俯仰拍摄和摇摄两种方式，如果借用三脚架平台就能轻而易举地完成。然而有些拍摄场合不允许支开三脚架，这就要求利用腰部的弯直和手臂的抬落来配合完成俯仰拍摄。摇摄情况较复杂些，要根据创作意图具体分析。较稳妥的方法是双脚不动，仅依靠腰部转动。

在拍摄工作中，摇镜头是最常用的手法之一。摇镜头的基本原则是，首先将身体朝向摇镜头的终止方向上，两脚分开使摄像机稳定朝向终止的拍摄方向。然后身体扭向摇镜头的开始方向并开始拍摄。拍摄时，身体慢慢地、均匀地向终止方向转动，直到完成整个摇镜头过程。

若拍摄镜头起幅短而落幅长。拍摄时则要将身体朝向镜头终止方向站立，然后腰部扭向镜头开始方向并开始拍摄，摇摄完毕后身体恢复正常姿势，这样落幅拍得再长也无妨。

若起幅、落幅都要求拍得较长时，可将上述方法灵活运用。最后，如果摇身的角度达到 120° 以上时，就只能用操练中左右转身的步法，但应该控制身体重心，并切忌用碎步转身，否则会加剧机身的摇晃。

（6）摄像时步伐的调整

摄像师还应该锻炼和具备“走”的功夫，这是因为在影视拍摄中的推、拉、移等镜头，要求机器沿一条轨迹做纵向和横向位移，通常拍摄环境中无法借助轨道车等器材，因此，只能依靠摄像师的步法。这就要求摄像师不能像平常那样随便走步，而应双腿曲膝，蹑着脚走。腰部以上要正直，仿佛头上顶着水碗，不受脚下的动作干扰，使传到肩部的振动尽量减弱。行走时利用脚尖探路，并靠脚补偿路面的高低。这样腰、腿、脚三者协调配合，使身体起到一部“智能摄像车”的作用，这样就可以使机器的移动达到滑行的效果。当然，如果在现场能物色到助手的话，可以请助手用双手轻轻把握住自己的腰部，这样既能帮着导向，又可以进一步避免振动。

（7）注意事项

相对于新手来说，数码摄像机还是个新事物，手忙脚乱在所难免，在使用时一定在注意下面的事项。

① 在拿摄像机时，双手尽量不要碰触到镜头，以免不小心镜头盖忘了盖，或是观景窗没有保护盖时被手弄脏了，另外绝对禁止拿起镜头把整个摄像机提起。

② 在拍摄时千成不要忘了把镜头盖拿下，这是新手经常会犯的错误。

③ 要保持摄像机稳定。对尚未熟练掌控摄像机的新手来说，每一个镜头都能平稳地善始善终，要比随意地晃动颠簸更有价值。如果摄像机在拍摄时机体过度晃动，在放像的时候画面就会不稳定，看起来头昏眼花，天旋地转。

④ 拍摄前先注意周围的情况。拍摄时可千万不要太忘我，因为注意力过于集中在被拍摄的景物及人物上，而没有留意到其他的危险状况，在移动位置的过程中会发生摔跤、碰撞的情况。

3．数码摄像机的维护

（1）不要用沾有酒精的柔布或棉花棒擦拭镜头。经常用酒精擦拭镜头，容易使镜头变色，而一旦镜头染上了颜色，就不能拍摄实际色彩了。

（2）不要在刚吃完东西或嘴里还有东西的时候对镜头哈气。因为这样容易使嘴里的东西粘在镜头上。在对镜头哈气的时候，应先把口漱干净。

（3）不要用刚拿过食物的手去触摸镜头。因为这样会弄脏镜头，影响拍摄的图像质量。

（4）清洁镜头的时候，不要忘记顺便擦拭防护罩的内侧，因为在拍摄过程中，防护罩的内侧容易粘上灰尘。

（5）用柔布和细棉花棒擦拭液晶显示屏以及取景器，并用细棉花棒擦拭操作键的周围。在一些像变焦杆等容易积污渍的部位，可用沾有少量酒精的棉花棒来擦拭。但擦完后最好用干的棉花棒再擦拭一遍，以免酒精挥发后留下痕迹。

（6）平常用沾有适量酒精的长棉花棒擦拭一下就足以了。但擦完后必须用干的棉花棒再擦一遍，否则酒精挥发后就容易产生痕迹，影响录制质量。

注意：不要频繁地使用磁头清洁磁带。因为磁头清洗带起到的是一种打磨作用，所以经常使用就会磨损磁头反而不好。为此，当发现磁头上粘有灰尘而用棉花棒擦不掉的时候，再用磁头清洁磁带清洗。

（7）目前市场上销售的充电电池一般分为两种：一种是镍氢/镍镉电池；另一种就是锂电池。当镍氢/镍镉电池里的电还没有用完就继续充电的话，容易使滇池的使用时间越来越短，导致最后只能使用几十分钟就没有电了，所以最好等完全用完了以后再充电。

新电池使用原则：新电池使用有一个激活过程，前 3～4 次冲电时间要在 3 小时以上，并且每次要用完后再冲；否则，即使是锂电池，也会影响使用。

（8）在把磁带插入摄像机时必须检查一下磁带有没有松弛，如有松弛就应该转动驱动轮把磁带拉平。为了减少磁带的松弛，应把磁带盒竖立起来保管，并把磁带多的一端放在下面。

第 6 章 微型计算机组装与维护

6.1 微机硬件组成

6.1.1 主板

主板也称主机板、底板、母板、系统板，是微型计算机（微机）的主体，它的作用是为CPU、内存、硬盘、软盘、CD-ROM、显示卡等配件提供数据交换通道，并且管理这些配件。随着 CPU 的发展，主板也在不断地升级，一块好 CPU 必须要有一块与其相匹配的高性能主板支持，否则 CPU 的功能难以充分发挥。

1．主板的构造

在主板上一般有 CPU 插槽、BIOS 芯片，内存插槽、I/O 控制芯片、高速缓存（Cache）、键盘接口、面板控制开关接口、指示灯插件、扩展槽、AGP 显示卡专用插槽、直流电源供电插座、软 / 硬盘驱动器数据线插脚及串行、并行端口等部件。图 6-1 所示为华硕 ASUS P3B-F 的主板。

（1）CPU 插座与插槽

自 486 推出后，其主板上有一个预留的 CPU 插座供 CPU 插拔。其主要规格如下。

Socket7，Socket423，Socket478 CPU 插座：插座边上有压杆，只要把压杆拔起就可以灵活地将 CPU 拔起，压上压杆可将 CPU 卡紧在插槽上。

SLOT1 插槽：主板上没有 CPU 插座，只有 CPU 插槽，它是将 CPU 二级缓存及相关的控制电路放在一块 CPU 基板上，然后插入 SLOT1 插槽中。

SOCKET 370 插座：可与 SLOT1 转换。

相应地，ADM 公司有 SOCKET A 插座和 Slot A 插槽。

（2）控制芯片组 （Chipset）

控制芯片组又称为芯片组，是主板的核心组成部分。控制芯片组有两块，主要控制着内存 I/O、总线 I/O，其集成了硬盘控制器，负责处理中断请求（IRQ）和直接内存访问（DMA）等。它的性能优劣直接关系到 CPU 功能的发挥。

芯片组由北桥（North Bridge）芯片和南桥（South Bridge）芯片组成。北桥芯片起着主导性的作用，也称为主桥（Host Bridge）。北桥芯片提供对 CPU 的类型和主频、内存的类型和最大容量、ISA/PCI/AGP 插槽、ECC 纠错等支持；南桥芯片则提供对 KBC（键盘控制器）、RTC（实时时钟控制器）、USB（通用串行总线）、Ultra 子 DMA/33（66）EIDE 数据传输方式和 ACPI（高级能源管理）等的支持。

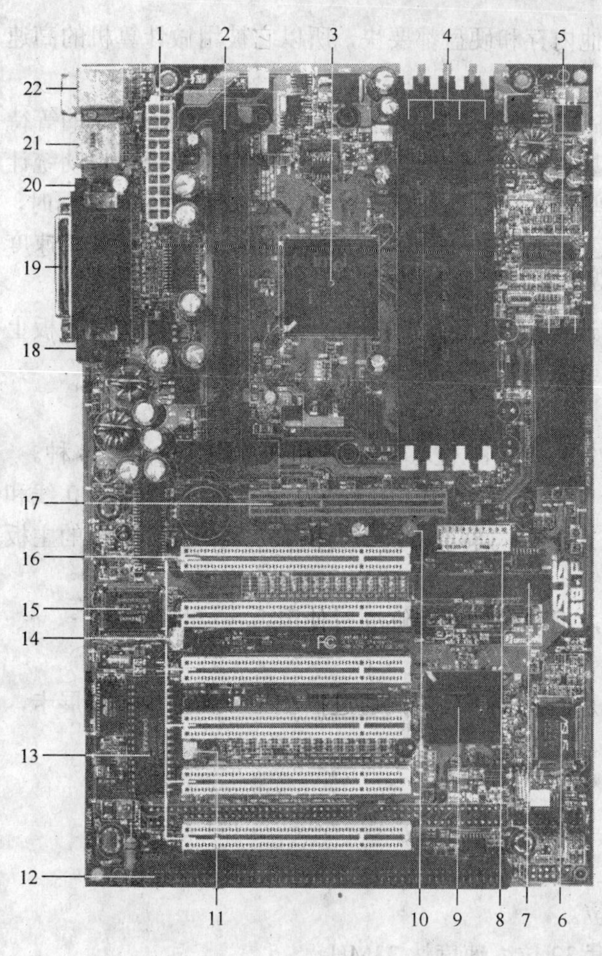

1—ATX 电源插座
2—Slot 1 CPU 插槽
3—Intel BX AGPset 芯片组（北桥芯片）
4—4 组 DIMM 内存条插槽
5—IDE1 和 IDE2 信号排线插座
6—系统监控芯片
7—软驱信号排线插座
8—DIP Switches 功能开关
9—Intel PⅡX4E PCIset 芯片组
10—主板 LED 警示灯
11—调制解调器唤醒功能插针
12—ISA 扩展插槽
13—可编程 Flash ROM BIOS
14—网络唤醒功能插针
15—Multi I/O 多功能输入/输出芯片
16—6 组 PCI 扩展插槽
17—AGP 显示卡扩展插槽
18—串口插座 COM2
19—并口插座 LPT1
20—串口插座 COM1
21—上：USB1 接口　　下：USB2 接口
22—上：PS/2 鼠标插座　　下：PS/2 键盘插座

图 6-1　华硕 ASUS P3B-F 的主板

通常用北桥型号的不同来称呼和划分主板的种类。例如“BX 主板”就是指使用 Intel 82443BX 芯片作为北桥的主板。芯片组的外形与它的封装方式有关。芯片组的封装方式有：球栅阵列（Ball Grip Array，BGA）封装和塑料四边引出扁平封装（Plastic Quad Flat Package，PQFP）封装。现在的芯片组多采用 BGA 封装。

随着芯片组向更高级的加速集线架构发展，目前的芯片组不再以南、北桥划分，而是由图形、内存控制中心（Graphics&Memory Controller Hub，GMCH）芯片（如果没有集成图形功能，就是 MCH）及负责 IDE，USB，I/O 等部分的输入输出控制中心（I/O Controller Hub，ICH）芯片和 FWH（Firm Ware Hub）芯片组成。其实，MCH 和 ICH 的搭配和南北桥的搭配在分工上是差不多的。其真正的差别在芯片组内部的联系方式上，南北桥间以 PCI 总线连接；而 GMCH/MCH 与 ICH 是用专门的总线连接的。

生产芯片组的厂家有 INTEL、AMD、威盛（VIA）、矽统（SIS）和杨智（ALI）。

（3）高速缓存（Cache）

通常人们所说的 Cache 就是指缓存 SRAM。SRAM 叫静态内存，它是比内存速度更快的存储设备，它功能是用来减少 CPU 因低速设备（如内存）所导致的延迟，进而改善系统的性能。

由于 CPU 的速度比内存和硬盘的速度要快得多，所以在存取数据时会使 CPU 等待，影响计算机的速度。SRAM 的存取速度比其他内存和硬盘都要快，所以它被用做计算机的高速缓存。

有了 Cache，可以先把数据预写到其中，需要时直接从它读出，这就缩短了 CPU 的等待时间。Cache 之所以能提高系统的速度是基于一种统计规律，主板上的控制系统会自动统计内存中哪些数据会被频繁地使用，就把这些数据存在高速缓存中，CPU 要访问这些数据时，就会先到 Cache 中去找，从而提高整体的运行速度。一般说来，256K 的 Cache 能使整机速度平均提高 10%左右。

一般来说，CPU 内部的缓存叫内部高速缓存（Internal Cache）或一级高速缓存，主板上的缓存叫外部高速缓存（External Cache）或二级高速缓存。

（4）内存插槽

主板上的内存插槽有 30 线（8 位）、72 位线（16 位）、168 线和 184 线（32 位）4 种。

386 以前主板上的内存插槽为 30 线；486 主板上的内存插槽为 30 线、72 线或 30 线和 72 线同存；586 以后主板上的内存插槽为 168 线、184 线或 72 线和 168 线同存；更新的主板只有 168 线或 184 线。

两种插槽并存是为了给升级留有余地，但两种内存不够同时使用。

（5）总线扩展槽

总线扩展槽也称 I/O 插槽，它的作用是提供 I/O 插口，通过插在 I/O 插槽中的扩展卡，使得主板与各种功能的外部标准设备相连。

总线扩展槽种类如下。

- PC 总线扩展槽：数据宽度 8 位。
- ISA 总线扩展槽：数据宽度 16 位。
- EISA 总线扩展槽：数据宽度 32 位。
- VESA 局部总线扩展槽；数据宽度 32 位，速度达 33MHz。
- PCI 局部总线扩展槽；有一长一短两种扩展槽，短的为 32 位，速度有 33MHz 和 66MHz 两种；长的为 64 位，速度更高。
- AGP 显示卡接口：可提高显卡的显示能力尤其是三维图形的显示能力，32 位，速度达 66MHz，133MHz 或 266MHz。

前 4 种总线扩展槽基本上已淘汰，目前主板上一般有 PCI，AGP 两种插槽。

（6）电源插座

AT 主板为 12 芯单列插座（P8，P9），分两组，插入时两根黑的接地线应紧靠在一起，否则会把主板烧坏。

ATX 主板为 20 芯双列插座，若方向有错，则无法插入，它有软件关机、键盘开机或网络唤醒等电源管理功能。

（7）软盘接口

软盘接口是指 IDE 接口和串并行等通信接口。

- 软盘接口：为 34 针双列针脚，主板上会注明第一脚的位置，通过 34 芯扁平数据电缆，可安装两个软盘驱动器。
- IDE 接口：为 40 针双列针脚，有两个，通过 40 芯或 80 芯扁平数据电缆（多加的 40 芯线均为地线，有效地避免了信号之间的干扰），分别可连接两个 IDE 标准设备，如硬盘、

CD-ROM 驱动器，大容量软驱。一般蓝色插槽为 IDE1，黑色为 IDE2。

- 串行通信接口：有 COMIC 端口地址为 3F8H1 和 COM2（2F8H）的两个接口，也可改为 COM3（3E8H）和 COM4（2E8H），均为 9 针双列针脚，通过 9 芯扁平线接到机箱后部的插座上，ATX 主板已集成了串行通信接口插座，可连鼠标。
- 并行通信接口：有 LPT1（378H）一个并行口，可改为 LPT2（278H），为 25 针双列针脚，通过 25 芯扁平电线连到机箱后部。ATX 主板也已集成并行通信接口。

（8）键盘、鼠标接口和 USB 接口

- 键盘接口：AT 主板为与芯圆插座，ATX 主板是小圆插座，也称 PS/2 键盘接口。
- 鼠标接口：过去是插在串行通信接口上，ATX 主板提供了专门的 5 芯小圆鼠标插座，称做 PS/2 鼠标接口。
- USB 接口：USB 接口是随 586 主板而推出的，它是即插即用的通用接口，而且支持热插拔，可连多达 127 个设备，目前厂商开始大量推出此类接口的外设。

（9）电池

电池用来维持 CMOS 中的数据和时种的运转。如果电池用完，每次开机必须重新对 CMOS 进行设置。目前一般使用 3.6V 锂电池，寿命较长。

（10）CMOS RAM 芯片和 ROM BIOS 芯片

CMOS 是指互补金属氧化物半导体，就是指主板上的小容量 RAM 芯片。微机由许多硬件设置组成。微机使用前必须记录这些参数，以便启动时读取正确的设置值，确保系统正常工作。微机在引导过程中将自动检查 CMOS 存储的内容，以确定系统硬件的配置情况并初始化机器各部件状态，若自检时发现存储在 CMOS RAM 中的信息和系统实际的硬件配置不同，就会在屏上提示出错信息，需要对其设置进行修改。

BIOS：基本输入输出系统。它是主板上的一块可拔插的 ROM 芯片。

CMOS 的存储容量一般为 64 字节、128 字节或 256 字节，通过端口地址对 CMOS RAM 进行读写。CMOS 由主板上的后备电池供电，其功耗非常低，即使长时间不开机，存放的信息也不会丢失。

BIOS 通常是指主板 BIOS，也称系统 BIOS。目前计算机主板 BIOS 主要有 Award BIOS，AMI BIOS 和 Phoenix BIOS 三种，显卡 BIOS 由显卡的厂商和显卡芯片组厂商提供。

586 以上主板的 BIOS 为快闪存储器，加一个高电压即可擦写，故升级较为方便。

2．主板的分类

（1）按主板的总体结构标准分类

AT 主板：早期计算机主板大都是 AT 结构，主板尺寸主要有长 32cm、宽 30cm 和长 26.5cm、宽 22cm 两种。AT 结构主板键盘插座所处为上沿，集成一个键盘接口，其他接口，如串行口、并行口，都是通过连线导出。AT 主板电源插座为 AT 结构，但有些 AT 主板也为双电源插座，即 AT 和 ATX 两种电源插座。

ATX 主板：ATX 是由 Intel 制订的新的主板结构标准，标准尺寸为 19cm×30.5cm，在结构尺寸上明显优于 AT 结构主板。早期的 ATX 结构主板和 AT 结构主板没有什么区别，ATX 相对于 AT 改进的主要方面是主板上各元件的相对位置，如 CPU 插槽、内存插槽、IDE 接口等，ATX 结构主板与 AT 结构主板最大的区别就是 ATX 结构将键盘插座、鼠标插座、并行口和串行口都已集成到主板上。

（2）按主板上的 CPU 插槽（构架）分类

● Socket7 构架主板：支持 Pentium MMX 芯片和 K6 芯片，已淘汰。

● SLOT1 构架主板：支持 PⅡ、PⅢ和赛扬芯片，基本淘汰。

● SUPER7 构架主板：AMD 公司推出，把 Socket7 升级成 SUPER7，增加 AGP 和 100MHz 总线的支持，基本淘汰。

● SLOT A 构架主板：支持 Athlou CPU（性能高过 PⅢ）。

● Socket370 构架主板：使用新赛扬和新 Pentium 芯片，最新，可购置转接卡在 SLOT1 构架上使用 Socket370 构架的赛扬芯片。

● Socket A 构架主板。

● Socket 423（478）构架主板。

（3）按主板的设置分类

● 跳线主板：是指主板的总线频率、CPU 倍频、CPU 电压等都需通过正确跳线才能使用。

● 免跳线主板：一切都由 CMOS 设置。（方便）

3．主板的选购

● 工作稳定，兼容性好

芯片组是主板的核心，选择一块合适的主板首先要确定芯片组的类型。流行的主板芯组主要分为两个系列：支持 Intel 的 CPU 和支持 AMD 的 CPU。

● 主板的速度

主板上有一块晶体振荡器的芯片，主板的速度受其工作频率的影响。目前 CPU 的外频一般都达到了 133MHz，因此主板的速度也应选 133MHz，或更高一些，以便适合 CPU 超频。

● 主板的品牌

主板的主要品牌有：华硕、技嘉、微星、精英、硕泰克、磐英等。

6.1.2 CPU

中央处理单元（Central Processing Unit，CPU）也称微处理器，是一块超大规模集成电路芯片，它的内部是由几十万个（Intel 80386）到几千万个（Intel Pentium 4）晶体管元件组成的十分复杂的电路，其中包括运算器、寄存器、控制器和总线（数据、控制、地址总线）等。CPU 是整个系统的核心，也是整个系统最高的执行单位。它负责整个系统指令的执行，数学与逻辑运算，数据存储、传送以及输入输出的控制。

CPU 从最初发展至今已经有 30 多年的历史。按照其处理信息的字长，CPU 可以分为 4 位微处理器、8 位微处理器、16 位微处理器、32 位微处理器以及 64 位微处理器。

1．CPU 的技术指标

（1）主频、外频和倍频：CPU 主频即 CPU 的时钟频率，也就是 CPU 的工作频率。主频的高低直接影响 CPU 的运算速度。CPU 外频指系统总线的时钟频率，简称总线频率，CPU 外频主要由其相匹配的主板决定。倍频指 CPU 外频与主频相乘的倍数，即主频=外频×倍频。

（2）字长：通常是指其内部数据总线宽度，单位是二进制的位（bit）。常常以字长位数来称呼 CPU。

（3）CPU 的外部总线：是指 CPU 芯片与外部连接的总线，由其引脚引出，包括数据线

（Data Bus）、地址线（Address Bus）和控制线（Control Bus）3 组。

（4）运算速度：指其每秒钟能够处理的指令数，单位为 MIPS（百万指令每秒）。

（5）指令系统：CPU 是靠执行指令来计算和控制系统的。每种 CPU 在设计时就规定了一系列与其硬件电路相配合的指令系统，包括几十或几百条指令。指令系统功能的强弱是 CPU 的重要指标。例如，Intel 的 MMX（Multi Media Extended）、AMD 的 3DNow!、Intel 的 SSE（Streaming-Single instruction multiple data-Extensions）等都是新增的特殊指令集，分别增强了 CPU 的多媒体、图形图像和 Internet 等处理能力。

（6）CPU 工作电压：指 CPU 正常工作时所需的电压。现在的 CPU 一般都采用双电压供电。

CPU 核心用低电压：2.9V～1.8V，甚至到 0.8V。

I/O 电路则用较高的电压：3.3V～3.6V。

（7）地址总线宽度：地址总线宽度决定 CPU 到底能使用多大容量的内存。

（8）数据总线宽度：它决定了系统一次数据传输的信息量（CPU 与 L2、内存、I/O 设备之间）。

（9）超频：是把主板的 CPU 工作时钟调整为略高于 CPU 规定值，企图使之超高速工作。

2．CPU 产品简介

目前市场上的主流 CPU 是由 Intel 公司生产的 Pentium 4 和 Celeron 系列芯片，以及 AMD 公司生产的 Athlon（速龙）、Duron（毒龙）、Tunderbird（雷鸟）系列芯片，如图 6-2 所示。

图 6-2　各类 CPU 芯片

3．CPU 的选购

- 考虑 CPU 的主频、倍频和外频。
- 考虑 CPU 的发热量：核心工作电压越低发热量越小，越节能。
- 买主流产品：不买已经淘汰的产品，不买刚刚出来的新产品，不追求“一步到位”。
- 根据需要购买适合自己使用的产品。
- 必须考虑兼容性。
- CPU 最大的问题一是水货，散包的产品水货较多；二是被超频使用，即被 Remark。

6.1.3 内存

内存储器即内存，是微机系统存放数据与指令的半导体存储单元，通常分为只读存储器（Read Only Memory，ROM）、随机存取存储器（Read Access Memory，RAM）和高速缓冲存储器（Cache）。因为 RAM 是其中最主要的存储器，整个计算机系统的内存容量主要由它的容量决定，所以人们习惯将 RAM 直接称为内存，而后者称为 ROM 和 Cache。SIMM 和 DIMM 内存条分别如图 6-3、图 6-4 所示。

图 6-3 SIMM 内存条

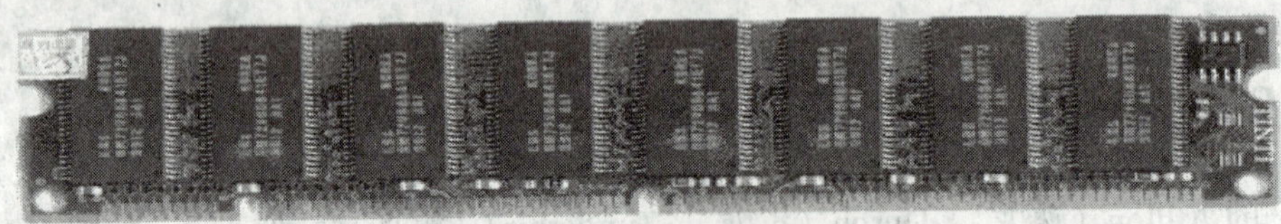

图 6-4 DIMM 内存条

1．内存的性能参数

（1）内存容量

内存容量的基本单位是字节（Byte）。目前系统内存通常为 128MB，256MB，512MB，显示内存通常为 4MB，8MB，16MB，32MB，64MB 和 128MB。

（2）内存速度

① 内存芯片的存取速度：即读、写内存单元数据的时间，单位是纳秒（ns）。常用内存芯片的速度为几十 ns 到几个 ns，显然数值越小速度越快，价格越高。该指标在内存条上说明，如 KM416C1204AJ-60 或 KM416C1204AJ-6 表明内存速度为 60ns。

② 内存总线的速度：指 CPU 到内存之间的总线速度，由总线工作时钟决定，如 33MHz，66MHz，100MHz 和 133MHz 等，显然数值越大速度越快。

所谓 PC-100 和 PC-133 的 SDRAM 内存条，就是指分别满足 100MHz 和 133MHz 总线的内存。由于频率和周期互为倒数，10ns 和 7.5ns 的内存应分别对应于 100MHz 和 133MHz 总线时钟。

（3）存取周期（TMC）

内存从接收读取命令到把数据读出到寄存器为一次读取。从第一次收到读取命令到独立的第二次收到读取命令的最短时间称为存储周期（TMC）。存储周期的单位为 ns，即 10^{-9}s。存储周期越短，表示这个内存的速度越快，性能越好。

（4）内存的宽度和带宽

内存的数据宽度指的是内存能够同时传输数据的位数，以 bit 为单位。内存的带宽指的是内存数据传输速率，即每秒能够传输多少字节的数据。

（5）内存“线”数

内存“线”数指内存条与主板插接时有效的触点数，即业界人士所称的“金手指数”。

（6）有无 SPD

SPD 是一片 EEPROM，里面存储着内存条工作时的参数。在 PC100 以上的 SDRAM 内存中，SPD 是必须要有的，否则会造成计算机工作的不稳定或者根本不能工作。

（7）奇偶校验（Parity Check）

增加内存的奇偶校验位可以减少计算机运算错误。

奇偶校验是系统检查数据存取和传输错误的一种最简单的技术。以奇校验为例，它采用附加的 1bit 校验位来对 8bit 数据进行查错，规定正确的数据中所含“1”的个数必须为奇数个。

（8）错误检查和纠正（Error Checking and Correcting，ECC）

奇偶校验可以检测到错误的内存读取，ECC 可以纠正其中的大部分错误。只有经过内存纠错后，系统才能继续执行。带 ECC 的内存稳定可靠，一般用于服务器。

2．内存储器的分类

（1）只读存储器（ROM）

特点：不用加电也能保持 ROM 中的内容，不能随意改写其中的内容，主要有：普通 ROM（掩码 ROM）、可编程只读存储器（PROM）、紫外线可擦除只读存储器（EPROM）、电可擦除只读存储器（EEPROM）和闪速存储（Flash Memory）5 种。

（2）随机存储器（RAM）

特点：加电才能保持 RAM 中的内容，能随意改写其中的内容，可分为静态随机存储器（SRAM）、动态随机存储器（DRAM）。动态随机存储器又分为同步动态随机存储器（SDRAM）和异步动态随机存储器（DDRAM）。

3．内存的选购

- 根据主板要求购买内存。
- 根据购机目标选购内存的大小：游戏、图像处理对内存的容量要求更高。
- 内存的外频有 PC133，PC150，RAMBUS600，RAMBUS700，RAMBUS800，DDR133，DDR266，DDR333 等；要根据自己的主板和 CPU 的外频来选择。
- 内存的包装有盒装、散装之分。
- 内存的引脚数有：30，72，168，184 线。
- 内存类型：EDO，SDRAM，RDRAM，DDR。
- 选择品牌：现代、三星、LG、NEC、东芝、西门子、TI 等。

6.1.4 外存储器

1．软盘

（1）软盘子系统

① 软盘片：是微机系统永久保存信息和交换信息的重要外部磁存储介质。

② 软盘驱动器（Floppy Disk Driver，FDD）：是对软盘进行读写的机电一体化的设备。

③ 软盘驱动程序：是软驱的配套程序，它包含在系统 BIOS 程序中。

④ 软驱控制器（FDD Controller）：提供主机对软驱的控制信号，也是软驱设备的接口，

它做在I/O卡或主板上或南桥芯片内。

（2）软磁盘

① 微机常用的软盘片类型、规格、容量

- 直径为5.25英寸、存储容量为1.2MB的软盘，它的驱动器称为5寸软驱。
- 直径为3.5英寸、存储容量为1.44MB的软盘，它的驱动器称为3寸软驱。

由于3寸软盘体积小、容量大并带有塑料外壳不易损坏，目前大多数PC仅仅配备一个3寸软驱。

② 软盘结构

3寸软盘都有一个塑料外壳，比较硬，它的作用是保护里边的盘片。盘片上涂有一层磁性材料（如氧化铁），它是记录数据的介质。在外壳和盘片之间有一层保护层，防止外壳对盘片的磨损。

③ 软盘的技术指标

软盘的技术指标主要有：面数、磁道、扇区、存储密度和存储容量。

容量（字节数）＝每扇区字节数（512）×每面磁道数×每磁道扇区数×面数。

目前，由于USB移动存储器的普及，软盘驱动器已经面临被淘汰的境遇。

（3）软盘驱动器

软盘驱动器由盘片驱动系统、磁头定位机构、数据读写系统（即磁头、盘片和读/写电路）和状态检测系统几个部分组成。

2．硬盘

硬盘驱动器（Hard Disk Drive，HDD）把盘片和驱动器做在一起，整个密封在金属壳中，如图6-5所示。

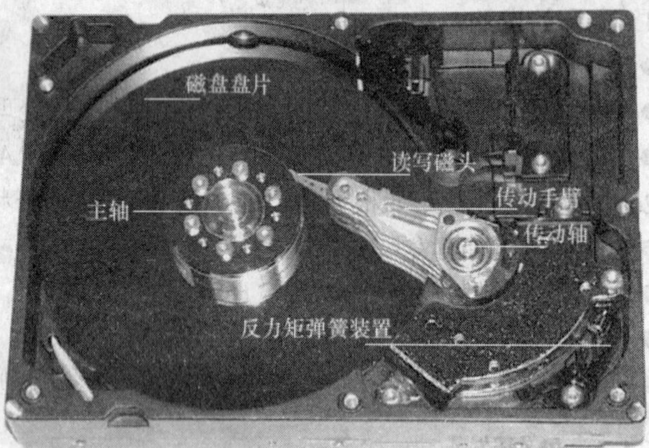

图6-5 硬盘及其内部结构示意图

（1）硬盘的技术参数

① 硬盘的物理结构参数

这些参数常常以“C/H/S”标注在硬盘的盘面上。

- 柱面数（Cylinder）：指每个盘面上的磁道数。由于硬盘盘片是上下叠放的，所以每一个盘面上的同号磁道便组成一个圆柱面。这个参数为CMOS Setup中设置硬盘类型（HDD

Type）的关键参数。

- 磁头数（Heads）：硬盘的读写磁头总数，因为每个盘片的上下两面各有一个磁头，所以也是硬盘的盘面总数。这个参数也是 CMOS Setup 中设置硬盘类型的关键参数。
- 扇区数（Sector）：指每个磁道上划分的记录数据的基本小区域的数目，对 DOS 系统而言，每个小区域包含 512 个字节。这个参数也为 CMOS Setup 中设置硬盘类型的关键参数。
- 存储容量（Size）：指硬盘可以存储的数据字节数，单位为 MB（1MB=1024×1024 字节）和 GB（1GB=1024MB）。

格式化容量（GB）=柱面数×磁头数×扇区数×512÷1024÷1024÷1024。

② 硬盘的技术指标

- 道密度与位密度：硬盘道密度是指磁盘径向的磁道密度，单位是 TPI（Track Per Inch），即每英寸磁道数。
- 转速：硬盘的转速是指硬盘主轴马达也就是盘片的转速，单位是 RPM（Round Per Minute），即每分钟圈数。
- 平均存取时间（Average Access Time）：是反映硬盘数据操作速度的指标，单位是毫秒（ms）。它包括 3 个时间段：平均寻道时间（Seek time）、平均定位时间（Setting time）和转动延迟（Rotational latency）。
- 交错因子：指每两个连续逻辑扇区之间所间隔的物理扇区数。

（2）硬盘的分类

- 按盘径尺寸分：5.25 英寸、3.5 英寸、2.5 英寸和 1.8 英寸等。
- 按接口类型分：IDE 接口、SCSI 接口、IEE 1394 和 USB。

目前使用最多的是 IDE 接口的 3.5 英寸硬盘。

- 按硬盘的数据传输模式分：PIO 模式（可编程输入、输出模式）、DMA（直接内存存取模式）模式。

PIO 模式需要占用 CPU 工作时间，所以传输速率较低，也降低了整个计算机性能；DMA 模式因为不占用 CPU，所以提升了整个计算机性能。

（3）硬盘的工作方式

- Normal（普通模式）：用真实的柱面数、磁头数、磁道数反映硬盘容量。
- LBA（逻辑块地址）：把物理地址通过 BIOS 系统的逻辑变换，映射为逻辑地址。
- Large（巨大模式）。

现在的计算机系统的 BIOS 系统都有 IDE 硬盘自动侦测技术，在安装好硬盘后，直接使用 BIOS 的 IDE 侦测，即可侦测出硬盘的各种参数，并推荐使用其中的一种工作模式。

（4）硬盘的选购

① 考虑硬盘的主要参数：磁头数、柱面、每磁道扇区数、容量和接口类型。

② 考虑硬盘的主要性能指标：转速、缓存、平均无故障时间（MTBF）、抗震性能。

③ 确定硬盘的容量：特别指出，硬盘的标称容量、实际的安装容量和格式化容量是不同的。

标称容量＞实际安装容量＞格式化容量

④ 主要硬盘生产厂商：IBM、西捷（Seagate）、迈拓（MAXTOR）、西部数据（Western Data）、三星（SAMSUNG）。

3. 光盘驱动器

（1）光盘驱动器的分类

光盘驱动器是采用光学原理设计开发的大容量外部存储器。根据光盘存储技术光盘驱动器分为以下几种。

CD-ROM（只读光盘驱动器）、CD-R（可写光盘驱动器）、CD-R/W（可擦写光盘驱动器）、DVD-ROM（数字视频只读光盘驱动器）和 DVD-RAM（数字视频可反复擦写光盘存储器）。

CD-ROM 已经成为微机的标准配置，随着价格的下降，CD-R/W 及 DVD 正逐渐被用户接受，有望取代 CD-ROM 和软盘驱动器。CD-ROM 光盘和驱动器如图 6-6 所示。

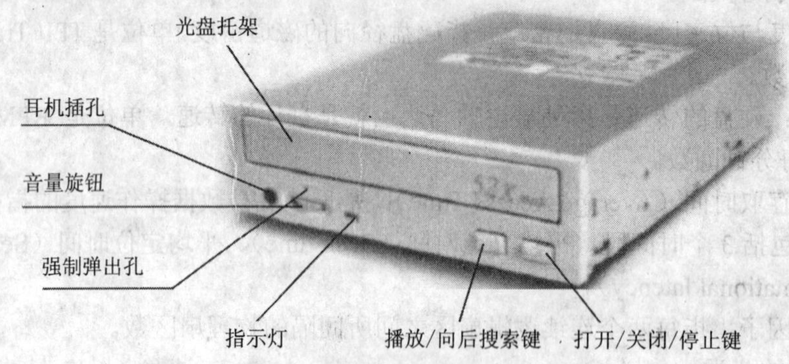

图 6-6 CD-ROM 光盘和驱动器

（2）CD-ROM 驱动器

① CD-ROM 的性能指标

- 数据传输率：即每秒钟读取的数据量，现在通常以光驱的倍速来表示。1 倍速 CD-ROM 传输率为 150kbit/s，N 倍速光驱的数据传输率=150kbit/s×N。
- 平均访问时间（平均寻道时间）：激光头从一上位置到指定位置并读取数据到缓冲区的时间，标准<250ms。
- CPU 占用时间：在驱动光驱工作时，CPU 要分出部分时间来对 CD-ROM 进行操作。这项指标越小越好。
- 光盘格式兼容性：兼容的越多越好。
- 纠错能力（容错性）：越强越好。

② CD-ROM 驱动器的选购

- 速度。
- 纠错能力：一般情况下，速度越快，纠错能力下降。
- 稳定性：激光头老化或发射功率不稳。
- 机芯材质：最好要全钢机芯。
- 选择市场反映好的厂家和品牌的产品。
- 绝对不要二手光驱。

（3）CD-R/RW 驱动器

① 工作原理

CD-R/RW 驱动器即光盘刻录机。光盘刻录机的刻录原理是用高能量激光束在空白碟片的光敏材料上“烧”出凹槽。盘片分为“金盘”、“蓝盘”、“绿盘”、“白金盘”等。

② CD-R/RW 的性能指标

- 读写速度：市场上常见的有 4，6，8 倍速的读取速度和 2，4 倍速的写入速度等几款刻录机。
- 接口方式：SCSI，IDE 和并口。
- 缓存容量：市场上出售的刻录机缓冲区一般是 512K-2M。
- 兼容性：对盘片的兼容性、对刻录格式的兼容性越强越好。
- 固件（Firmware）版本更新：CD-R/RW 应该有 Firmware。固件版本相当于主板的 BIOS，它使用 Flash ROM 芯片，可以被更新。更新后的 Firmware 可以提高刻录机的整体性能和使用效率。

（4）DVD 驱动器

① 工作原理

DVD-ROM 与 CD-ROM 的工作原理基本相同，最大的区别在与激光束的波长不同。CD-ROM 的激光采用 780nm～790nm 波长的激光，而 DVD-ROM 则采用 635nm～650nm 波长的激光。

② DVD 的区码

为了防止盗版，DVD 播放器都包含有地区码，DVD 光盘可包含地区码，只有播放器和盘片的地区码相同时才可以播放；如果盘片没有包含地区码，则任何一个播放器都可以播放。

分区规定如下：

- 美国和加拿大地区；
- 欧洲和日本地区；
- 远东地区（除日本和中国外）；
- 南美地区；
- 非洲和中东地区；
- 中国地区。

③ DVD 的技术指标

- 读盘速度：16 速。
- 锁码：生产 DVD 要有区码限制。
- 光头技术。

◆ 单激光头单透镜双聚焦：为松下首创技术，是目前使用较为广泛的 DVD 读取方式。在读取 DVD 和 VCD/CD 碟片时它采用不同波长的激光束来读取，它采用特制的综合透镜，通过透镜中间的激光束形成 CD 及 VCD 的聚焦点，而通过透镜边缘的激光形成 DVD 的聚焦点。它具有较快的读盘速度，缺点是读盘精度较差，且长期使用品质较劣的碟片时，会影响它的使用寿命；优点是造价便宜。

◆ 单激光头双透镜：为东芝首创，也是目前使用较为广泛的 DVD 读取方式。它采用单一激光头，两组聚焦镜，针对不同的碟片而选用不同的聚焦镜来读取。它的优点是读取质量较高；但读盘速度较慢，且其机械故障率较高。

◆ 单激光头双激光器：为先锋技术，是目前比较流行的 DVD 读盘方式。它在一个激光头内安了两个不同的激光器，分别发出读取 VCD 和 CD 的 780nm 波长的激光束和读取 DVD

的650nm波长的激光束，它的优点是读盘质量稳定且速度快，机芯的使用寿命也长。

◆ 双激光头双激光器：被索尼、飞利浦、日立等公司广为采用，是两套完全独立的激光头读取系统，一套是用来读取VCD和CD的780nm的激光头，一套是用来读取DVD的650nm的激光头。这就使读盘质量很好，但成本相对较高，国外大多价格偏高的DVD机皆采用这种系统。但由于其采用了两组独立的读取机芯，其机械故障率也较高。

④ DVD-ROM的选购

选购DVD-ROM时应注意如下问题。

- 兼容性。
- 光头系统。
- 读取速度。
- 与声卡、显卡的匹配。
- 区码问题：选择无区码限制的产品。

（5）光盘

① 光盘的类型及规格

- CD音乐盘。
- CD-ROM：存储文本、音频、图形和图像信息，如VCD以及软件光盘、光盘图书等。
- CD-I：交互式光盘，用于MPEG压缩算法获得的立体声音频信号。普通的CD-ROM光驱不能识别。
- CD-ROM/XA：只读光盘扩展结构，与CD-I兼容，通过专门的驱动程序可以在普通CD-ROM光驱上使用。
- CD-R：可刻录光盘。
- CD-MO：磁光盘，用于专门的驱动器。
- CD-RW：可擦写光盘；多段式写入光盘可用任何一台刻录机将数据分段、分次写入CD-R。
- DVD：数字多功能光盘。

② 光盘的选购与使用

- 根据用途买光盘：音乐、VCD、软件、用于刻录、DVD、MO。
- 使用时不要划伤盘面。
- 使用时不要划掉或洗掉光盘背面的保护层，也就是不要使光盘透光。
- 不要使用带有灰尘的盘。
- 不要使用盘面划伤严重的盘。
- 不要使光盘变形。由于光盘是塑料基片，遇到高温或挤压会使盘片变形。
- 不要使用有裂痕的盘片。
- 在光盘工作时不要强行退盘。

6.1.5 电源和机箱

1. 电源

PC电源部件均安装在微机机箱的后部，如图6-7所示。由于它的外形尺寸、安装孔位、电气性能和接插件等都有统一标准，所以在PC兼容机上有充分的互换性。

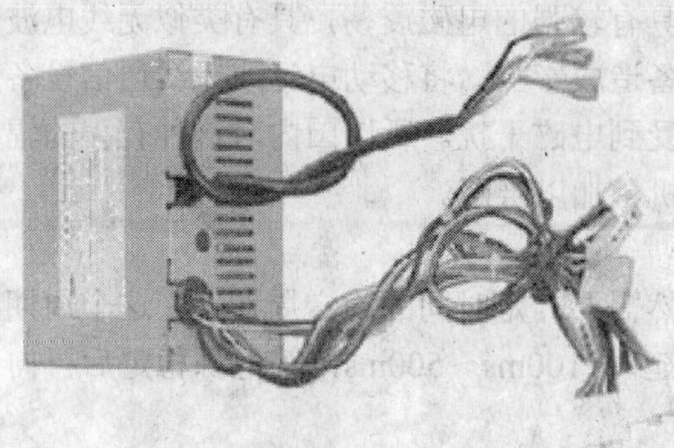

图 6-7 电源

（1）微机电源的分类

微机电源主要分为：AT 电源和 ATX 电源两类，如图 3-7 所示，左图为 AT 电源，右图为 ATX 电源。

（2）电源技术指标

① 微机要求电源有如下的输出电压和信号。

- +5V 12A；
- −5V 0.5A；
- +12V 5A；
- −12V 0.5A；
- Power Good 高电平有效。

ATX 电源要求有 3.3V，8A～12A 的输出。

② 多国认证标记

优质的电源具有 FCC、美国 UR 和中国长城等认证标志，这些认证是认证机构根据行业内的技术规范对电源制定的专业标准，包括生产流程、电磁干扰、安全保护等，凡是符合一定指标的产品在申报认证后才能在包装和产品表面使用认证标记。应该说多国认证标记具有一定的权威性。

③ 噪音和滤波

主要是 220V 交流电经过开关电源的滤波和稳压变换成各种低电压的直流电，噪音标识输出直流电的平滑程度，滤波品质的高低直接关系到输出直流电中交流分量的高低，也被称为波纹系数，系数越小越好。同时滤波电容的容量和品质也关系到电流有较大变动时电压的稳定程度。

④ 瞬间反应能力

当输入电压在瞬间发生较大的变化（在允许范围之内），输出的稳定电压值恢复正常所用的时间，也是电源对异常情况的反应能力。

⑤ 电压保持时间

在 PC 系统中后备式的 UPS 占有相当大的比例，当电网突然停电，后备式的 UPS 会切换供电，不过这一般需要 2ms～10ms 切换时间（依 UPS 的具体性能而定），所以在此期间需要电源自身能够靠储能元件中存储的电量维持短暂的供电，一般优质的电源的保持时间可以达 12ms～18ms，确保 UPS 切换期间的正常供电。

⑥ 电磁干扰

由于开关电源的工作原理决定其内部具有较强的电磁震荡，具有类似无线电波的对外辐射特性，如果不加以屏蔽可能会对其他设备造成影响。将移动电话或无线通信设备置于计算机附近，如果发生通信质量的下降就说明受到电磁干扰。所以国内对这种有害的辐射量也有严格的限定，电源一般通过外面的铁盒和机箱加以屏蔽。

⑦ 开机延时

电源在接通之初到提供稳定的输出必然需要一定时间的稳定周期，在这个周期中电压的稳定度很难保证，所以电源设计者让电源延时 100ms～500ms，等电源稳定后再向计算机提供高质量的电源。

⑧ 过压保护

ATX 电源较传统 AT 电源多了 3.3V 电压组，有的主板没有稳压组件而直接用 3.3V 为主板部分设备供电，即便是具有稳压装置的线路，对输入电压也有上限，一旦电压升高对被供电设备可能会造成严重不可逆的物理损伤。所以电源的过压保护十分重要，防患于未然。

⑨ 电源效率

电源效率和电源设计线路有密切的关系，高效率的电源可以提高电能的使用效率，在一定程度上可以降低电源的自身功耗和发热量。

⑩ 电源寿命

一般电源寿命按照 3～5 年计算元件的可能失效周期，平均工作时间为 80000～100000 小时。

2．机箱

（1）机箱的分类

机箱是主机的外壳，用于安装主机的所有配件，从外型上分为：卧式、立式；从结构上分为 AT 机箱、ATX 机箱；按尺寸又分为超薄、半高、3/4 高和全高。

（2）机箱内主要部件

主板固定孔、电源槽、扩展卡装置、AT 机箱后部有 2 串 1 并通信接口面板和键盘孔（ATX 机箱后部则留出相应的空槽）、驱动器架、机箱控制面板、扬声器、机箱面板与主板连线、电源开关及指示灯（POWER、POWER LED、复位按钮 RESET、硬盘工作状态指示灯（HDD LED））等。

（3）机箱的选购

- 机箱的类型：立式、ATX。
- 机箱的大小：一般选半高立式，体积不宜过小，否则难以扩充设备且热散不好。
- 机箱的价格：螺丝结构较便宜，抽屉式价格较高。
- 机箱外观：外观要漂亮、整体要坚固。
- 机箱的材料：要求用料厚，光滑平整。
- 机箱的散热装置：机箱内部要预留散热风扇的位置。
- 机箱中的零配件：有一包固定主板用的塑料支撑柱和金属螺栓。

6.1.6 显卡和显示器

1．显卡

（1）显卡功能

显卡负责将 CPU 送来的信息处理为显示器可以处理的格式后送到显示屏幕上形成图像。

CPU 处理的是数字信号，显卡承担了后续的处理，加工及转换为模拟信号的工作。

（2）性能指标

- 接口类型

PCI 接口：以 1/2 或 1/3 的系统总线频率工作（通常是 33MHz），如图 6-8 所示。

AGP 接口：提供高速带宽，独占总线，只有图像数据才能通过 AGP 端口，更高的总线频率（66MHz），如图 6-9 所示。

图 6-8　PCI 接口显卡

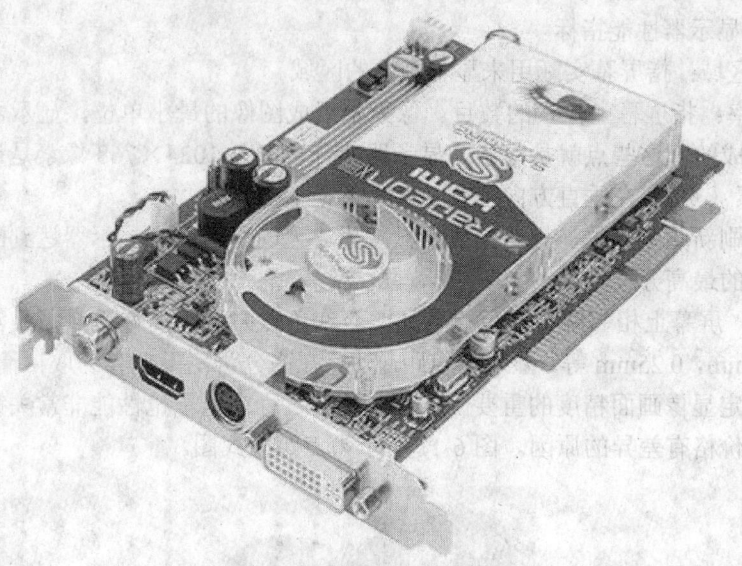

图 6-9　AGP 接口显卡

- 显示芯片

显示芯片是显卡的核心，主要任务是处理系统输入的视频信息等，它的性能直接决定了显卡性能的高低。

显示卡的性能主要取决于显卡上使用的图形芯片，早期的图形芯片作用比较简单，每件事都由 CPU 去处理，它们只是起一个传递显示信息的作用，这样就降低了显示速度，增加了 CPU 的工作量。随着图形操作系统 Windows 的出现，这种弊端越来越严重，于是出现了图形加速卡。现在大部分显示卡都有加速芯片，这些芯片有图形处理功能，例如 Windows 要求画一圆，只需要告诉显示卡，“给我画一个圆”，剩下的工作就有显示卡来完成，不需要 CPU 再去计算如何画出一个圆来，从而减少了 CPU 的压力；不过这样的显示卡要配上比较多的显示内存。有一些更高级的显示卡，卡上有协处理器，它可以大大降低 CPU 的处理图形任务。

如果将三维图像和特效处理功能集中在显示芯片中，就构成了 3D 显示芯片。

● 显存

显存（见图 6-10）专门供显示芯片暂存输出的图像。显示芯片决定了分辨率与色深大小，但是如果显存不够，也达不到芯片提供的最大性能。

图 6-10 显存

2．显示器

显示器用于输出图形图像文件及其他经计算机处理的文件等，是人机交流、沟通信息的最直接的计算机部件。

（1）分类

● 按屏幕大小分为 14，15，17，19，21 英寸等。

● 按使用的电子技术分为 CRT 显示器和 LCD。

◆ CRT 显示器按照显示器屏幕形状大致可以分为球面、平面直角、柱面和纯平面 4 种。目前 PC 大多使用的是 CRT 显示器。

◆ LCD 即液晶显示器，优点是电压低，功耗小，没有辐射，对人体无害，完全平面化，不闪烁，不失真，对眼睛大大有益，但价格较高，多用于笔记本电脑及其他便携式计算机。

（2）CRT 显示器性能指标

● 可视区域：指屏幕实际用来显示画面的区域。

● 分辨率：指屏幕上像素的数目。像素是组成图像的最小单位，显示器上的文本或图像也是由点组成的，这些点就是像素。显示器的分辨率为 1024×768 像素是说在水平方向上有 1024 个像素（点），在垂直方向上有 768 个像素（点）。

分辨率与刷新频率有关，只有当刷新频率为“无闪烁”时，显示器达到的最高分辨率才是这台显示器的最高分辨率。

● 点距：屏幕上相邻两个同色点（如两个红色点）的距离称为点距，常见点距规格有 0.31mm，0.28mm，0.25mm 等。显示器点距越小，在高分辨率下越容易取得清晰的显示效果。

点距是决定显像画面精度的重要因素，在这个过程中电子枪性能非常关键，这也是同样尺寸的显示器价格有差异的原因。图 6-11 所示为点距模式图。

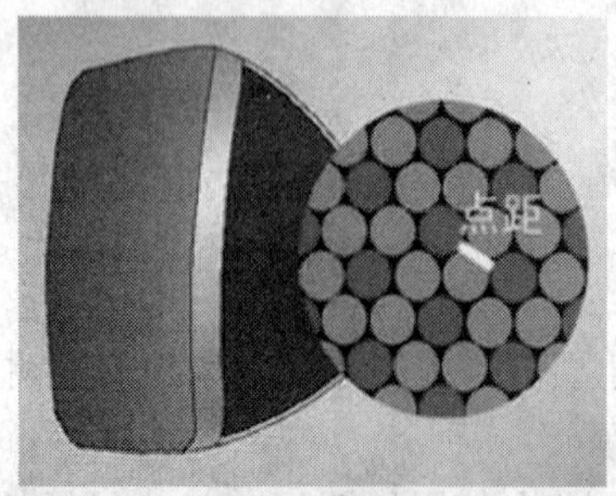

图 6-11 点距模式图

● 行频是电子枪水平扫描的能力，又称水平刷新率或水平扫描频率，单位为 kHz，决定了显示器可能达到的最大分辨率及刷新率组合极限。

● 场频是电子枪垂直刷新的能力，实际就是经常所说的刷新频率，单位为 Hz。其值越低，图像闪烁和抖动就越厉害，75Hz 基本消除闪烁，85Hz 是国际上规定的无闪烁标准。

● 扫描方式：电子束采用光栅扫描方式，从屏幕左上角一点开始，向右逐点进行扫描，形成一条水平线；到达最右端后，又回到下一条水平线的左端，重复上面的过程；当电子束完成右下角一点的扫描后，形成一帧。此后，电子束又回到左上方起点，开始下一帧的扫描。这种方法也就是常说的逐行扫描显示。而隔行扫描指电子束在扫描时每隔一行扫一线，完成一屏后再返回来扫描剩下的线，这与电视机的原理一样。隔行扫描的显示器比逐行扫描闪烁得更厉害，也会让使用者的眼睛更疲劳。

● 绿色功能：带有美国环保署（Environmental Protection Agency，EPA）即“能源之星”标志（见图 6-12）的显示器才具有绿色功能。在计算机处于空闲状态时，它会自动关闭显示器内部的部分电路，从而降低显示器的电能消耗，达到节约能源和延长使用寿命的目的。

● 安全认证：显示器的认证主要有两个，一个是 MPR-Ⅱ（见图 6-13），另一个是 TCO（瑞典专业雇员联盟）。MPR-Ⅱ是由瑞典国家测量测试局所制订的标准，主要是对电子设备的电磁辐射程度等指标实行标准限制，包括电场、磁场和静电场强度 3 个参数，现已被采纳为世界性显示器质量标准，但这个规范要求不是非常严格，现在出产的显示器基本都可以达到这个标准。

TCO 标准（见图 6-14）是用于规范显示器的电子和静电辐射对环境的污染，现在常用的有 TCO '92，TCO '95 和 TCO '99。TCO 规范的各种测试标准比 MPR-Ⅱ和 EPA 的能源之星更加严格。

图 6-12　能源之星的标志

图 6-13　MPR-Ⅱ标志

图 6-14　TCO 标志

（3）LCD

① LCD 的显像原理

LCD 显像原理是将液晶置于两片导电玻璃之间，靠两个电极间电场的驱动，引起液晶分子扭曲向列的电场效应，以控制光源透射或遮蔽功能，在电源关开之间产生明暗而将影像显示出来，若加上彩霞色滤光片，则可显示彩色影像。由于在两片玻璃基板上装有配向膜，所以液晶会沿着沟槽配向。因为玻璃基板配向膜沟槽偏离 90°，所以液晶分子成为扭转型，当玻璃基板没有加入电场时，光线透过偏光板跟着液晶做 90°扭转，通过下方偏光板，液晶面板显示白色；当玻璃基板加入电场时，液晶分子产生配列变化，光线通过液晶分子空隙维持原方向，被下方偏光板遮蔽，光线被吸收无法透出，液晶面板显示黑色。LCD 便是根据此电压有无，使面板达到显示效果。

② 分类

- 扭曲向列 LCD（Twisted Nematic-LCD，TN-LCD）。
- 超扭曲向列 LCD（Super TN-LCD，STN-LCD）。
- 薄膜晶体管 LCD（Thin Film Transistor-LCD，TFT-LCD）。

6.1.7 其他外部设备

1．键盘

（1）分类

- 按键数分：83、101/104 键。
- 按接口分：AT 接口键盘、PS/2 接口键盘和 USB 接口键盘。
- 按工作原理分为如下两类。

  触点式：机械弹簧片接触/断开。

  无触点式：薄膜式、电容式和导电橡胶式。
- 按外形分：标准键盘、人体工程学键盘。

（2）选购

- 考虑键盘的接口。
- 确定键盘的类型：机械式、电容式。
- 测试键盘的手感。

2．鼠标

（1）鼠标的分类

- 按结构分：机械式、光电式、跟踪球（老式笔记本电脑上）和网鼠（增加飞轮和侧按键，上网方便）。
- 按键的数量分：2 键、3 键和多键鼠标（3D 鼠标）。
- 按接口分：串口（D 形 9 针接口）、P/2 口（小圆形接口）和 USB 接口鼠标。
- 按连线分：有线、无线（用射频 RF 或红外线信号来与计算机传递信息）鼠标。

（2）鼠标工作原理

通过移动鼠标，产生不断变化的高低电平脉冲信号，CPU 接收此信号，并计数，从而控制鼠标在横（x）轴、纵（y）轴上移动距离的大小。机械式、光电式鼠标产生脉冲信号的方式不同。

（3）选购

- 根据用途选择鼠标的种类和类型。
- 选择手感好、移动灵活、按键灵敏的鼠标。

3．音箱

音箱是将电信号还原成声音信号的一种装置。还原成的声音的真实性是评价音箱性能的重要指标。

（1）音箱的种类

音箱分为塑料音箱、木制音箱、USB 音箱和平板音箱。

（2）技术指标

● 功率

◆ 额定功率：在额定频率范围内，音箱能够连续无故障工作的最大功率。

◆ 峰值功率：音箱在瞬间可以承受的最大功率。

一般情况下，峰值功率要比额定功率高 8～10 倍。例如，一组标称功率 200W 的音箱，额定不失真的功率一般小于 20W。

● 频率响应与频率范围

◆ 频率范围指的是音箱能够回放的最低频率和最高频率的音频信号之间的频率范围。

◆ 频率响应指的是在频率范围内不失真回放的频率。低于 50Hz 和高于 16kHz 频率响应的音质效果不好。

● 失真度：谐波失真、互调失真、瞬态失真。

● 灵敏度：音箱对输入声音信号的反应强度。

● 阻抗：音频频率下的电阻值。一般音箱的输入阻抗应该与声卡的输出阻抗匹配，否则达不到最佳输出效果。

● 信噪比

● 扬声器材质

◆ 选箱体：木质音箱音质好于塑料音箱。

◆ 扬声器的大小：越大越好。

4．UPS 电源

UPS（Uninterruptible Power Supply System）电源具有稳压、稳频、抗干扰、不间断供电的功能。

（1）UPS 种类

● UPS 分为后备式、在线式两种。

后备式 UPS：正常时，由市电经 UPS 内部继电器转换直接输出；断电时，通过继电器转换成电池和逆变器送电，切换时间 3ms～8ms。

在线式 UPS：正常时，由市电经 UPS 整流、逆变器电路逆变成稳压 / 稳频的纯净交流电；断电时，由电池、逆变器输出，无任何间断。其性能和抗干扰好，价格高。

● 流行品牌：STK（三特）、创立、劲达、上海复华。

（2）性能指标

● 负载容量、负载功率和功率因素

选购 UPS，要了解负载容量，同时考虑 UPS 能带负载的实际功率能力。

功率因素＝实际功率 / 标准功率

UPS 功率因素只能达到 0.6～0.65。

● 电池后备时间

电池备用时间有 10 分钟、15 分钟和 30 分钟和超长后备时间。超长后备时间 UPS 采用大容量进口蓄电池，价格昂贵。

6.2 微机组装

6.2.1 硬件安装

1. 准备工作

(1) 检查配件

在进行组装微机前，对计算机的各个部件，尤其是 CPU、主板、内存和硬盘四大部件要精心挑选，除了上述四大部件，其他组件亦要要根据计算机的实际用途进行选择。

(2) 认真阅读部件的使用说明书并对照实物熟悉各部件

仔细阅读主板和各种板卡的说明书，熟悉 CPU 插座、电源插座、内存插槽、IDE（硬盘、光驱）接口、软驱接口等的位置及方位。

(3) 准备工具

十字形和一字形螺丝刀各一把（最好选择带有磁性的）、剪刀一把、尖嘴钳一把、平夹子（镊子）一把。此外，电工笔、万用表等电子仪表工具备用。

(4) 注意事项

- 人体静电的泄放，防止人体所带静电对电子器件造成损伤。
- 对各个部件要轻拿轻放，不要碰撞，尤其是硬盘。
- 安装主板一定要稳固，同时要防止主板变形，不然会对主板的电子线路造成损伤。

2. 计算机的组装

(1) 打开机箱

目前市场流行的主要是立式 ATX 机箱，机箱结构有螺钉螺母结构和抽屉工式结构两种，其打开的方式不同。不同的机箱有不同的固定方法，拆卸时应按说明书进行。

(2) 设置主板

主板在使用之前，必须要正确设置，一般在主板说明书上会有详尽介绍。主板的设置一般分为跳线设置和 BIOS 设置（免跳线）两类。跳线有接插跳线和 DIP 开关两种。

① 主板外频跳线的设置

不同的 CPU 对外频有不同的要求，应根据所用的 CPU 正确进行设置。设置方法在主板说明书上有介绍，也有的是将跳线说明直接印在主板上。

② 主板倍频跳线的设置

如果是赛扬 300 处理器，则外频为 66MHz，倍频为 4.5，如果把外频改为 75MHz，倍频仍为 4.5，则主频变为 338MHz，这就是所谓的“超频”。

“超频”就是让计算机的设备在超过其自身额定频率的情况下工作。

③ CMOS 清除跳线

该跳线的作用是清除 COMS 信息。

(3) 安装 CPU 及风扇

选择不同的 CPU 就必选择相应 CPU 构架的主板。

① 安装 CPU（SOCKET 接口）

- 把 CPU 插座上的小手柄拉起。

● 拿起 CPU，注意对准缺口，轻轻放入。
● 压下小手柄。
② 安装 CPU 风扇
● 将风扇扣环较小的一端扣住 CPU 插槽的一边。
● 将风扇扣环较大的一端扣住 CPU 插槽的另一边。
● 接风扇的电源。

（4）安装内存条

● 放下内存插槽两边的卡槽。
● 比照内存金手指的缺口与插槽上的突起确认内存的插入方向。

然后将内存条插入。

（5）安装主板到机箱中

主板上有些圆孔，这些圆孔和机箱底板的圆孔相对应，利用这些定位圆孔将主板固定在机箱底板上。

注意：

① 应尽量使用与本机箱配套的支撑螺钉来固定主板。

② 在主板安装过程中，若不小心掉入螺丝或其他金属物，应设法取出，以防短路。

③ 安装主板时将机箱水平放置，根据主板上的螺丝固定孔，在机箱底板的相应位置插入塑料支撑座和支撑螺钉将主板放入机箱内拧紧螺丝。

（6）安装电源

① AT 电源：共 12 针，分两组，机箱上的电源开关连在电源盒上，共 4 根连线。

② ATX 电源：为一组 20 针长方形插座。机箱上的电源开关连在主板上。

③ 连接 CPU 风扇电源线：CPU 风扇电源线不是连在主板上，就是连在电源盒提供的电源上。

④ 连接机箱面板引出线：电源开关（POWER）、复位开关（RESET SW）、电源开关指示灯（POWER LED）、硬盘指示灯（HDD LED）、扬声器（SPEAKER）等。

（7）安装软驱

打开主机箱面板上的软驱口，将软驱固定在机箱软驱架上。

（8）安装硬盘

① 设置硬盘跳线。硬盘出厂时一般都将其默认设置为主盘，如果计算机上已经有了一个做主盘的硬盘，现在要在同一根硬盘数据线上连接一个做从盘的硬盘，那么将其跳线设置成从盘，否则无法启动系统。一般在硬盘表面的标签上可以找到有关跳线的具体设置方法。

② 将硬盘插入驱动器架上，硬盘的接线端面朝后，用螺丝钉固定硬盘。

（9）安装光驱

① 设置光驱跳线：出厂时默认为从盘，安装时不必再跳线。

② 将光驱固定在支架上。

（10）连接数据线和电源线

接上软驱、硬盘和光驱的电源线和数据线。

软驱、硬盘和光驱电源线一般不易插错，因无法反插。

软驱数据线为 34 针，一根软驱数据线有 3 个接口，一个接主板 34 针软驱接口，另两个可接两个软驱。硬盘和光驱数据线为 80 针。数据线应将红色标记的一端靠近插槽旁标有“1”的一端。

（11）安装显卡

（12）安装声卡

注意音频线的连接

（13）连接键盘、鼠标、显示器和音箱

（14）开机前的检查

- 主板各跳线是否设置正确。
- CPU 缺口标记和插座上的缺口标志是否对应。
- 显卡是否插紧。
- 内存条是否插好。
- CPU 风扇是否接上电源。
- 软驱、光驱、硬盘的数据线和电源线是否插对。
- 提起机箱轻轻地抖几下，听听有无异常声音，要确保主板上没有小螺丝之类的杂物。

（15）开机检查、测试

（16）安装其他附加卡

（17）进入 BIOS 设置程序，设置系统的 CMOS 参数

（18）安装系统

6.2.2 BIOS、CMOS 参数设置

1．CMOS 和 BIOS 的关系

CMOS 是指互补金属氧化物半导体。它是主板上的小容量 RAM 芯片，用于存放一些系统参数。通过端口地址（70H 和 71H）可以对 CMOS RAM 进行读写。CMOS 由主板上的后备电池供电，CMOS 的功耗非常低，即使长时间不开机，存放的信息也不会丢失。

BIOS 是指基本输入 / 输出系统。它是主板上的一块可插拔的 ROM 芯片，其中保存有计算机系统最重要的基本输入 / 输出程序、系统信息设置、开机上电自检程序和系统启动自举程序。它为计算机提供最底层、最直接的硬件控制与支持，更形象地说，BIOS 是硬件与软件程序之间的一个桥梁。

2．BIOS 设置程序的基本功能

BIOS 设置程序目前有各种不同的版本，最常见的 BIOS 有 AMI BIOS 和 Award BIOS 两种，其功能和设置方法也各有差异，但对于主要的设置选项来说，基本是相同的，一般包括以下基本功能。

基本参数设置：包括系统时钟、显示器类型、启动时对自检错误的处理方式等。

硬盘检测、键盘设置：包括检测硬盘、键盘参数等。

存储器设置：包括存储器容量、读写时序、奇偶校验等。

磁盘驱动器的设置：包括自动检测 IDE 接口、启动顺序、软盘 / 硬盘的型号参数等。

Cache 设置：包括内 / 外 Cache、Cache 地址 / 尺寸、BIOS 显示日期和 Cache 设置等。

ROM SHADOW 设置：包括 ROM BIOS SHADOW、VIDEO SHADOW、各种适配卡 SHADOW。

安全设置：包括开机口令、Setup 口令等。

总线周期参数和设置：包括 AT 总线时钟、AT 周期等待状态、内存读写定时、Cache 读写等待、DRAM 刷新周期、刷新方式等。

电源管理设置：是关于系统的绿色环保节能设置，包括进入节能状态的等待延时时间、唤醒功能、IDE 设置断电方式、显示器断电方式等。

PCI 局部总线参数设置：关于即插即用的功能设置、PCI 插槽 IRQ 中断请求号、PCI 与 IDE 接口的 IRQ 中断请求号、CPU 向 PC 写入缓冲、总线字节合并、PCI 与 IDE 的触发方式、PCI 突发写入、CPU 与 PCI 时钟比等。

板上集成接口设置：包括板上的 FDC 软驱接口、IDE 允许 / 禁止状态、串口和并口、I/O 地址、IRQ 及 DMA 设置、USB 接口等。

其他参数设置：包括快速上电自检、A20 地址线选择、上电自检故障提示、系统引导速度等。

3．BIOS 设置程序的进入方法

BIOS 设置程序的进入方法目前采用的是在微机开机启动时按热键进入。不同类型的机器进入 BIOS 设置程序的按键不同，有的在屏幕上给出提示，有的不给出提示。下面是几种常见的 BIOS 设置程序的进入方式。

Award BIOS：按 Delete 键。

AMI BIOS：按 Delete 键或 Esc 键。

COMPAQ BIOS：按 F10 功能键。

Phoenix BIOS：按 F2 功能键。

其他：按 F1 键或 Ctrl+Alt+Esc 键。

4．Award BIOS 设置过程

（1）进入 Award BIOS 主界面

开机启动微机，看到自检界面后按相应的提示键进入 BIOS 界面。一般按 Del 键，即可进入 Award BIOS 设置的主界面，如图 6-15 所示。

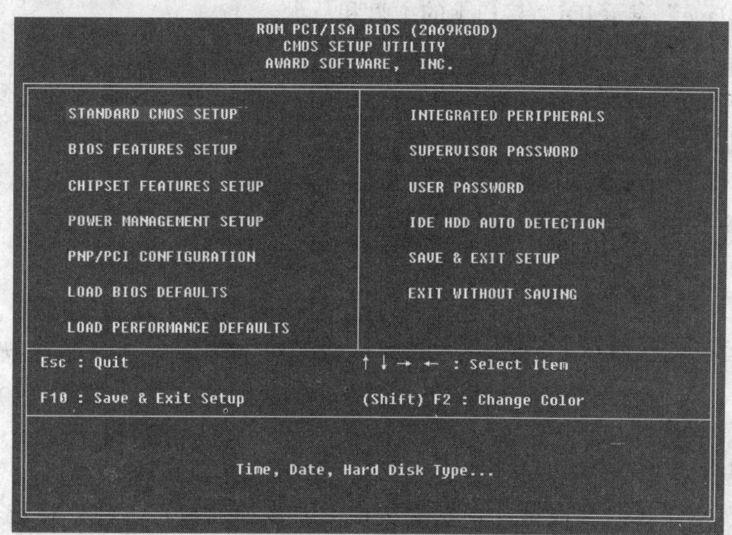

图 6-15　Award BIOS 设置的主界面

（2）Award BIOS 的设置和修改方法

设置和修改 Award BIOS 各选项参数内容的方法是：用↑↓→←方向键将光标移动至所要设置或修改的项上，再用 Page Up，Page Down，+，-键或直接输入数字进行修改。也有的版本 BIOS 设置是先按 Enter 键，然后用↑↓方向键选择参数内容，最后按 Enter 键即可。参数设置完成后按 Esc 键返回主界面，完成 BIOS 设置后，保存退出。

（3）设置出厂设定值

在 BIOS 设置的主界面菜单中，选择“LOAD PERFORMANCE DEFAULTS” 项（注：有的版本 BIOS 设置主界面菜单中是“LOAD SETUP DEFAULTS”），就是“调入出厂设定值”，又称最佳预设值，即在一般情况下的优化设置。用↑↓箭头将光标移到这一项，然后按 Enter 键。

如果在这种设置下，微机有异常现象，还可以用另外一项“LOAD BIOS DEFAULTS”恢复 BIOS 默认值，又称安全预设值，这种设置下一般不会出现设置问题，但有可能微机性能不能得到最充分的发挥。

（4）标准设置

在 BIOS 设置的主界面菜单中，选择“STANDARD CMOS SETUP”项，即标准 CMOS 设置，用上下箭头将光标移到这一项，然后按 Enter 键。

标准 CMOS 有关参数的设置主要如下。

① 设置日期

“Date”日期设置中只有 3 个选项是可设置的，分别为月、日、年。最前面的星期会随着后面的设置自动改变。可用 Page Up，Page Down 或+，-键进行设置，也可以直接输入数字。

② 设置时间

“Time”时间的设置项分别为：时、分、秒。与设置日期的方式一样，可用 Page Up，Page Down 或+，-键进行设置，也可以直接输入数字。

③ 设置硬盘驱动器参数

“Primary Master”和“Primary Slave”表示 IDE1 接口上主盘和从盘，“Secondary Master”和“Secondary Slave”表示 IDE2 接口上的主盘和从盘。

一般情况下，可将各硬盘的模式设置为“AUTO”，或通过自动检测到连接硬盘，自动将检测到的硬盘参数写到此处，不需详细设置。详见检测 IDE 接口及设置硬盘参数操作。

④ 设置软盘驱动器

“Drive A”和“Drive B”选项是设置所安装的软盘驱动器 A 或 B 的类型，目前微机上已没有 1.2MB/5.25 英寸软盘驱动器，且只有一个软驱 A，故一般只要将驱动器 A 设置为 1.44MB 软盘驱动器即可。

⑤ 设置显示卡类型

“Video”选项设置显示卡类型，一般主板的显示卡类型设置都默认为彩色显卡，即“VGA/EGA”。

⑥ 系统暂停设置

此设置项是针对 BIOS 内部的开机自我测试（Power On Self Test，POST）自检而设定的。当自检过程发现错误时，会根据此设置值决定下一步如何执行。建议将这项设置成“All Error”，也就是检测到任何错误时，系统会暂停并显示错误信息。

所有参数设置完成后按 Esc 键返回主界面。

（5）检测 IDE 接口及设置硬盘参数

在 BIOS 设置的主界面菜单中，选择“IDE HDD AUTO DETECTION”选项，即自动检测 IDE 硬盘，用↑↓箭头将光标移到这一项，然后按 Enter 键。

出现选择硬盘模式屏幕，有以下 3 种模式选择：NORMAL 模式、LARGE 模式和 LBA 模式。现在硬盘大都大于 528MB，只能选择 LBA 模式。操作时，在“Select Primary Master Option (N-Skip)：”后输入“Y”，即选 LBA 模式，按 Enter 键即可。

此时，主硬盘参数设置好了。微机自动将检测到的硬盘参数写到标准 CMOS 设置中的硬盘驱动器参数中。如只有一个硬盘，就按 Esc 键，取消检测，返回主界面。可在 CMOS 主界面中选择“STANDARD CMOS SETUP”选项，即标准 CMOS 设置，查看写入的硬盘参数。

如有多个硬盘，可同样继续操作，一一检测完毕，微机自动将检测到的硬盘参数写到标准 CMOS 设置中的硬盘驱动器参数中去。最后按 Esc 键，返回主界面。

（6）设置启动顺序

完成了硬盘、软驱、显示卡等参数的正确设置后，微机一般就可以正常工作了。但通常还需考虑微机启动顺序问题。尤其刚组装完微机，常常需要用软盘来启动微机，以便对硬盘进行分区、格式化等。另外，如果某一天硬盘启动失败，也需用软盘启动，进行维护。因此，设置启动顺序是非常重要的。现在 BIOS 还支持从光盘启动，选择合适的启动顺序就必须在 CMOS 中进行设置。

在 BIOS 设置的主界面菜单中，选择“BIOS FEATURES SETUP”选项，即 BIOS 特性设置（有的 BIOS 中是“Advanced BIOS Features”，又称高级 BIOS 设置），用↑↓箭头将光标移到这一项，然后按 Enter 键。出现高级 BIOS 设置的屏幕后，找到“Boot Sequence”选项。

通常按 Page Up，Page Down 或+，−键可选择参数。一般有以下 4 种启动顺序。

- A，C：系统按软驱、硬盘顺序查找系统盘。
- C，A：系统按硬盘、软驱顺序查找系统盘。
- CD-ROM，C，A：系统按 CD-ROM、硬盘、软驱顺序查找系统盘。
- C，CD-ROM，A：系统按硬盘、CD-ROM、软驱顺序查找系统盘。

（7）设置密码

在 BIOS 设置的主界面菜单中，一般有两个设置密码的地方。一个是“SUPERVISOR PASSWORD”即超级用户密码（系统管理员密码），一个是“USER PASSWORD”即一般用户密码。选择后按 Enter 键，可设置相应密码。

密码的清除方法

在微机实际使用中，可能因种种原因需要清除密码，例如密码忘记等。只要清除 CMOS，也就清除了密码。方法主要有两种：一种是用软件方法，一种是用硬件方法。

软件方法：使用系统盘启动，用 DEBUG 程序来修改 70H 和 71H 内容，以清除 CMOS 信息。例如：

```
-O 70 10
-O 71 FF
-Q
```

硬件方法：查看主板说明书，找到主板上的清除 CMOS（Clear CMOS）跳线，常见是 3

针的，加上一个跳线帽，在条针边标记 JP n，（不同主板 n 不同，查看主板说明书）。有两种状态，如 1，2 相连，Normal，2，3 相连：Clear CMOS。这样，可用跳线帽先把 2，3 相连，开机，然后关机，再将跳线帽 1，2 相连，开机，就清除了 CMOS，同时也清除了密码。极个别主板上无清除 CMOS 跳线，可将主板电池短路放电，以清除 CMOS。

（8）保存并退出 BIOS 设置

所需的设置完成后，要将所设置的信息进行保存。在 BIOS 设置的主界面菜单中选择“SAVE & EXIT SETUP”选项，即保存并退出。如不想将所设置的信息保存，则选择“EXIT WITHOUT SAVE”选项，即不保存并退出。

如选择保存并退出，将出现确认项：“SAVE TO CMOS and EXIT （Y/N） N ”，按“Y”键，并按 Enter 键即可。

（9）其他 BIOS 设置

在 BIOS 设置中，除了以上最基本的设置外，通常还有一些参数的设置会影响微机的运行，主要如下：

BIOS FEATURES SETUP（BIOS 特性设置）；

CHIPSET FEATURES SETUP （芯片组功能设置）；

INTERGRATED PERIPHERALS（外部设备设定）；

POWER MANGEMENT SETUP（电源管理设置）；

PNP/PCI CONFIGURATION（即插即用与 PCI 状态设定）；

FREQUENCY/VOLTAGE CONTROL （频率 / 电压控制设定）。

6.2.3 硬盘的分区和格式化

1．硬盘的分区和格式化的概念

硬盘的初始化工作包括低级格式化、分区（FDISK）和高级格式化（FORMAT）3 个步骤。

（1）低级格式化是对硬盘进行初始化工作所要做的第一步。低级格式化常简称为低格，同时被称为物理格式化，主要目的是划分硬盘的柱面（Cylinder）、建立扇区（Sector）和建立硬盘扇区间隔系数（Interleave）。硬盘在出厂时，已经做过低级格式化，用户使用硬盘只要进行硬盘分区和高级格式化就可以了。分区、格式化处理硬盘是安装软件的基础。

（2）硬盘分区：实际上是将一台物理硬盘划分成若干个逻辑硬盘。分区程序运行的结果（分区参数和主引导程序）将存放在硬盘的第一个物理扇区中。

（3）高级格式化是通过 DOS 的格式化命令 FORMAT 来完成的。其主要功能如下。

- 从各个逻辑盘指定的柱面开始，对扇区进行逻辑编号。
- 在基本分区上建立 DOS 引导记录（DBR）。
- 在各个逻辑盘建立文件分配表（FAT）。
- 建立根目录的文件目录表（FDT）及数据区。

2．使用 FDISK 命令对硬盘进行分区

在分区时，对于一个实际的硬盘要分割成多少个逻辑盘以及所占有的容量，可根据实际的要求决定。可将整个硬盘作为一个分区也可以划分为多个分区，一般认为划分成多个分区比较利于管理。

对于分区使用何种文件系统，则要根据具体的操作系统而定。当前流行的操作系统常用的分区格式有 3 种：FAT16，FAT32 和 NTFS 格式。

FAT16 格式：这是 MS-DOS 和最早期的 Windows 95 操作系统中使用的磁盘分区格式。它采用 16 位的文件分配表，是目前获得操作系统支持最多的一种磁盘分区格式，几乎所有的操作系统都支持这种分区格式。FAT16 格式同时也存在一些缺点：如只支持 2GB 的硬盘分区，FAT16 格式的分区越大，磁盘上每个簇的容量也越大，造成的浪费也越大，因此磁盘利用效率低。

FAT32 格式：这种格式采用 32 位的文件分配表，增强了对磁盘的管理能力，克服了 FAT16 只支持 2GB 硬盘分区容量的限制。采用 FAT32 的分区格式，可以将一个大容量硬盘只划分成一个分区，当然也可以划分成多个分区，为磁盘管理提供了方便。另外 FAT32 文件格式也提高了磁盘的利用率。目前，Windows 95 OSR2 以后的操作系统都支持这种分区格式。采用这种分区格式后，将不再支持 DOS 和 Windows 95 操作系统。

NTFS 格式：当前 Windows 2000，Windows NT 和 Windows XP 操作系统都支持这种分区格式。其主要优点是：安全性和稳定性高，不容易产生文件碎片，能记录用户的操作，能严格限制用户的权限，使用户在系统规定的权限内进行操作，有利于保护系统和数据的安全。

Ext2 格式：目前支持这一分区格式的操作系统只有 Linux。它具有以下特点：拥有最快的速度和最小的 CPU 占用率；既可被用于软盘等移动存储设备上也可以被用于标准的块设备（如硬盘）等。

一般来说硬盘分区遵循“主分区→扩展分区→逻辑分区”的次序原则。每个硬盘至少要有一个主分区，主要存储启动所需的文件，启动后主分区便成为 C 驱动器。扩展分区与主分区不同，如果一个硬盘只有一个主分区，就不会有扩展分区了。如果保留部分空间给扩展分区，最多也只能建立一个扩展分区，但它可以对应多个驱动器代号。扩展分区不能直接使用，要将其分成一个或多个逻辑驱动区域（也叫逻辑驱动器）才能为操作系统所识别。

新硬盘在分区之前，是无法引导系统的，但是可以通过引导光盘或系统软盘来启动系统。将一张已制作好的 Windows 9x 系统盘插入软驱，或者使用可启动光盘引导，打开电源，计算机经过一段时间的自检，屏幕上出现“ A:>”提示符后，系统启动成功，然后可进行分区操作。

（1）启动 FDISK

首先将从软驱或光驱启动，在“A:> ”提示符下，输入 FDISK 命令并按 Enter 键。注意屏幕最底行的英文“Do you wish to enable large disk support（Y/N）?”，提示是否选择大硬盘模式，这时应该选择输入“Y”，并按 Enter 键，表示用 FAT-32 格式分区，可建立容量超过 2GB 的硬盘分区。否则选择输入“N”，表示用 FAT-16 格式分区，硬盘分区容量将不可超过 2GB。

（2）建立 DOS 主分区

选择屏幕第一项“Create Dos partition or Logical Dos Drive”（创建 DOS 分区或逻辑分区），再选择第一项“Create Primary Dos Partition”（创建主分区），输入相应的分区比例。如果不想将全部容量分配给基本 DOS 分区，则输入一个适当的百分比即可。按 Esc 键返回主菜单。

（3）激活 DOS 主分区

在完成基本 DOS 分区划分后，需要将其激活，成为活动分区，在主菜单中选择第二项 Set active partition （设置活动分区），完成后按 Esc 键返回主菜单。

（4）建立扩展分区，并划分逻辑盘

如果未将硬盘全部容量分配给予基本 DOS 分区，则需建立扩展 DOS 分区，它可用于建立逻辑盘，便于用户进行分类管理。在主菜单中选择第一项，然后再选择第二项 Create

Extended Dos Partition（创建扩展分区），系统显示创建 DOS 主分区后剩余空间的大小，一般选择将全部剩余空间建立为扩展分区。

这里将剩余的整个空间作为扩展分区输入后，按 Enter 键。

系统将给出已创建的主分区和扩展分区的大小，到这里扩展分区创建完成，按 Esc 键返回，系统将进行硬盘检测，并提示还没有创建逻辑分区，硬盘检测完毕后系统提示整个扩展分区的容量。逻辑盘在扩展分区中创建，这里将创建两个逻辑盘 D，E，在提示信息“Enter logical drive size in Mbytes or percent of disk space（%）…[ ] ”中输入第一个逻辑分区的大小或百分比，最高不超过扩展分区的大小，并按 Enter 键。屏幕显示逻辑 D 盘已经创建好，对 E 盘的创建可仿照 D 盘进行。

至此逻辑盘创建完成，按 Esc 键返回。当然对于一个硬盘可以创建多个分区，可根据实际需要，按照上面的方法如法炮制。

（5）显示分区信息

在建立完成后或调整分区时，可在主菜单中选择第四项“Display partition information”（显示分区信息），了解当前硬盘分区情况。平时如果想对硬盘分区进行调整，也可在启动 FDISK 后，运行此项，了解当前的分区情况。

所有分区建立完成后，系统要求按 Esc 键退出，将重新启动计算机，使所修改的各项设置发挥作用。

（6）删除分区

在硬盘使用过程中，如果要对硬盘上创建好的分区容量进行调整或重新划分分区，则必须删除原有的分区信息，但删除分区后，硬盘中保存的数据和程序信息也会丢失。它使用 FDISK 主菜单中的第三项“Delete partition or Logical Dos Drive”（删除分区或逻辑驱动器），进行相应的操作，操作步骤中注意在删除扩展分区时必须先删除相应的逻辑盘，再删除扩展分区。即按逻辑盘—扩展分区—主分区的步骤展开。如果只是调整逻辑盘的大小或数量，那么只要按删除逻辑盘—建逻辑盘的顺序展开操作就可以了。其实现在也有不少工具软件直接可以对各分区的大小在不破坏数据的情况下进行调整。具体步骤如下。

在 FDISK 主菜单中选择 3，并按 Enter 键。

这里对界面中选项进行注释：

Delete Primary Dos Partition（删除主 DOS 分区）；

Delete Extended Dos Partition（删除扩展 DOS 分区）；

Delete Logical Dos Driver(s) in the Extended Dos Partition（在扩展 DOS 分区删除逻辑 DOS 驱动器）；

Delete Non-Dos Partition（删除非 DOS 分区）。

如果用户安装了非 Windows 操作系统，则会产生非 DOS 分区，否则一般不会产生非 DOS 分区。因此在“Enter choice :[ ] ”输入 3，并按 Enter 键。

这里将删除系统的逻辑分区。首先删除逻辑分区 E 盘，在提示信息“What drive do you want to delete…………?[E] ”中输入要删除的盘符 E，并按 Enter 键。出现提示信息“Enter Volume Label………?[ ] ”要求输入要删除逻辑盘的卷标，如果有就输入卷标，否则将该处留空，按 Enter 键。系统会出现提示信息“Are you sure(Y/N)………………?[ ] ”要求进行确认，这里输入“Y”并按 Enter 键确认，系统将删除 E 盘。按照这种方法可删除所有的逻辑盘。

继续按 Esc 键，返回 FDISK 主菜单界面。在“Enter choice :[ ] ”中输入 3，并按 Enter 键，将删除系统的扩展分区，在“Enter choice :[ ] ”中输入 2，并按 Enter 键。根据系统提示信息“Do you wish to continue(Y/N)……………?[Y]”输入“Y”并按 Enter 键，对系统进行确认删除扩展分区。

按 Esc 键，将返回到 FDISK 主菜单界面，这里继续删除 DOS 主分区，在“Enter choice :[ ]”中输入 3，并按 Enter 键，继续在“Enter choice :[ ] ”中输入 1，并按 Enter 键，这里显示系统中只剩下主 DOS 分区，根据提示信息“What primary partition do you want to delete …?[1] ”输入 1 并按 Enter 键（这里将依次出现几个提示信息，处理方法和前面删除逻辑盘一样）。

所有分区删除完成后按 Esc 键返回主菜单，再退出主菜单，重新启动计算机，使修改后项目发生作用。

3．使用 FORMAT 命令对硬盘进行格式化

硬盘分区之后，还不能立即向硬盘存放文件，必须对硬盘实行一次高级格式化，它的主要作用是将硬盘的主 DOS 分区和扩展 DOS 分区分成引导扇区、文件分配表（FAT）、根目录和数据区域共 4 个区域，同时对硬盘进行初始化。

（1）FORMAT 命令的常用参数

/U：指明对硬盘或软盘进行无条件格式化。

/F: size 指明格式化盘的容量大小，一般有 320KB，360KB，720KB，1200KB 和 1440KB。

/Q：执行快速格式化，只清除文件分配表和根目录，释放所有空间。

/S：把 DOS 的系统文件放在新格式化的磁盘上，使得该磁盘能自动启动 DOS。

这里需要注意不同版本的 DOS 中的 FORMAT 命令对硬盘进行格式化时，其功能可能会有所区别，因此在使用时必须区分清楚。

（2）硬盘的高级格式化操作

用一张系统软盘或者用一张可引导光盘启动系统，直到看到系统提示符“A:>- ”，输入格式化命令“FORMAT　C: /S”并按 Enter 键。注意 FORMAT 命令后的“/S”参数是为了使格式化后的 C 盘成为启动盘，其他参数可根据实际的需要进行设置。

系统会给出提示信息“Proceed with Format （Y/N）?- ”要求进行确认，只要输入“Y”并按 Enter 键，C 盘的格式化就可以完成了。对于其他盘（D、E…）的格式化可依此类推，只是注意不要加“/S”参数就可以了，其他参数可自己设置。

硬盘格式化完成后，取出系统引导盘，重新启动计算机，即从 C 盘引导 DOS 系统，最后屏幕出现“C:\>”就可以了。

6.2.4　软件安装

1．操作系统及驱动程序的功能与作用

操作系统是用于管理计算机资源，合理组织计算机的工作流程，协调计算机系统各部分之间、系统与用户之间、用户与用户之间关系的一组程序。其基本功能包括以下 5 个方面：处理机管理、存储管理、设备管理、文件管理和作业管理。

驱动程序是一些用于帮助计算机硬件和 PC 进行数据交换的程序，其中包含有关硬件设备的信息。它的作用类似于接口，安装了硬件设备的驱动程序后，计算机就可以与设备进行通信。它把硬件的功能传达给计算机系统，并且将系统的指令传达给硬件。驱动程序是硬件厂商根据操作系统编写的配置文件，没有驱动程序，相关的硬件就不能工作。一般在安装新硬件时，驱动程序是一项不可缺少的重要元素。操作系统不同，硬件的驱动程序也不相同。为了保证硬件的兼容性及增强硬件的功能必须不断地升级驱动程序来完善系统。

2．操作系统的安装

计算机系统是由硬件和软件组成的，缺了任何一部分都不能运行。计算机的工作，都是依靠操作系统来完成的。现在常用的操作系统主要有 Windows，UNIX，Linux 等。Windows 是微软公司在 1985 年 11 月发布的第一代窗口式多任务操作系统，它使 PCC 开始进入了所谓的图形用户界面时代。直到 1995 年以前的 Windows 操作系统都是由 DOS 引导的，也就是说它们还不是一个完全独立的系统，而 1995 年推出的 Windows 95 是一个完全独立的系统，且在很多方面做了改进，集成了网络功能和即插即用功能，是全新的 32 位操作系统。1998 年微软公司又推出了 Windows 98，它很好地整合了 Internet 浏览器技术，使得访问 Internet 资源更加方便，后来的 Windows NT/Me/2000 /XP 等成为风靡全球的操作系统。

Linux 是目前全球最大的一个自由软件，是一种类 UNIX 操作系统，具有许多 UNIX 操作系统的功能和特点，其源代码免费开放，它具有很多优点，例如，支持多用户多任务，具有良好的界面、丰富的网络功能、可靠的安全稳定性及支持多种平台等。

我们重点介绍 Windows 2000 操作系统的安装。要运行安装程序，需要有 Windows 光盘或者能访问 Windows 安装文件的网络，而且预先要准备一张系统启动盘。

Windows 2000 操作系统的安装过程中只要按相应的提示完成操作完成即可。

Windows 2000 Professional 操作系统的安装前期准备工作一定要做好，要选择合适配置的机器，如果硬盘原来已经安装了 Windows 98 简体中文第二版，因为 Windows 2000 不能从 Windows 98 第二版直接升级，可以采用 Windows 2000 Professional 与 Windows 98 简体中文版同时存在的双重启动安装。

设置双重启动安装必须让 Windows 2000 Professional 与原操作系统分别安装在不同的磁盘分区，建议安装在 D 分区。首先要将硬盘的 D 分区清空，留出一定的空间供 Windows 2000 Professional 安装使用，推荐大家采取类似的措施——即清空一个磁盘分区来安装新的操作系统。建议安装 Windows 2000 Professional 操作系统的分区要大于 1GB，因为安装该操作系统本身就至少需要 500MB～650MB 左右的空间（视组件多少而定），而安装完成后一般还有一些系统工具和其他应用程序需要更多的硬盘空间。

Windows 2000 Professional 操作系统对硬件的兼容性比 Windows 98 操作系统要好，但是在 Windows 2000 Professional 的安装说明中，微软还是特意强调用户查对一下自己的硬件是否被 Windows 2000 Professional 操作系统支持。所有 Windows 2000 操作系统支持的硬件列表都注明在 Hcl.txt 说明文件里，可以在 Windows 2000 光盘的 Support 文件夹下找到这个文件。最新的硬件兼容说明文件可以在网上找到，网址是 http://www.microsoft.com/hwtest/hcl.htm。

将 Windows 2000 Professional 光盘插入光驱后，安装向导将首先对当前操作系统进行检测，发现当前操作系统不支持升级，即警告并提示用户 Windows 2000 将重新安装系统。

然后安装向导提示用户选择安装选项。首先可选择系统语言，在上面的选择栏中选择系统主语言（Main Language），选择 Chinese （PRC），在下面的选择栏中选择附加语言即将来可能用到的语言，按住 Ctrl 键单击鼠标，可以多重选择，将来 Windows 2000 Professional 操作系统就可以支持这些语种的应用程序了。

选择好语言之后，进入“高级选项”（Advanced Options）进行设置。要建立双重启动配置，需要将 Windows 2000 Professional 安装在与当前操作系统不同的磁盘分区内，一般情况下我们的操作系统都安装在 C 盘，所以默认状态下 Windows 2000 Professional 安装程序也会把系统安装到 C 盘下。必须在“高级选项”中设置允许自定义 Windows 2000 的安装分区。如果希望通过网络安装或者硬盘安装，也必须在“高级选项”中自定义 Windows 2000 的安装文件位置。另外，还可以选择将所有安装文件在安装 Windows 2000 的同时复制到硬盘中去，这样便于以后的安装升级。

安装设置完成后，安装向导将对机器和系统进行自检，包括 CPU、主板、硬盘剩余空间和文件系统以及内存大小等。如果自检不能通过，则安装向导会报错并终止安装，自检通过之后，就可以进入安装界面了。因为一般的设置大家都很熟悉，这里只对一些重要设置做出说明。

（1）是否选择升级到 Windows 2000 的 NTFS-5 文件系统

如果要建立双重启动配置，建议使用 FAT/FAT32 的文件系统，虽然 Windows 2000 的 NTFS-5 文件系统具有更高效、更安全等特点，但是 Windows 9X 和较早版本的 Windows NT 操作系统都与 Windows 2000 的 NTFS-5 文件系统不兼容。

（2）设置管理员（Administrator）账号

在安装过程中将创建一个管理员（Administrator）账号。拥有管理员账号的用户是 Windows 2000 操作系统中权限最高的用户，只有管理员才可以对机器进行全面设置和管理，创建其他用户的账号，限制其他用户的权限等。

总之，管理员账号和口令是非常重要的，一定要设置并记住。在 Windows 2000 Professional 安装成功第一次运行时，系统会提示输入用户名和口令。这时就可以输入管理员账号和口令，否则会经常遇到系统提示“你不是该机管理员，无权更改该设置”，注意，一旦计算机的管理员账号的口令遗失或被人更改，就失去了对计算机和系统的管理权力。

在程序复制完毕，安装向导结束，所有程序安装完成后系统重启，出现 Windows 2000 操作系统的登录界面时，便可输入用户名与口令，登录 Windows 2000。

3．硬件驱动程序的安装

当把操作系统安装好了以后，为了使计算机中各种部件能正常工作，还必须对这些新安装的硬件设置相应的驱动程序。一般来说，Windows 操作系统能自动检测即插即用的设备，一旦发现了新设备并且找到了相应的驱动程序文件，那么系统将自动安装该设备的驱动程序。如果系统在启动的过程中，没有发现已安装的硬件，就需要在“控制面板”窗口中双击“添加新硬件”图标，直接启动硬件安装向导进行安装。实际上在 Windows 操作系统中有许多方法和途径均能安装硬件设备的驱动程序。

6.3　笔记本电脑的选购

目前，面向个人用户的万元以下的笔记本是国内市场最畅销的一个群体。价位在万元以下的笔记本电脑，虽属低端产品，但有其自身的特点，它是笔记本电脑普及的先头部队。由于万元以下的笔记本电脑质量并不是都非常良好，而且也不会像中高端产品那样功能齐全、性能出色，所以选购时需要注意一些细节的把握，这样才能挑选到适合自己的笔记本电脑。

1．明确用途

笔记本电脑买回来以后主要用来干什么？这是首先需要明确的。用来实现移动办公还是随身娱乐？需要多强的性能，多长的电池续行能力？然后在基本要求上稍微扩充一点，基本上就是比较适合自己的机器了。在选购笔记本电脑时，一定要明确它的用途，然后再出手。同样的价位，一个功能强化了，另一个功能必定被弱化了。选购任何 IT 产品都是这样。

2．确定购机类型

首先确定预购的笔记本电脑究竟是“轻薄型还是全内置”的以及屏幕尺寸的大小，即确定了笔记本电脑的重量范围。目前笔记本电脑的显示屏尺寸主要有 12.1 英寸，13.3 英寸，14.1 英寸，15 英寸等几种。这其中又以 14.1 英寸的居多。其实 12.1 英寸和 13.3 英寸的屏幕已经足够使用，而且移动性能更强。不过要注意即使是小屏幕也要支持主流的 1024×768 像素的标准分辨率。

笔记本电脑不必过分追求太大的显示屏。更大的显示屏意味着更大的重量、耗电和价格，一般来说，采用主流的 14.1 英寸的显示屏属于大众型，价格较好，更大的和更小的都要贵一些。

3．CPU 的类型和速度

现在市面上万元以下的笔记本电脑使用的 CPU 种类还是比较多的，PIII-M，P4，P4-M，赛扬 4，赛扬 4-M，以及最新的为低价笔记本电脑准备的 Mobile P4 也已经上市，另外配置 AMD 和 VIA 的移动处理器的笔记本电脑也越来越多。

笔记本电脑不同于台式机，台式机希望采用的处理器性能越强劲越好，而笔记本电脑不是。笔记本所采用的处理器必须在性能和功耗之间寻找一个平衡点，因为体积要求让笔记本电脑的散热并没有台式机那样容易。如果只是一般的移动办公，简单多媒体演示，上网或是文件交换，1GB 以下的 Pentium Ⅲ、赛扬、威盛汉腾移动处理器就够用了。

选购中需要把握究竟需要采用何种处理器，不少万元以下的笔记本电脑采用的是台式机处理器，性能虽然强一点，但是最好不要选用这种，如果对性能需求比较强而对电池续行能力和移动性要求不高，那就另当别论了。

4．仔细查看做工

由于万元以下的笔记本电脑不同于中高档的笔记本电脑，在很多方面可能都不尽如人意。所以要仔细检查机器是否全新，机器外观有无缺陷和划伤，风扇出风口有无灰尘和异物，液晶屏是否有坏点，电池的结合处是否有磨损；查看油漆是否有划伤，或是色彩不均匀，外壳是否有裂痕，结合处是否有较大的缝隙，音量调节旋钮是否完好等；仔细检查 LCD，最好能挑到没有坏点的 LCD，因为坏点的扩散很快，会大大缩短 LCD 的寿命，而且维修或更换一个 LCD 是非常贵的。

5．内存很重要

对于笔记本电脑来说，硬盘的性能影响了整体性能的发挥，由于硬盘的缓存比较小，一般通过增加一些内存是可以提高一点性能的。因为万元以下的笔记本电脑大部分是配备 128MB 内存，这只能保证 Windows XP 的基本运行，在选购时需要让内存达到 256MB，以保证主流的软件和应用能够流畅地运行。现在笔记本电脑的内存还是比较便宜的，较少的投入能带来很大的回报，还是值得投资的。

不过一般如果没有太特殊的需求，256MB 的内存也就够用了，再大的容量也不能带来明显的性能提升了。

6．注重性能体验

在购买之前体验一下性能对于万元以下的笔记本电脑来说特别重要，因为就目前的笔记本电脑市场状况来讲，这一块还比较混乱，鱼目混珠的比较多。

光驱和软驱的读盘能力，音箱的音质，Modem，网卡，PCMCIA 卡插槽，USB，1394，红外线端口都需要试一试；还要检查键盘的硬软程度，每个键是否正确有效，触控板的灵敏程度是否合宜，鼠标有没有不听使唤；检查光驱读盘时的震动是否过大，有些万元以下的笔记本电脑的光驱设计在掌托下面，读盘震动会使用户的手发麻。

7．检查附件

现在很多笔记本电脑都有很多附件。目前常见的促销赠品有上网卡、光电鼠、U 盘、扩展槽、电脑包、正版软件等，有的笔记本还会附送 USB 软驱、无线网卡等。

8．售后服务

笔记本电脑的售后服务是很重要的，就目前来说超过保质期的笔记本电脑维修收费是很贵的。大部分笔记本电脑都只提供 1 年质保，少部分能有 3 年质保，“三包”规定的维修更换周期在 15 天左右。万元以下的笔记本电脑基本都不提供全球联保服务，买之前还需要查看其售后维修点是否方便，服务的口碑怎样。

购机发票和质保单千万不能丢，很多品牌的售后服务是需要提供质保单的。

另外，对于品牌有偏好的朋友，也可以事先确定品牌。总之，在购买万元以下的笔记本电脑时要更细心才能购买到一款称心如意的产品。

6.4 微机维护与故障处理

6.4.1 计算机的使用与维护

1．微机的保养

- 注意维持计算机的标准运行环境。
- 注意计算机（房）的清洁。
- 不能在计算机旁吃喝、吸烟。
- 注意防尘、防潮、防静电；注意开关机的顺序。
- 注意对计算机病毒的防杀。
- 避免在开机状态下插拔各类插头。

2．笔记本电脑保养

防水、防潮、防尘、防热、防震、防挤。

- 清洁时：用蘸清水的不掉绒的软布轻擦并及时揩干。
- 移动时：将盘片取出后软包装（最好再加硬盒）。
- 使用中：绝对禁止热拔插，尽量少用光驱与软驱。
- 闲置时：定期做进行电池充放电。

6.4.2 Ghost 系统克隆工具

Norton Ghost 是美国 SYMANTEC 软件公司推出的硬盘复制工具，可以在不重装系统的情况下使系统恢复正常。Ghost 可以把整个硬盘系统克隆到其他硬盘，以节约重新安装系统和软件的时间。Ghost 也可以将一个分区备份成映像文件，当整个系统瘫痪时，使用 Ghost 能将备份的映像文件快速恢复到原来的硬盘，几分钟就可以让系统恢复到正常运行状态。

1．Norton Ghost 界面介绍

使用一张启动软盘启动计算机，在 DOS 下进入 Ghost 的安装目录，执行 Ghost.exe 命令，进入软件主界面。

“Local”菜单是最常用的菜单，用于在本地计算机上对硬盘进行操作，包括“Disk”（硬盘）、“Partition”（分区）和“Check”（检查）3 个子菜单。“Disk”子菜单包含 3 个命令：“To Disk”用于硬盘对硬盘的完全复制；“To Image”用于将硬盘内容备份成映像文件；“From Image”用于从映像文件恢复硬盘内容。“Partition”子菜单包含 3 个命令：“To partition”用于分区对分区的完全复制；“To Image”用于将分区内容备份成映像文件；“From Image”用于从映像文件恢复分区内容。“Check”子菜单的命令用于检查复制的完整性，包括两个命令：“Image File”和“Disk”。

2．分区备份

Ghost 提供了多种备份的方式，包括硬盘对硬盘、硬盘到映像文件、分区到分区等。这里以将分区备份到映像文件为例，介绍 Ghost 的使用方法。

（1）在主界面中，从菜单栏选择“Local”/“Partition”/“To Image”命令，将硬盘的一个分区克隆成一个 GHO 格式的映像文件。

（2）选择本地硬盘，单击“OK”按钮。

（3）选择硬盘的一个分区保存映像文件，单击“OK”按钮。

（4）指定映像文件保存的目录和文件名，单击“Save”按钮。

（5）选择是否压缩映像文件，有 3 个选项：“No”，不压缩；“Fast”，低压缩；“High”，高压缩。一般选择高压缩，速度虽然慢，但可以节省 50%的硬盘空间。

（6）程序提示是否进行映像，单击“Yes”按钮，开始制作映像文件。界面上出现进度条显示进程。

（7）映像文件制作完成，单击“Continue”按钮，关闭制作映像文件的窗口。

可以从菜单栏选择“Local”/“Check”/“Image”命令校验 GHO 映像文件是否完整。

对整个硬盘备份的步骤和对一个分区备份的步骤类似，打开“Local”菜单中的“Disk”子菜单，从中选择“To Disk”或者“To Image”命令，按照提示一步一步进行即可完成对整个硬盘的备份。

3．系统恢复

如果硬盘分区的数据被损坏，系统不能修复，可以使用备份的映像文件进行完全恢复，而无需重新安装系统和应用程序。

使用 Ghost 恢复系统的方法如下。

（1）仍然用软盘启动系统，在 DOS 下运行 Ghost.exe 命令进入 Ghost 主界面。

（2）从菜单栏选择“Local”/“Partition”/“From Image”命令，使用映像文件恢复系统。

（3）选择要还原的映像文件，单击“OK”按钮。

（4）选择要使用映像文件恢复的源分区或硬盘。单击“OK”按钮。

（5）程序提示是否确定要进行恢复，单击“Yes”按钮。

（6）程序开始将映像文件恢复到指定分区或硬盘上。

（7）恢复完成，程序提示重新启动计算机。单击“Reset”按钮，重新启动计算机后，系统便能恢复到备份的状态。

通过 Ghost 恢复系统，比重新安装 Windows 操作系统和所有应用程序节省了大量时间，而且，桌面、菜单等个性化设置也不用重新调整。

6.4.3 微机故障处理

1．微机故障种类

在微机的使用过程中，引起故障的因素相互交错，故障类型也多种多样，但从整体上来说可以分为软故障和硬故障两大类。

（1）软故障

软故障一般是指由于操作不当或使用微机软件而引起的故障，以及因系统或系统参数的设置不当而出现的故障。软故障一般是可以恢复的，但一定要注意，某些情况下有的软故障也可以转化为硬故障。常见的软故障有如下表现。

① 当软件的版本与运行环境的配置不兼容时，造成软件不能运行、系统死机、文件丢失或被改动。

② 两种或多种软件程序的运行环境、存取区域或工作地址等发生冲突，造成系统工作混乱。

③ 由于误操作而运行了具有破坏性的程序、不正确或不兼容的程序、磁盘操作程序、性能测试程序等造成文件丢失和磁盘格式化等。

④ 计算机病毒引起的故障。

⑤ 基本的 COMS 芯片设置、系统引导过程配置和系统命令配置的参数设置不正确或者没有设置，微机也会产生操作故障。

（2）硬故障

硬故障是指由微机硬件引起的故障，涉及微机主机内的各种板卡、存储器、显示器、电源等。常见的硬故障有如下一些表现。

① 电源故障，导致系统和部件没有供电或只有部分供电。

② 部件工作故障。微机中的主要部件如显示器、键盘、磁盘驱动器、鼠标等硬件产生的故障，造成系统工作不正常。

③ 元器件或芯片松动、接触不良、脱落，或者因温度过高而不能正常运行。

④ 微机外部和内部的各部件间的连接电缆或接插头（座）松动，甚至松脱或错误连接。

⑤ 板卡的跳线连接脱落、连接错误，或开关设置错误，而构成非正常的系统配置。

2．微机故障原因

（1）正常使用故障

正常使用故障是指由于机械的正常磨损、元器件的老化、使用寿命已到而引起的故障。如果日常维护和环境条件较好，可以减少机械磨损因素，则可以延长微机的使用年限。

正常使用故障可以分为致命性永久故障和暂性故障两类。前者是指已损坏不能使用，必须更换元器件；后者则指可以休息一段时间或周围环境变好后能恢复正常工作（如 CPU 在室温 35℃时会出现死机，而当室温为 20℃时则可以正常工作），对于这种情况引起的故障，需要找出原因，必要时换掉性能下降的元器件。

机械磨损一般出现在打印机、键盘、鼠标和软盘等微机的外设中。同样，集成电路、元器件、导线等也有使用寿命，它们到使用寿命快结束时故障会明显增多。而显示器的显像管如果电压过高或亮度经常调到最大，都会加速它的老化，缩短使用寿命。

（2）来自电源的故障

电源的电压对微机的正常工作起着非常重要的作用。电压不稳或时断时开等都会对微机造成很大损失，严重时会烧毁微机中的集成电路。因此，平时要注意将微机的电源与照明、空调等分开。如果本地区的电压经常不稳，最好配备相应的保护装置（如后备式电源 UPS，它具有高低保护预警装置、断电保护功能，而且可以防止瞬时电源断电或电压不稳）。

（3）电磁辐射引起的故障

电磁辐射的干扰会使微机工作失常或遭到破坏（如程序停止运行、出错，显示信息混乱，数据丢失，甚至死机，主板上的元器件损坏等）。电磁干扰一般产生于通信电台、电源中的射频传导等。电磁辐射除距离电磁辐射源较近外，一般是由电源线进入或室内布线不合理引起的。

（4）病毒引起的故障

微机病毒对系统的危害极大。目前已知的微机病毒有上万种，不同的病毒会对微机造成不同的危害。一般的病毒会造成数据丢失、系统不能正常运行，严重的还会损坏主板。所以平时应加强预防措施，养成定期检测病毒的习惯，对外来软盘或光盘要先检查后使用。

（5）静电放电导致的故障

静电对微机中的集成电路芯片危害非常大。据报道，微机 70%的无原因损坏就是来自静电放电现象。一般集成电路抗静电放电电压最大是 1000V，而我们平时梳理干燥的头发、在地毯上行走等产生的静电可高达几千伏甚至上万伏，足以击穿任何类型的集成电路芯片。目前微机在抗静电的电路设计方面已做了很大的改进，但是平时还应注意防止静电的危害。一般情况下，微机房尽量不要铺设地毯；在空气干燥的季节，要合理配接各种地线；准备打开机箱时，应将手接触一下管道或墙壁等，放掉身上所带的静电后再进行其他操作。

（6）人为原因引起的故障

人为原因引起的故障是指由于操作时没有遵守操作规程，不注意操作步骤引起的微机故障。例如，频繁地开关机；经常搬动和拆装微机；插头插错；在微机带电的情况下进行插拔连接线、接口卡；或使用劣质软盘等，这些都会引起微机故障。

3．微机故障的诊断及常用的查找方法

（1）故障的诊断步骤

判断微机系统的故障，一般的原则是“先软后硬，先外后内”。

① 先判断是软件故障还是硬件故障

当启动微机后系统能进行自检，并能显示自检后的系统配置情况，可以判断主机硬件基本上没问题，故障可能是因软件引起的。这时可以从软盘启动或采用分步执行的方法来找出出错原因。如果出现 MS-DOS 的提示符，则主机硬件故障的可能性更小。

② 进一步确定软件引起故障的原因

如果是软件原因，则需要进一步确定是操作系统还是应用软件的原因，可以先将应用软件删除，然后重新安装。如果还有问题，则可以判断是操作系统的故障，这时需要重新安装操作系统。

③ 硬件故障的诊断步骤

当排除是软件故障后，就要进一步区分是主机故障还是外部设备的故障。这部分的诊断步骤如下。

- 由表及里

检测硬件故障时，应先从表面查起，如先检查微机的外部部件：开关、插头、插座、引线等是否没连接或松动。外部故障排除后，再检查内部，也要按由表及里的步骤，先观察灰尘是否严重、有无烧焦气味等，然后再检查接插器件是否有松动现象、元器件是否有烧坏的部分。

- 先电源后负载

微机硬件故障中电源出现故障的可能性很高，检查时应从供电系统到稳压系统再到微机内部的电源。检查电压的稳定性、保险丝等部分。如果电源都没有问题，可以检查微机系统本身，即微机系统的各部件及外设部分。

- 先外设再主机

从微机的价格可靠性来说，主机要优于外部设备，而且外设检查起来比主机容易。所以，在检测故障时，可以先去掉所有可去掉的外设，再进行检查。如果没有问题，则说明故障出在外设上；反之，则说明故障出在主机上。

- 先静态后动态

当确定是主机的问题后，可以打开机箱进行检查。这时的步骤是先在不通电的情况（即静态）下直接观察或用电笔等工具进行测试，然后再通电让微机系统工作进行检查。

- 先共性后局部

微机中的某些部件如果出现故障，会影响其他部分的工作，而且涉及面很广。例如，主板出现故障，则其他板卡都不能正常工作。所以应先诊断是否为主板故障，再排除其他板卡的局部性故障。

(2) 常用的故障查找方法

前面介绍了微机的故障有两类：软件故障和硬件故障。下面针对这两种故障给出常用查找方法。

① 软件故障

处理软件故障需要先找到故障的原因，这需要观察程序运行时的现象、系统所给出的提示，然后根据故障现象和错误信息来分析并确定故障出现的原因。

- 程序故障

对于应用程序出现的故障，需要检查程序本身是否有错误（这要靠提示信息来判断）；程序的安装方法是否正确；微机的配置是否符合该应用程序要求的运行环境；是否是操作不当引起的故障；微机中是否安装有影响该程序运行的其他软件，所有这些都需要细心地检查和排除。

- 系统软件故障

有些软件对所使用的操作系统版本有一定要求，因此应当检查所用操作系统是否符合要求；检查 Autoexec.bat 中的命令是否与所用软件有冲突。只有保证了软件所需的环境和设置条件，才能保证正确运行。

● 病毒

随着微机技术的发展，微机病毒的种类和破坏性也在增多和加大，它不但影响软件和操作系统的运行，也会影响显示器、打印机的正常工作，严重的会损坏主板。如果微机在正常使用中遇到一些莫明其妙的现象，或是内存和硬盘容量急剧减少，这时就应考虑到有可能是感染了病毒。应准备一些杀毒软件。

② 硬件故障的常用查找方法

微机出现故障后，按“先软后硬”的原则，在排除了是软件问题的可能性后，那么就可能是硬件出问题了，这时就要对微机的硬件部分进行检测。常用检测方法如下。

● 清洁法

因为微机属于精密设备，反以它对于工作环境的要求很高。但随着微机的普及，人们对于微机所处的环境一般已经不太在意。有的机房或个人用户家庭中使用环境较差，使用较长时间的微机也不进行必要的清洁。所以当判断微机出现硬件故障时应首先进行清洁，可以使用毛刷轻轻刷去灰尘，清洁完毕后再进行下一步的检查。

另外，由于板卡现在一般采用的是“即插即用”技术，在一些插卡或芯片插脚步处常因为灰尘等其他原因造成引脚氧化，致使接触不良，而导致故障的发生。这时可以将板卡取下来，用橡皮擦去表面氧化层附着的物质，再重新插好后开机检查故障是否排除。

● 直观法

所谓的直观法是指先通过表面的直观现象观察来判断可能是什么部件发生了什么问题。

首先可以先观察板卡的插头、插座是否有歪斜、松动的现象，表面是否有烧焦等；其后可以听一听电源风扇、软／硬盘读写时设备的声音是否正常。这样可以及时发现一些故障并及时采取措施解决，以免故障越来越大。

发生主机、板卡烧焦的问题，同时会发出难闻的味道，这对于发现故障和确定短路很有利，还可以用手轻轻地按压活动芯片，看是否松动或接触不良。在系统运行时用手触摸 CPU、显示器、硬盘等设备的外壳，如果发现十分烫手，则可能该设备被损坏。

● 拔插法

主板自身故障、I/O 总线故障和各种插卡故障均可能导致故障的发生，可用拔插维修法来确定故障是出在主板上或是 I/O 设备上。但是使用此方法之前一定要先将微机关闭，然后轮流将板卡拔出，并且在每拔出一块板卡后就开机测试微机是否能正常运行，一旦拔出某块板卡后主板运行正常，那么故障原因就是该插件板或相应 I/O 总线槽及负载电路故障。若拔出所有插件后系统启动仍不正常，那么问题很可能就出在主板上。

● 替换法

替换法是在微机出故障时最直接的解决方法之一。微机内部配件众多，而且每一个几乎都可装卸，所以通过替换微机内部配件，往往能迅速地检查出故障所在。

如果在容易拔插的维修环境下，可将同规格、同功能没有故障的板卡相互交换，根据故障现象的变化情况判断故障所在。例如内存自检出现故障，可用同规格的没有故障的内存来替换，如果交换后故障现象消失，则说明换下的那块内存是有问题的。

● 比较法

如果身边有两台或更多相同或相似的微机，可以同时运行微机，并且都执行相同操作，根据不同表现可以初步判断故障产生的部位，也可以用正确的参数和有故障的机器的波形、电压以及电阻值进行比较，检查哪一个组件的波形、电压、电阻与之不符，根据逻辑电路图逐级测量，分析后确定故障的位置。

● 振动敲击法

我们有时在微机出现故障时会用手指敲击机箱外壳，这时所采用的方法就是振动敲击法，只不过要注意在振动敲击时一定不要太用力，因为故障可能是由于接触不良或虚焊造成的。如果振动敲击的力度过大，有可能会松动其他部件而又导致其他的故障出现。

● 升温 / 降温法

在微机的各个部件中，有很多部件只有在适合的温度下才能正常工作。可以人为升高微机运行环境的温度，事实上采用的是故障促发原理，以制造故障出现的条件来促使故障频繁出现，再根据不同的部件对温度的不同要求来观察，并判断故障所在的位置。

● 软件测试法

现在有许多测试类软件，可以利用它们对硬件进行测试，通过测试的数据来判断哪个部件出现了问题。熟悉各种诊断程序与诊断工具（如 Debug，DM 等）、掌握各种地址参数（如各种 I/O 地址）以及电路组成原理等，尤其要掌握各种接口单元正常状态的诊断参考值，这是有效运用软件测试法的前提基础。

● 测量法

测量法是一种常用的方法，使用这种方法需要用户会使用万用表、示波器等测量工具。测量法又分为在线测量法和静态测量法两种。在线测量法就是在开机的状态下，将微机停止在某一种状态，利用万用表、示波器等测量工具测量所需的电阻、电压及波形等数据，从而找到故障的原因。如果在关机或组件与主机分离的状态下对故障部分进行测量，则称为静态测量。

第 7 章 常用工具软件的使用

7.1 Windows 操作系统优化工具

Windows 操作系统未经优化一样可以工作得很正常，但人们总是喜欢从中挖掘出更多的性能来。几乎所有喜欢玩计算机的朋友，都热衷于系统优化。修改 Windows 操作系统一些设置，除了可以带来更快的速度外，也让自己学到不少计算机的相关知识。目前有许多优秀的系统工具软件应运而生，帮助用户对 Windows 操作系统进行改造和优化。

7.1.1 Windows 优化大师

Windows 优化大师启动后的主界面如图 7-1 所示。

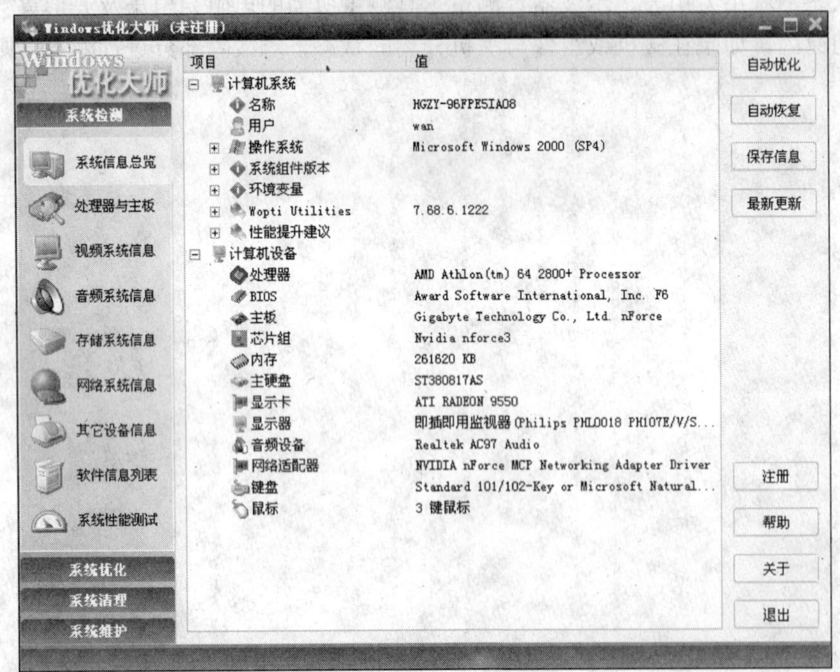

图 7-1 Windows 优化大师主界面

它首先显示出计算机当前的系统信息。在系统信息中，Windows 优化大师可以检测系统的一些硬件和软件信息，例如：CPU 信息、内存信息等。也可以通过右边的“更多信息”按钮来了解计算机的实时信息，如图 7-2 所示，可以看到系统的详细信息（包括核心、内存、硬盘、Internet、其他设备等）。单击“实时”按钮，还可以实时监测系统的一些信息。

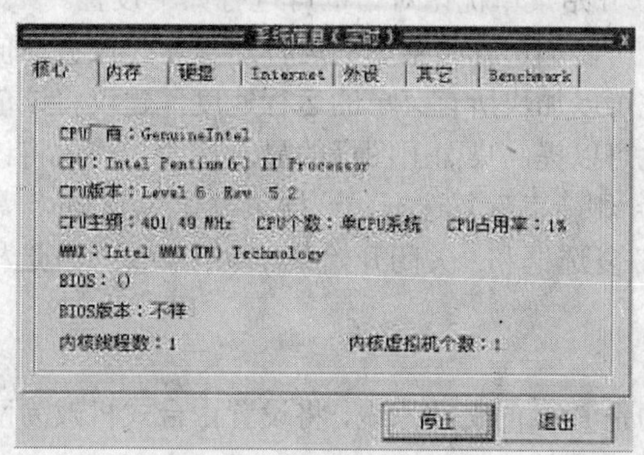

图 7-2　Windows 优化大师测试的“系统信息”对话框

通过主界面右边的“自动优化”和“自动恢复”按钮，Windows 优化大师能够根据计算机的配置对系统进行自动优化和自动恢复，如图 7-3 所示。

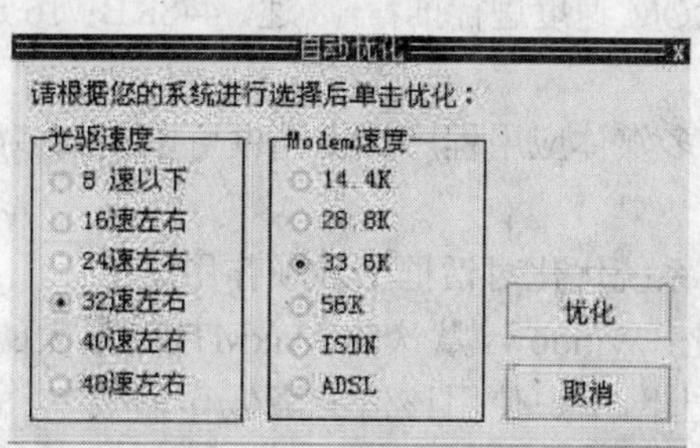

图 7-3　Windows 优化大师“自动优化”对话框

1．磁盘缓存优化

在 Windows 磁盘缓存优化对话框中，可以通过调节块对磁盘缓存最小值、磁盘缓存最大值以及缓冲区读写单元进行调节，其中磁盘缓存最小值的调节范围是 1024～16384，磁盘缓存最大值的调节范围是 0～16384。一般情况下这两个值的大小应该为内存的 1/4，例如，16MB 内存为 4096，64MB 内存为 16384。但根据经验，64MB 内存以上最好将其设置为 9216。因此，Windows 优化大师推荐的 64MB 以上的磁盘缓存最小值和磁盘缓存最大值为 9216。这只是根据内存大小的优化方式，Windows 优化大师还可以根据用户类型并参照系统的内存情况进行优化。Windows 优化大师能自动识别内存大小并提供合适的内存的推荐值。

优化页面、DMA 通道的缓存区、堆栈和断点值：Windows 优化大师将页面缓冲区优化为 32，DMA 通道缓冲区优化为 64，系统内部堆栈优化为 15，断点值加到最大值 768。实践证明，这几个优化值适用于绝大多数配置的计算机系统。

优化队列值：Windows 优化大师将系统默认的队列数目缓冲区优化为 32。

此外，还可以对虚拟内存进行优化，这样可以省去 Windows 计算 Win386.swp 的时间，同时也减少了磁盘碎片的产生。需要注意的是虚拟内存不能小于系统内存的容量。建议将虚拟内存设置到系统最快的硬盘上，并采用 Windows 优化大师的推荐大小。

2．桌面菜单优化

在 Windows 优化大师开始菜单优化对话框可进行如下设置。

开始菜单速度的优化可以加快开始菜单的运行速度，建议将该值调到最快。

菜单运行速度的优化可以加快所有菜单的运行速度，建议将该值调到最快。

桌面图标缓存的优化可以提高桌面上图标的显示速度，建议将该值调整到 768KB。

选择“加速 Windows 刷新率”复选框，这样可以让 Windows 具备自动刷新功能。还有“关闭开始菜单动画效果”复选框和“关闭开始菜单动画效果”复选框，这些华而不实的效果会降低 Windows 的速度。

3．文件系统优化

现在的计算机采用的是 FAT 的文件系统，将设置由台式机改为网络服务器可以大幅度提高 FAT 存储能力加快访问速度。

在 Windows 优化大师文件系统优化对话框中可以通过调整光驱缓存和预读文件大小来调整 CD-ROM 的性能。光驱缓存的大小 Windows 优化大师根据用户的内存大小进行推荐，64MB 以上内存（包括 64MB）为 2048KB，64MB 以下内存为 1536KB。光驱预读文件大小 Windows 优化大师根据 CD-ROM 速度进行推荐，8 速，448KB；16 速，896KB；24 速，1344KB；32 速以上为，1792KB。

选中“优化交换文件和多媒体应用程序”复选框可以提高多媒体文件的性能。

4．网络系统优化

Windows 优化大师网络系统优化对话框中各项作用如下。

MaxMTU/MaxMSS 优化：Windows 默认的 MaxMTU（最大的 TCP/IP 传输单元）为 1500 字节（以太网标准），拨号上网用户使用该值会降低传输效率，一般应该改为 576 字节。MaxMSS（最大分组数）一般应为 MaxMTU-40。建议拨号网络选择 576/536。

DefaultRcvWindow 优化：DefaultRcvWindow（缺省的传输单元缓冲区）太小，将导致分组阻塞，降低传输效率；DefaultRcvWindow 太大，如果一个分组出错会导致缓冲区中的所有分区被丢弃和重发，也会降低效率。该值的大小与 Modem 的速度有关，最好是 MaxMSS 的整数倍。建议根据 Modem 速度进行选择。

DefaultTTL：Windows 默认的 DefaultTTL（TCP/IP 分组的寿命），如果分组在 Internet 中传输的时间超过了分组的寿命，则该分组将被丢弃。将 DefaultTTL 改得更大些，有利于信息在 Internet 中传得更远。建议拨号用户选择 255。

优化 PMTUDiscovery 和 PMTUBlackHoleDetect：选中该项将提高拨号上网的性能。

优化 NameSrvQueryTimeout：如果在 NameSrvQueryTimeout（域名服务器超时计数）计数值的时间内没有收到域名服务器的响应，则当域名服务器没有收到本机的请求，请求将会重发或做超时错误处理。优化该值可以增加连接的成功率，Windows 优化大师的默认优化值是 3000。

优化 COM 端口缓冲：这是为 Modem 所在的 COM 端口设置的缓冲大小。选中该项，Windows 优化大师会根据用户的内存大小设置相应的缓冲大小（内存小于 64MB，缓冲区为 1024；内存大于或等于 64MB，缓冲区为 2048）。同时，Windows 优化大师还将端口的波特率设置为 115200。注意，Windows 优化大师将自动查找系统中 Modem 的个数，对每一个配置了的 Modem 及其端口，都将自动查找 TCP/IP 入口进行优化，因此，如果系统中有没有使用的 Modem，建议删除掉。建议选择该项。

优化 MaxSocket 和 NDI：选中该项将对 NWLink 协议进行优化，对于拨号上网的用户，可以不选择。

减少上网超时现象：优化 SlowNet 值，可以不选择。

增强 IE 网址自动探测能力：将在注册表的 HKEY_LOCAL_MACHINE\Software\Microsoft\InternetExplorer\Main\UrlTemplate 中添加：2（www.%s.org）；3（www.%s.net）；4（www.%s.edu）。可以不选择。

通过“域名解析”可把经常访问的网址进行域名解析，然后自动将网址和 IP 地址一一对应地存放起来。今后，访问这些网址就无需进行域名解析了，可大大提高上网的速度。图 7-4 所示为 Windows 优化大师“域名解析优化”对话框。

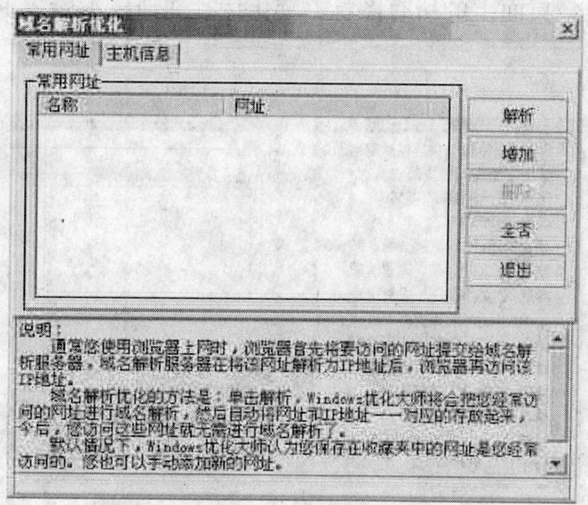

图 7-4 Windows 优化大师“域名解析优化”对话框

5．开机速度优化

在 Windows 优化大师开机速度优化对话框中，可以对引导信息的停留时间进行修改。另外，还可以禁止一些程序在开机时运行。

6．系统安全优化

可以通过 Windows 优化大师系统安全优化对话框来防止匿名用户按 Esc 键登录。首先必须先给 Windows 操作系统设置用户，然后在网络中的 Windows 登录中选择 Windows 友好登录，选中“防止匿名用户 Esc 键登录”复选框，单击“优化”按钮后，退出重启系统。

启用个人密码保护可以修补 Windows 操作系统的漏洞，防止密码被黑客窃取。

开始菜单：单击该项后出现的图 7-5 所示的列表框中列出了一些可以屏蔽的开始菜单中的选项，根据提示，去掉选项前的小勾，单击“确定”按钮，退出 Windows 优化大师后重启系统，即可隐藏“开始”菜单中的这些选项。

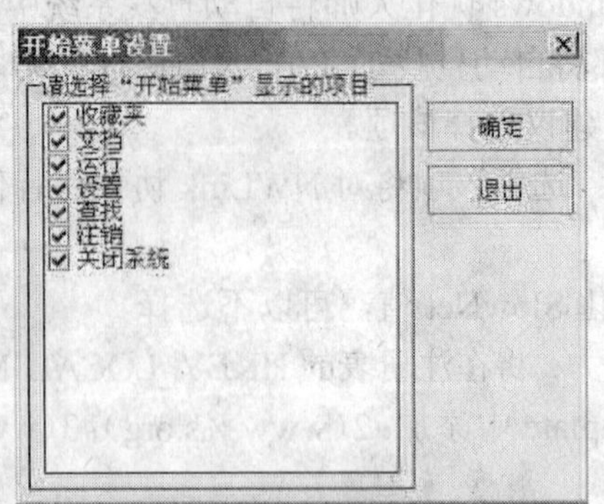

图 7-5　Windows 优化大师“开始菜单设置”对话框

单击“更多设置”按钮，打开“更多的系统安全设置”对话框，如图 7-6 所示，其中提供了一些高级选项给对 Windows 操作系统有一定使用经验的用户，包括隐藏控制面板中的一些选项，锁定桌面，隐藏桌面上的所有图标，禁止运行注册表编辑器 Regedit，禁止运行任何程序等。

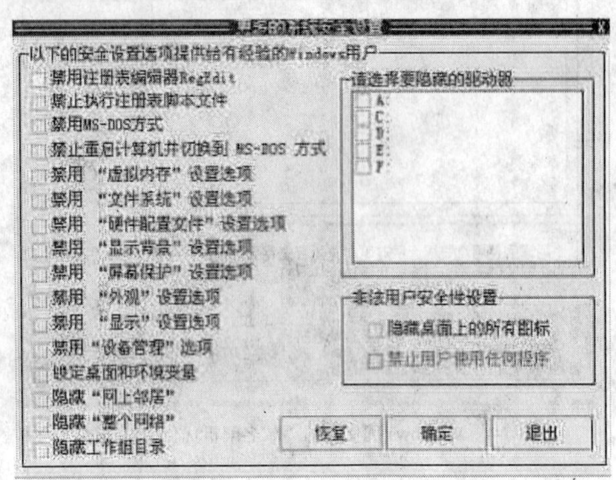

图 7-6　Windows 优化大师“更多的系统安全设置”对话框

此外，Windows 优化大师可以检查一些常见的黑客程序和病毒，并且针对一些系统安全漏洞进行修改和弥补。

7．注册信息清理

该功能可以让用户安全地清除注册表中的冗余信息，以免注册表过于臃肿，影响系统速度。另外还可以扫描多余的 DLL 文件以及程序的卸载信息等垃圾。

8．垃圾文件设置

随着 Windows 系统的使用，硬盘上的垃圾文件会越来越多。使用 Windows 优化大师可以轻松地帮助用户将垃圾文件查找出来并删除掉。选择好扫描类型和文件类型以后，可以通过单击 Windows 优化大师垃圾文件清理对话框中的“扫描”按钮开始寻找计算机中的垃圾文件。对于找到的文件可以进行如下处理：将文件移送到回收站、直接删除文件或者将文件移送到指定的目录。

9．系统个性设置

Windows 优化大师系统个性设置对话框中各项作用如下。

右键设置：包括在鼠标右键菜单中加入清空回收站、关闭计算机和重新启动计算机。还可以单击“自定义”按键定义自己的鼠标右键菜单。

桌面设置：包括消除快捷方式图标上的小箭头，在任务栏的时间前面添加文字信息，在桌面显示“我的文档”、“回收站”图标。

10．其他设置

在 Windows 优化大师其他设置对话框中可以对系统文件进行备份，并针对可以对 Windows 98 操作系统第一版进行虚拟设备驱动程序的优化。

7.1.2　超级兔子魔法设置

超级兔子魔法设置软件是一款系统设置软件，具有很强的系统设置和修改功能。完整的超级兔子魔法设置软件界面如图 7-7 所示。

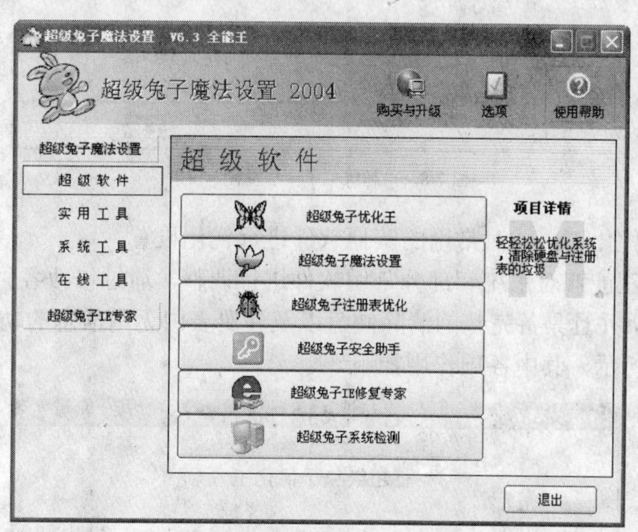

图 7-7　超级兔子魔法设置全能王主界面

1．超级软件

（1）超级兔子魔法设置：常用的 Windows 设置软件，提供几乎所有 Windows 操作系统的隐藏参数调整。“超级兔子魔法设置”窗口如图 7-8 所示，其中各项作用如下。

- 启动程序：Windows 启动时需要加载的软件，开机时多系统的选择，还有 Windows NT/2000/XP/2003 的系统服务启动状态修改。
- 个性化：添加、删除输入法，及排列顺序，还可以根据用户喜好修改计算机属性标志及文件夹的图标。
- 菜单：删除、取消鼠标右键菜单和“开始”菜单项目。
- 桌面及图标：更换、显示桌面与特殊图标，还能更换壁纸，以及让桌面图标透明化。
- 网络：修改 IE 浏览器的标题、首页、图标、菜单、选项等设置，还能修复 IE 错误、IE 关联错误及网卡的 MAC 地址。

● 文件及媒体：调整硬盘与光驱的缓冲区，以及 DirectX 和播放器的设置。

● 安全：关闭控制面板某个项目，隐藏程序菜单、收藏夹的某个项目，显示带*号的密码，还可清除 IE 的分级密码。

● 系统：提供系统信息，更改系统文件夹所在位置，虚拟内存与系统级的参数调整。

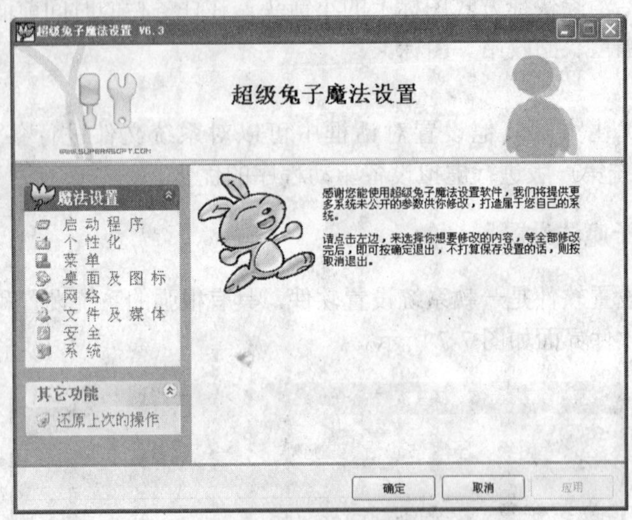

图 7-8 “超级兔子魔法设置”窗口

（2）超级兔子优化王：能对常用的其他软件进行优化设置。

超级兔子优化王能够对系统和部分常用软件进行调整，通过修改各种软件本身的设置，使它们工作得更好，并且具备完整的清除硬盘以及注册表内无用信息的功能。“超级兔子优化王”窗口如图 7-9 所示，其中各项作用如下。

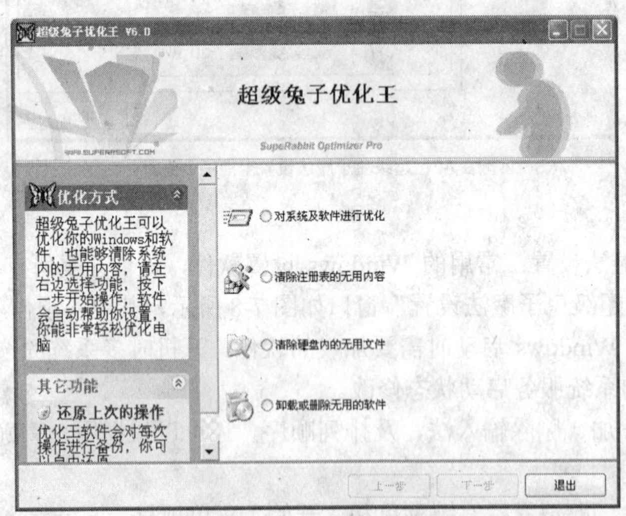

图 7-9 “超级兔子优化王”窗口

● 对系统及软件进行优化：优化系统与软件的设置。

● 清除注册表的无用内容：扫描系统注册表的无用内容，并给予清除。

● 清除硬盘内的无用文件：扫描硬盘上的无用文件，并给予清除。

- 卸载或删除无用的软件：卸载无用的软件，如果卸载不成功将直接删除软件。
- 还原功能：对上面的优化与清除进行还原。

（3）超级兔子注册表优化：专业的维护注册表的工具，可备份、还原、清理和压缩（减肥）注册表。

由于大多数软件都把自己的信息存放在注册表中，时间一长，添加与删除都导致注册表变得越来越大，里面的内容也有好有坏，清理注册表就变成令人头痛的工作。

"超级兔子注册表优化"窗口如图 7-10 所示，其中各项作用如下。

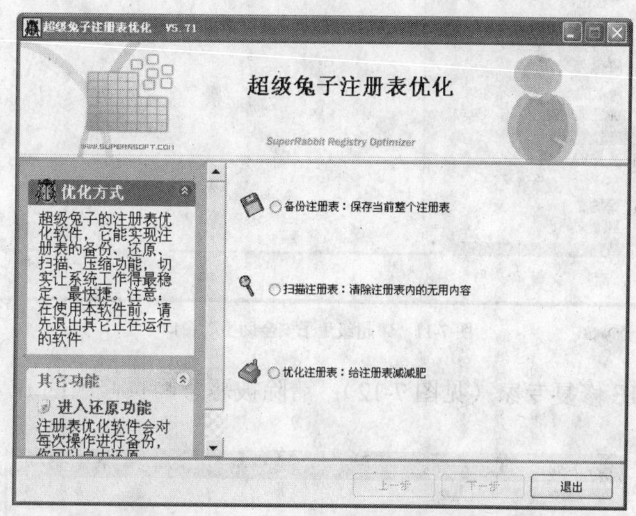

图 7-10　"超级兔子注册表优化"窗口

- 备份注册表：将当前注册表保存为一份文件，以便将来计算机出现故障时恢复。可以保存任意多的备份，建议在进行关键、危险的操作之前使用此功能。
- 扫描注册表：查找当前注册表中不正确的内容，然后允许清除这些可能是不正确的内容。因为软件也存在误判性，所以此功能具有小小危险性。
- 优化注册表：即压缩注册表，此功能可重建注册表，即直接将当前注册表的体积进行减肥处理，更小的注册表可以更少地消耗系统资源，有助于提高系统性能。
- 还原注册表：能够将备份的注册表文件，恢复到注册表中。

（4）超级兔子安全助手：是一个保护计算机不被他人使用的软件，集合了文件加密、文件夹伪装、隐藏磁盘、开机密码等各种安全功能。

"超级兔子安全助手"窗口如图 7-11 所示，其中各项作用如下。

- 开机密码：进入 Windows 桌面前询问密码。
- 密码设置：给安全助手设置密码，可以不让别人使用本软件。
- 隐藏磁盘：适用于 Windows 2000/XP/2003 操作系统的驱动器隐藏，可以真实地隐藏驱动器。也适合于 Windows 98/Me 操作系统，但是安全性不如前面操作系统的高。
- 加密文件：对文件进行加密和解密操作。
- 保护文件：保护文件可以让受保存的文件不被别人打开、复制或删除等。
- 删除文件：删除文件只是用来删除机密文件的，普通文件不需要使用此功能。删除后的文件一般不能使用反删除软件还原，此功能还可以删除正在使用的文件，一般正在使用的文件是不允许删除的，软件会在开机时再将它删除。

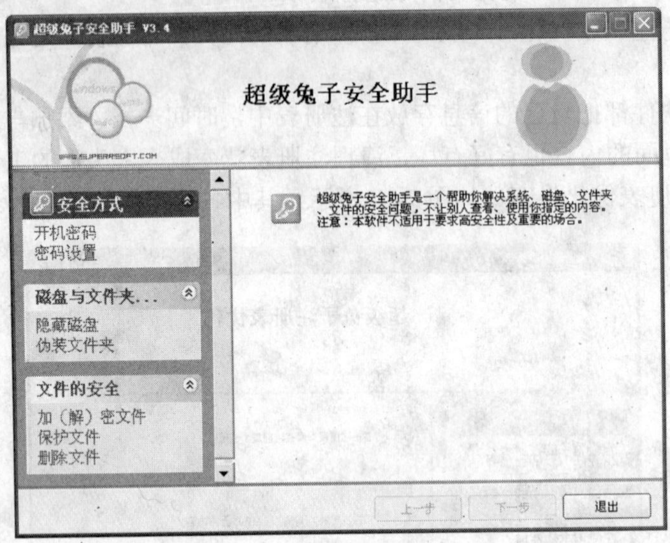

图 7-11　“超级兔子安全助手”窗口

（5）超级兔子 IE 修复专家（见图 7-12）：清除被恶意网页修改的 IE 系统。

图 7-12　“超级兔子 IE 修复专家”窗口

（6）超级兔子系统检测：测试系统稳定性，查看硬件信息。

超级兔子系统检测可以对计算机的 CPU、显卡 3D 速度、键盘和显示器基本性能进行测试，同时还可以显示 CPU 的信息以及整个系统信息。其中对 CPU 进行的测试可以有助于检查当前系统是否稳定。“超级兔子系统检测”窗口如图 7-13 所示，其中各项作用如下。

- CPU 信息：由超级兔子软件检测获得的数据，并非由微软提供的数据。
- 详细系统信息：列出计算机上的所有信息，包括硬件、使用环境和操作系统相关信息。

● CPU 测速：对 CPU 进行检测。

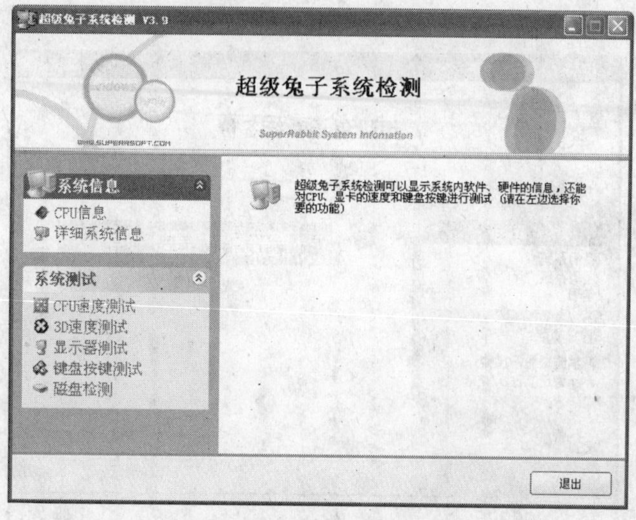

图 7-13 “超级兔子系统检测”窗口

技巧：进行处理器测速可以看出系统的稳定性，如果计算机在进行此项测试时，出现异常的终止现象，即没有运行程序就停止响应，则说明了系统不稳定，这种情况多数出现在 CPU 超频后。

● 3D 测速：对计算机的显示卡进行检测。

注意：超级兔子系统检测需要微软公司的 DirectX 8.0 以上版本，DirectX 8.0 以上版本只有 Windows XP 操作系统自带，其他操作系统需要另外安装，可按软件的提示进安装。

● 显示器测试：显示器测试只是用来辅助调整显示器显示效果的，并不能检测出硬件上的错误。

● 键盘测试：如果觉得键盘上的按键不灵敏，可以在此对每个按键进行测试。

2. 实用软件

（1）超级兔子系统备份：

因为注册表是 Windows 的核心，所以备份注册表可以为日后的系统稳定做好基础，当系统出现问题时，还原注册表可以解决多数的问题。

“超级兔子系统备份”窗口如图 7-14 所示，其中各项作用如下。

● 备份系统：超级兔子系统备份所生成的备份文件是以 cab 结尾的压缩文件。

● 还原系统。

● 取消超级兔子操作：取消使用超级兔子其他软件的操作，超级兔子有很多个软件，部分软件会在使用时自动生成备份记录，此备份记录与上面的备份注册表不同，备份记录只记录了操作中的注册表内容，不是完整的注册表。

● 删除备份文件。

● 更改系统位置：特别为多操作系统设计的，如果计算机中安装了两个 Windows 操作系统，如 Windows 98 和 Windows XP，可以在一个系统运行超级兔子系统备份，来还原另一个系统的注册表，这在其中一个系统出现问题时是很有用的。

● 启动开机备份：超级兔子系统备份在每天自动备份注册表，以便日后还原之需。在

Windows 操作系统的 MagicSet 文件夹下，会看到 SRRB?.CAB 文件，它就是每天自动生成的备份文件。

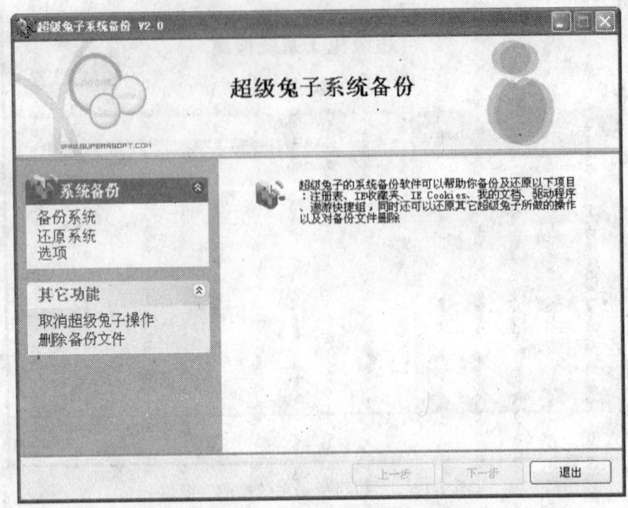

图 7-14 “超级兔子系统备份”窗口

（2）超级兔子内存整理：为应用软件提供更多的可用物理内存。

当 Windows 启动大型软件、游戏时，会消耗大量的内存，即使退出也仍然不能完全释放，此后会因为内存分配问题导致效率低下。通过超级兔子内存整理后，系统会重建内存，恢复开机时的状态。“超级兔子内存整理”窗口如图 7-15 所示。

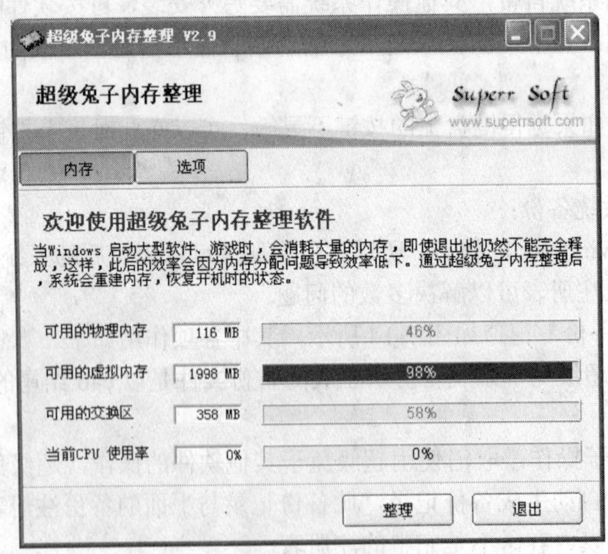

图 7-15 “超级兔子内存整理”窗口

注意：刚刚整理完毕的系统，因为缓冲区的清空，可能感觉到变慢，稍后即可正常。

（3）超级兔子虚拟桌面：这是一个小巧，但是应用领域非常广泛的功能，如果使用过 Linux 操作系统的 Xwindows 一定对该系统内的单系统多窗口非常熟悉，该功能使用户在一个系统内拥有多个桌面窗口，可以不再为繁杂的桌面和显示范围不够而烦恼了。其界面如

图 7-16 所示。

图 7-16　超级兔子虚拟桌面

多桌面环境可以使用在很多方面，例如在设计程序时可以将不同作用的程序运行在不同的桌面，方便程序调试。

安装后在任务栏时间旁边会多出一个小图标，可使用鼠标右键单击该图标显示出使用状态，能够直接分辨出哪个桌面为目前使用的桌面。选择其他桌面后，当前桌面上的所有程序都会在后台运行。要回到原来的桌面，只需重新选择原来的桌面。

技巧：来回选择桌面是很麻烦的，只要用鼠标左键点击图标一次，桌面就会切换到下一个，再点击一次，就又换到下一个，总之就是在“使用中”的桌面之间进行循环。

该软件还提供了热键操作方式，Ctrl + 1 对应为第 1 个桌面，Ctrl + 2 为第 2 个，以此类推。

（4）超级兔子关机程序。

3．系统工具

超级兔子系统工具（见图 7-17）可通过直接调用 Windows 相应的管理程序，对 Windows 的软硬件资源进行管理。

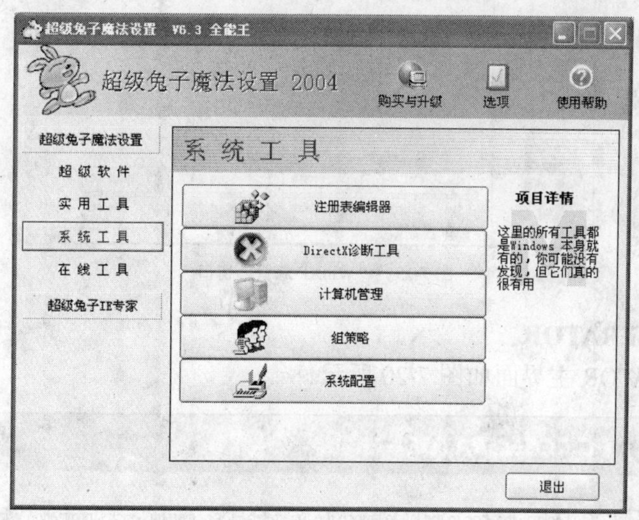

图 7-17　超级兔子系统工具主界面

4．超级兔子 IE 专家

超级兔子 IE 专家（其主界面如图 7-18 所示）可对 IE 浏览器上网的网址、广告等进行过滤和保护。

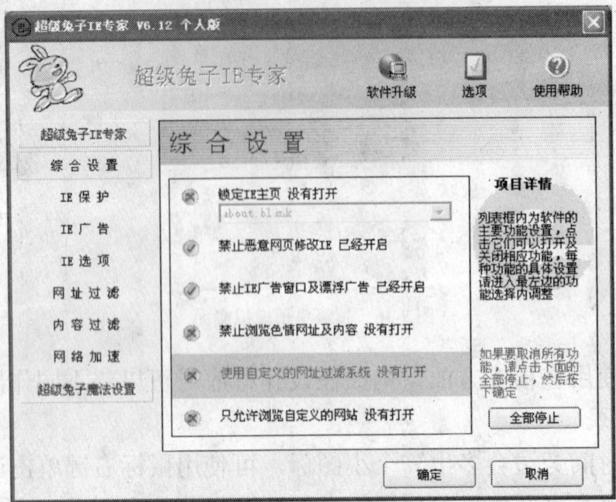

图 7-18 超级兔子 IE 专家主界面

7.1.3 其他常用系统优化工具

1．WinXP 总管

“WinXP 总管”窗口如图 7-19 所示。

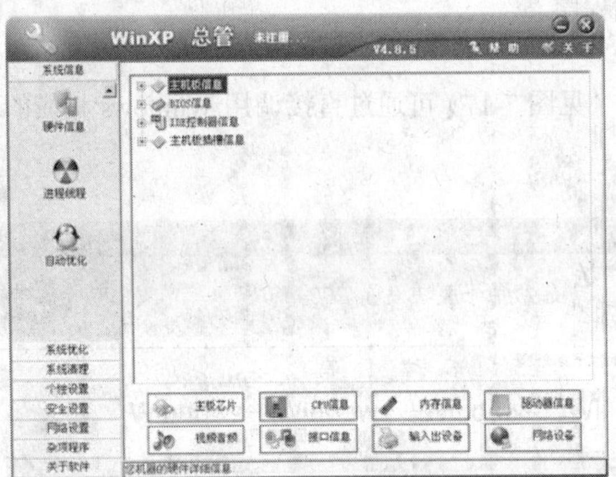

图 7-19 “WinXP 总管”窗口

2．PC ACCELERATOR

PC ACCELERATOR 主界面如图 7-20 所示。

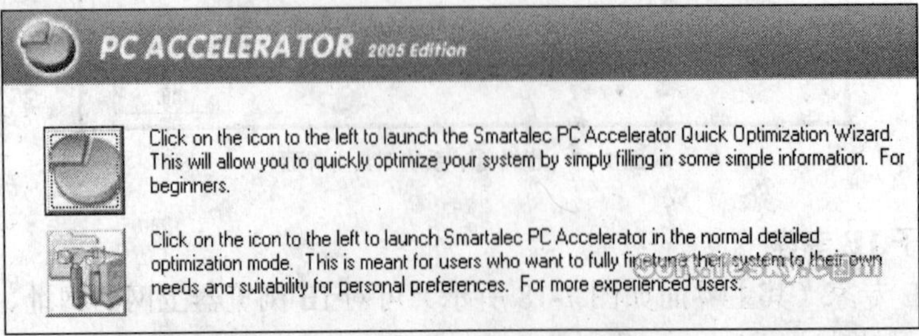

图 7-20 PC ACCELERATOR 主界面

3．PcBoost

PcBoost 主界面如图 7-21 所示。

图 7-21 PcBoost 主界面

4．PcMedik

PcMedik 主界面如图 7-22 所示。

图 7-22 PcMedik 主界面

5．Powertweak

Powertweak 主界面如图 7-23 所示。

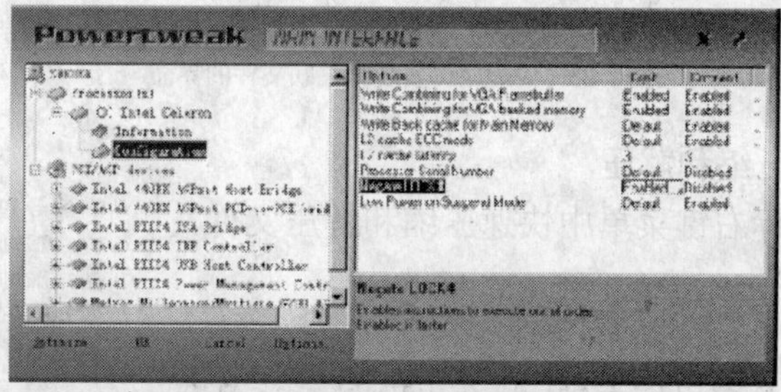

图 7-23 Powertweak 主界面

7.2 压 缩 软 件

7.2.1 压缩软件 WinRAR

WinRAR 是 Windows 环境下的 RAR 压缩文件管理器。WinRAR 的主要功能是非常强大的常规和多媒体压缩，支持长文件名，建立自解压缩文件（SFX），损坏的压缩文件的修复，身份验证，内含文件的注释和加密，能处理非 RAR 压缩文件，其文件的压缩比比 ZIP 文件大 30%。

1．WinRAR 的下载和安装

从许多网站都可以下载 WinRAR。下载后的 WinRAR 软件是一个自解压的压缩包，双击下载后的压缩包，就会出现图 7-24 所示的安装界面。WinRAR 安装时关联文件的界面如图 7-25 所示。

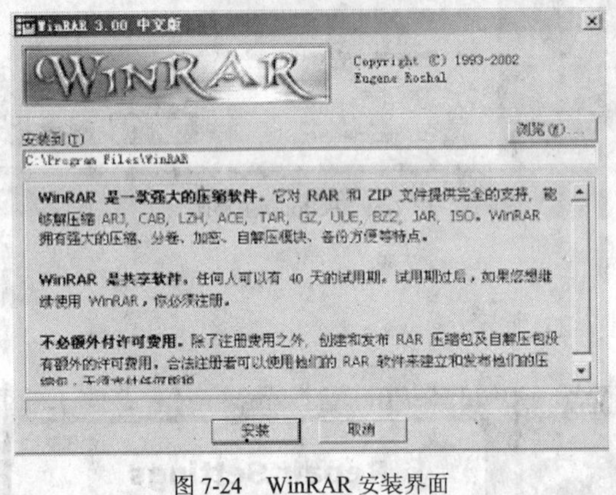

图 7-24　WinRAR 安装界面

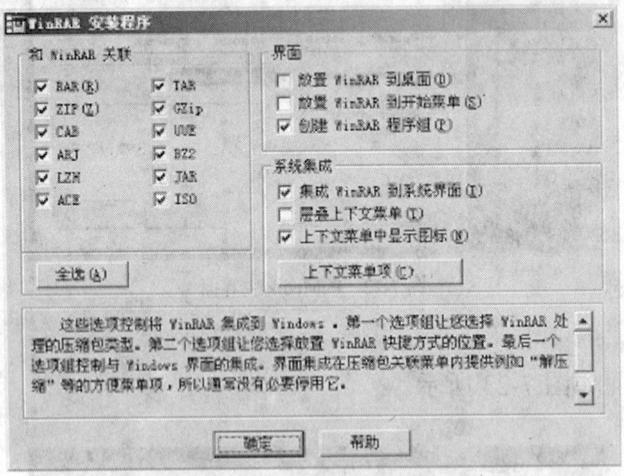

图 7-25　WinRAR 安装时关联文件的界面

2．WinRAR 快速压缩和解压

WinRAR 支持在鼠标右键菜单中快速压缩和解压文件，操作十分简单。

（1）快速压缩

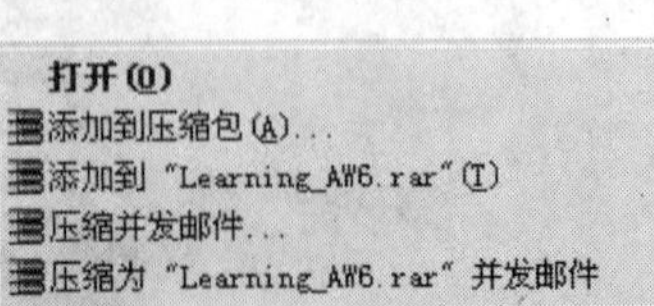

图 7-26　WinRAR 压缩快捷菜单

在要压缩的文件上单击鼠标右键，就会出现图 7-26 所示

的 WinRAR 压缩的快捷键。

选择“添加到压缩包”命令，弹出图 7-27 所示的“压缩包名称和参数”对话框，按要求设置好各选项后，单击“确定”按钮即开始压缩。

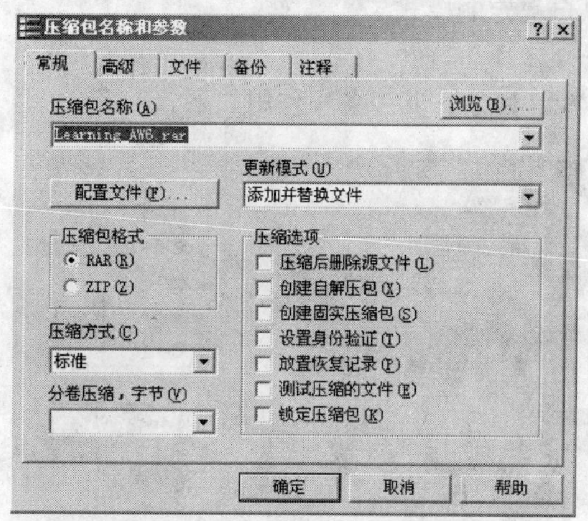

图 7-27　“压缩包名称和参数”对话框

当然，在文件上单击鼠标右键弹出的快捷菜单中还会出现一个“添加到文件名.RAR”命令，这是在当前文件夹下压缩一个同名的 RAR 格式的文件。

（2）压缩包名称和参数选项说明

① 常规选项

在“压缩包名称”下拉列表框选择将压缩文件保存至何处，还可以通过“浏览”按钮来做出选择。

“更新模式”下拉列表框中是关于文件更新方面的内容，一般用于以前曾压缩过的文件，现在由于升级等原因需要再压缩：“添加并替换文件”是压缩并替代文件；“添加并更新文件”是压缩并升级文件；“仅更新已有文件”是只有比存在文件新的时候才压缩；“同步压缩包内容”类似于创建一个新文件，当原文件中的文件在新文件中不存在的时候，此选项会删除此多余的文件，但在很多时候，此选项的压缩速度比创建一个新文件快。

“压缩包格式”是选择压缩格式，这里可以选择 RAR 或 ZIP 格式进行压缩。

“压缩方式”下拉列表框中的选项是对压缩比例和压缩速度的选择，由上到下选择的压缩比例越来越大，但速度越来越慢。

“分卷压缩，字节”是选择压缩包的大小，当压缩后的大文件需要用几张软盘存放的时候，这个选项是很有用处的。需要分卷压缩时，要在此文本框中输入分卷压缩包的大小。

“压缩选项”中有 7 个选项，常用的有以下几种。“压缩后删除文件”是压缩后删除原文件。“创建自解压包”是创建自解压可执行文件。“创建固实压缩包”这是 RAR 格式的文件的独特的压缩形式，这种形式的文件的压缩比例很大，当然速度也相对较慢并且不便于升级，在以下几种情况下可以使用这个选项：第一种情况是，文件压缩以后备份，文件基本不需要升级，另一种情况是此文件或文件中某部分不经常被解压。当然，压缩的比例比速度更重要的时候也可以使用这个选项。“设置身份验证”用于要在文件中加入关于创建者，最后升级时间，存档文件名等信息，“放置恢复记录”选项被选择的时候，在磁盘损坏或数据丢失等情况可以恢复一些数据。

“配置文件”按钮：单击时会出现一个下拉式菜单，菜单提供了几种预设的模式方便操作。当然，使用者也可以自己定制模式。

② 高级选项

“高级”选项卡如图 7-28 所示，其中各项作用如下。

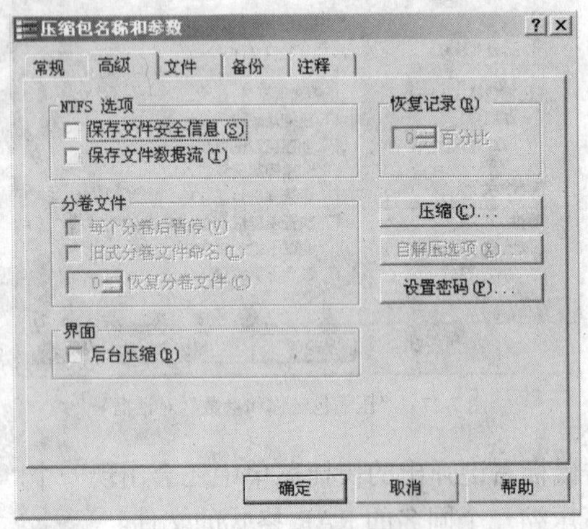

图 7-28 “高级”选项卡

“NTFS 选项”栏中的“保存文件安全信息”复选框只用于 Window NT/2000 操作系统下的 NTFS 文件，它允许用户保存一些安全方面有关的数据，一般家庭用户并不需要它；“保存文件数据流”复选框同样只用于 Windows NT/2000 操作系统下的 NTFS 文件，此选项被推荐使用于用 WinRAR 备份 NTFS 磁盘的时候。

“后台压缩”复选框被选择后，在文件的处理进程中 WinRAR 将被最小化。

“压缩”是高级压缩参数设置，主要是设置压缩的运算法则，数字越大压缩得越好，但速度也可能越慢，通常最少 32MB 内存的可以选择 1024 作为参数。

“设置密码”可以给压缩包设置密码和加密文件。

③ 文件选项

“文件”选项卡中的选项主要用于指定压缩时要添加和排除的文件。

④ 备份选项

“备份”选项卡如图 7-29 所示，其中各项作用如下。

“备份选项”栏中有 6 个复选框。“压缩前先清除目标磁盘”是在压缩文件前擦除目标磁盘的所有内容，但此选项只能用于可移动的磁盘，不可用于硬盘，在选择此选项之前要确定磁盘上的内容是没用的；“只添加属性为‘存档’的文件”用于有目的备份意图，它的功能是只有有“存档”属性的文件才可以被压缩；“压缩后清除‘存档’属性”是在成功压缩文件后清除“存档”属性；“打开共享文件”是允许文件被其他应用软件打开，此选项应该小心使用，因为在被其他应用软件打开的时候文件可能被修改；“使用掩码产生压缩包名称”是在文件名后加上时间，此选项通常用于每天的备分中，有了时间就可以清楚地知道是什么时候备份的了，后面的“y”是年，“m”是月，“d”是日。

“包含文件”下拉列表框中有 3 个选项，“任何时间”是 WinRAR 将不管文件的时间都进行压缩；“早于”是只压缩比此时间早的文件；“晚于”是只压缩比此时间晚的文件。当选择“早于”或“晚于”的时候可以在后面输入时间。

“设置压缩时间为”下拉列表框中是对文件时间有关的选项，“当前系统时间”是使用当前系统时间；“压缩文件时间”是可以防止文件时间被修改；“最新文件时间”是当文件被改变的时候使用最新的时间。

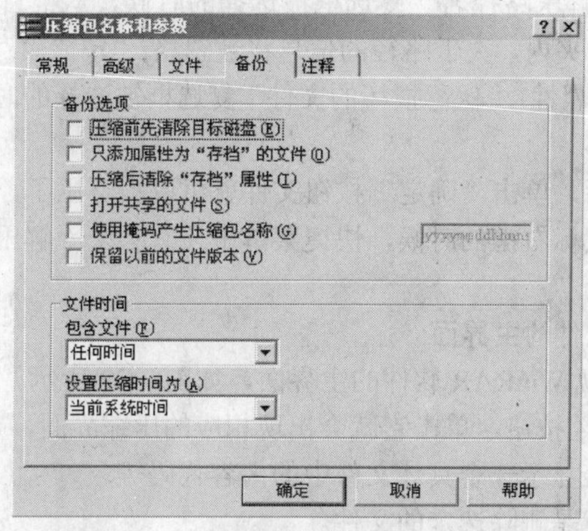

图 7-29　“备份”选项卡

⑤ 注释选项

“注释”选项卡中的选项通常用于为文件加上一些参数注释信息，因为它要涉及一些参数所以适用于较高级的用户。

（3）快速解压

当在压缩文件上单击鼠标右键后，弹出图 7-30 所示的快捷菜单，选择“解压缩文件（A)”命令就可以进行解压缩了。

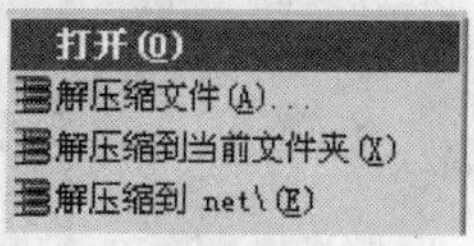

打开(O)
解压缩文件(A)...
解压缩到当前文件夹(X)
解压缩到 net\(E)

图 7-30　WinRAR 快速解压快捷菜单

选择“解压缩文件（A)”命令后弹出“解压缩路径和选项”对话框，如图 7-31 所示。在“目标路径”下拉列表框中选择解压缩后的文件将被安排至的路径和名称。

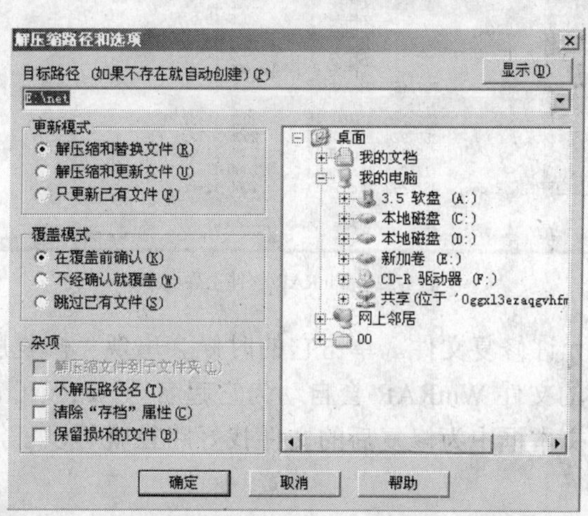

图 7-31　“解压缩路径和选项”对话框

“更新模式”是关于升级文件的内容：“解压缩和替换文件”是解压并替代文件；“解压缩和更新文件”是升级文件并解压；“只更新已有文件”是只有比当前文件新的时候才解压。

“覆盖模式”是关于当要解压的文件已经存在的时候是否覆盖问题的选项：“在覆盖前确认”是在覆盖前询问用户；“不经确认就覆盖”是不提示而直接覆盖；“跳过已有文件”是解压时跳过已经存在的文件。

“杂项”栏中的“不解压路径名”复选框被选择的时候，从根目录和子目录中解压的文件都将被保存至目标文件夹内，关于路径的信息将被忽略；“清除‘存档’的属性”是文件被解压后将清除“存档”的属性；“保留损坏的文件”复选框被选择的时候，WinRAR 将不删除不能正确解压的文件。

以上的选项设置好后，单击“确定”按钮文件就可以被解压了。

在压缩文件上单击鼠标右键的时候，快捷菜单中还有一个“解压到文件名”命令，这是在当前文件夹中解压。

3．WinRAR 压缩软件的主界面

启动 WinRAR 后出现 WinRAR 软件的主界面，如图 7-32 所示。

“添加”按钮就是压缩按钮，单击它就会出现相应的压缩界面。

单击“查看”按钮会显示一个具体文件中的内容代码等。

单击“删除”按钮就是删除选定的文件。

单击“信息”按钮对选定的文件给出一个与压缩有关的评估资料。

单击“解压缩到”按钮将文件解压。

单击“测试”按钮允许用户对选定的文件进行测试，它会告诉用户是否有错误等测试结果。

图 7-32　WinRAR 软件主界面

单击“修复”按钮允许修复文件。单击它的时候会出现“修复压缩包”对话框，如图 7-33 所示。因为修复后的文件 WinRAR 会自动为它起名为_reconst.rar，所以只要在“存放修复压缩包的文件夹”文本框中为修复后的文件找好路径就可以了，当然也可以自己为它起名。

修复完之后还会出现相关提示信息，如图 7-34 所示。

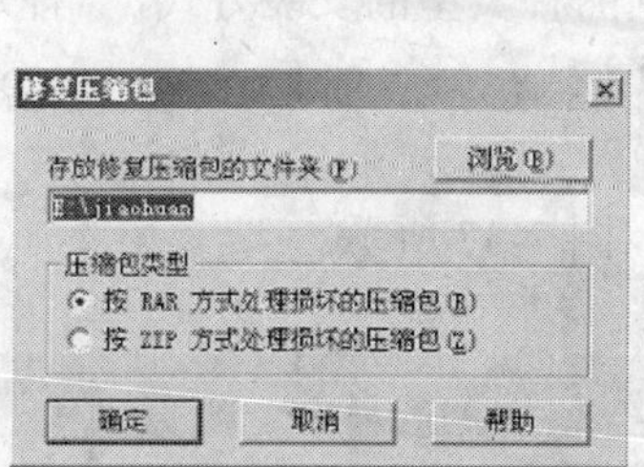

图 7-33 “修复压缩包”对话框

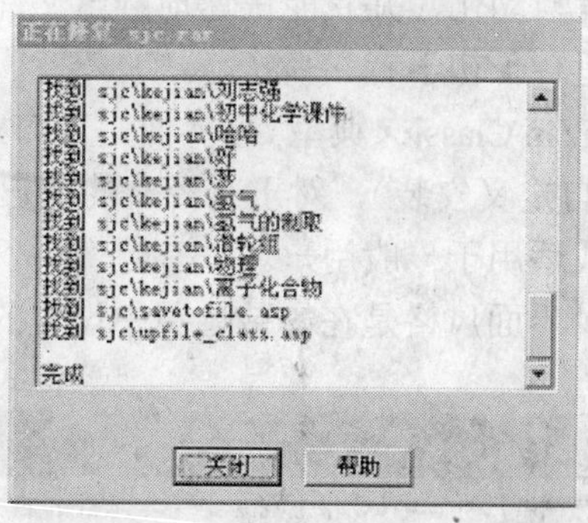

图 7-34 WinRAR 修复压缩包的提示信息

当在 WinRAR 的主界面中双击打开一个压缩包的时候，还会出现扫描病毒、注释、保护、自解压格式等按钮，如图 7-35 所示。

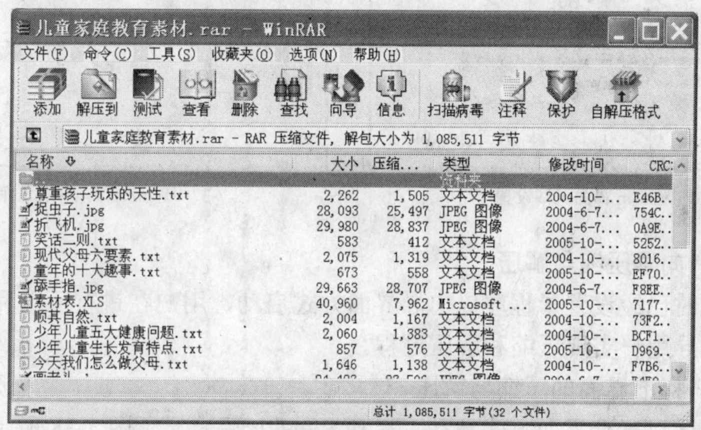

图 7-35 WinRAR 解压缩界面

单击“保护”按钮可保护压缩文件，防止压缩包受到损害。

单击“自解压格式”按钮将压缩文件转化为自解压可执行文件。自解压文件是压缩文件的一种，它结合了可执行文件模块，不需要外部程序来解压，自己可完成解压过程。创建自解压文件需先创建一个 RAR 格式的文件压缩包，再将其转换成自解压的.EXE 可执行文件。

7.2.2 压缩软件 WinZip

WinZip 是 NicoMak Computing 公司开发的著名 ZIP 压缩文件管理器，该工具有操作简便、压缩运行速度快等显著优点，能与网络浏览器 IE 实现无缝连接，大大方便 Internet 用户进行网上软件的下载、解压。

1．WinZIP 的下载和安装

（1）安装

WinZip 权威的下载网址是 http://www.winzip.com。下载后的 WinZip 是一个自解压的压缩包，双击打开进行安装。

（2）WinZip 的两种运行界面

WinZip Wizard（向导）型界面能引导用户进行压缩和解压缩文件的操作，它使压缩文件操作过程自动化，并且能快速地解压文件，而且自动把安装软件分别送到 Zip 文件夹中，这种类型适合于初学者。

WinZip Classic（典型）型界面是窗口式界面。它包括两种类型的安装方式，一种是 Custom Setup（自定义安装），对于有经验的用户可以选取这种方式；另一种 Express Setup（快速安装）方式适用于一般用户。

两种界面风格是在安装过程中设置的，如图 7-36、图 7-37 所示。

图 7-36　WinZip 界面风格设置

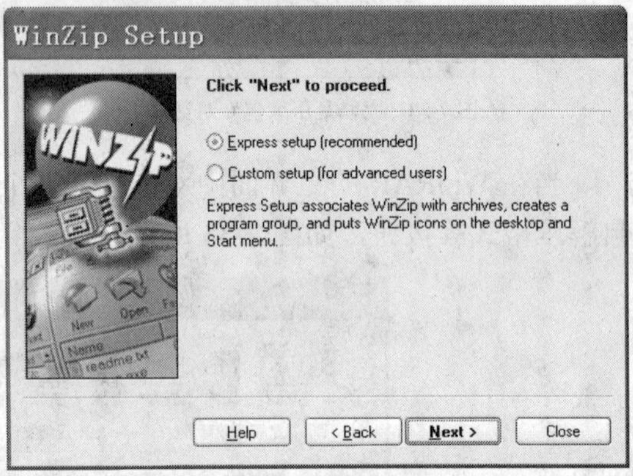

图 7-37　WinZip 典型界面的两种安装方式

2．WinZIP 向导压缩与解压

如果在安装时已经设置了程序以向导界面方式启动，用户在进行压缩和解压时，计算机会逐步提示，指导用户实现压缩和解压过程。

3．WinZIP 标准界面的压缩与解压

如果设置程序以标准界面方式启动，启动 WinZIP 后，显示图 7-38 所示界面，在界面窗口中实现压缩和解压过程，其具体的压缩和解压过程与 WinRAR 类似。

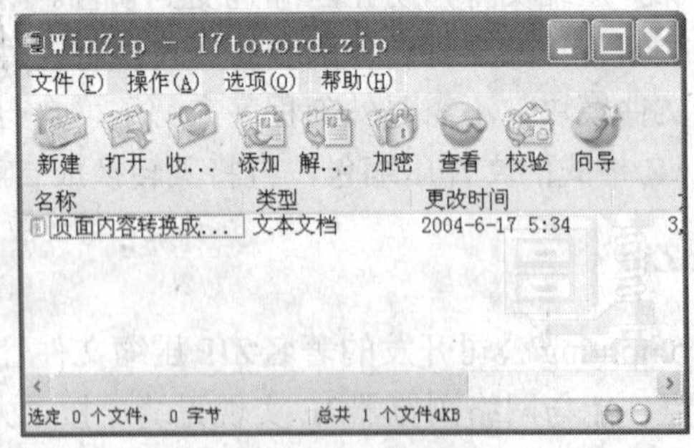

图 7-38　WinZip 标准界面

7.3　抓 图 软 件

7.3.1　抓图软件 HyperSnap-DX

HyperSnap-DX 是一款运行于 Microsoft Windows 平台下的抓屏软件，利用它可以很方便地将屏幕上的任何一个部分，包括活动客户区域、活动窗口、客户区域、桌面等抓取下来。HyperSnap-DX 是一款功能强大的抓图软件。

1．HyperSnap-DX 工作界面

HyperSnap-DX 可直接上网下载，解压后安装，其工作界面如图 7-39 所示。

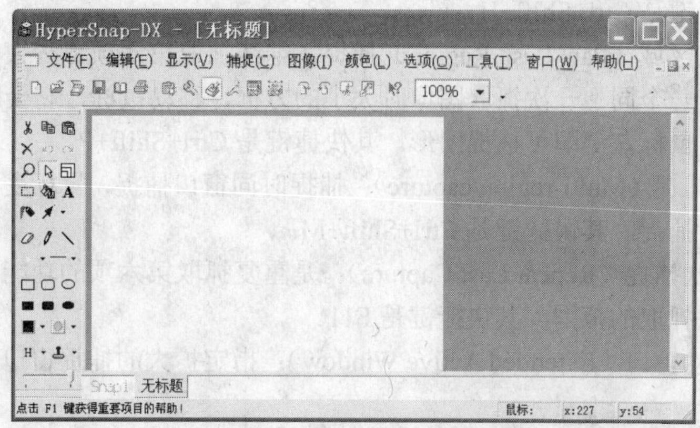

图 7-39　HyperSnap-DX 的工作界面

2．HyperSnap-DX 的使用

HyperSnap-DX 有一个非常重要的菜单——捕捉（Capture），它的图像截取功能主要是通过这个菜单来实现的，如图 7-40 所示。

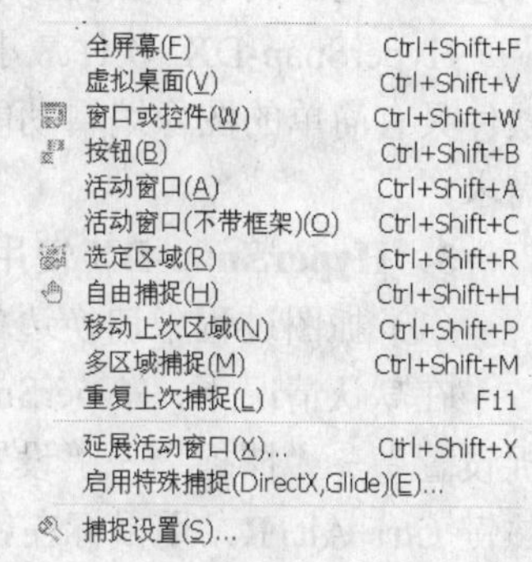

图 7-40　HyperSnap-DX 图像捕捉菜单

（1）全屏幕（Full Screen）截取图形：快捷键是 Ctrl+Shift+F，当用户按下它们时，HyperSnap-DX 自动地缩小并隐藏到任务栏上去，将整个屏幕抓图后，再次复原，整个屏幕图像就出现在图像编辑区域中，但 HyperSnap-DX 软件自身的图像是看不见的。

（2）虚拟桌面（Virtual Desktop）捕捉：和全屏幕差不多，快捷键是 Ctrl+Shift+V。

（3）窗口或控件（Window or Control）捕捉：选择它后，鼠标就成为选择框了，移动鼠标，会自动地根据鼠标来选择窗口，其选择原则是同性质的部分，会认为是一个窗口。选择好后，单击鼠标左键抓取图形，单击鼠标右键取消抓取图像。其快捷键是 Ctrl+Shift+W。

（4）按钮（Button）捕捉：专门捕捉工具按钮，捕捉时只需在要捕捉的按钮上单击鼠标即可。其快捷键是 Ctrl+Shift+B。

（5）活动窗口（Action Window）捕捉：如果本身是活动窗口，就会抓取隐藏自己后的一个活动窗口，将它放到图像编辑区。其快捷键是 Ctrl+Shift+A。

（6）活动窗口（不带框架）（Active Window without Frame）捕捉：同第四项功能，只是抓图后，会把窗口的边框取掉，只留下编辑区域。例如抓记事本，就只抓取文字区域，记事本的菜单、标题栏以及边框，就都被去掉了。其快捷键是 Ctrl+Shift+C。

（7）选定区域（Region）捕捉：选择此功能，鼠标变成十字形，用鼠标单击要抓取范围的一个角，它在屏幕上有一个放大区域，可以将选择的点看得很清楚；然后再在选取范围的另外一个角上单击鼠标左键，就选取了所要的图形范围，如果放弃选择，直接单击鼠标右键。其快捷键是 Ctrl+Shift+R。

（8）自由捕捉（Free Hand）：捕捉时出现单线条，可以自由地组合多边形，实现特殊形状的捕捉。其快捷键是 Ctrl+Shift+H。

（9）移动上次区域（Pan Last Region）捕捉：继续抓取第六项那么大小的范围图像，点取后，桌面上会有一个同上一次抓取图像时大小的方框，移动鼠标，它会跟随鼠标移动，选择好区域后，单击鼠标左键即可捕捉图形。其快捷键是 Ctrl+Shift+P。

（10）多区域捕捉（Multi-region capture）：捕捉时同窗口捕捉，鼠标变成选择框，可以同时对多个区域进行捕捉。其快捷键是 Ctrl+Shift+M。

（11）重复上次捕捉（Repeat Last Capture）：是重复抓取第六项的功能，选取它后，程序会自动抓取上一次抓取的范围。其快捷键是 F11。

（12）延展活动窗口（Extended Active Window）：指定扩大的捕捉窗口大小。其快捷键是 Ctrl+Shift+X。

（13）启用特殊捕捉（DirectX，Glide）（Enable Special Capture）：通过对计算机游戏和视频进行设置，实现计算机游戏和视频捕捉。

HyperSnap-DX 软件最小化后，其快捷功能键全部有效，可以随时激活，截取图形；该软件具有简单的图像编辑功能，可以对抓取后的图形进行简单的编辑和处理，以满足用户的需求。

3．HyperSnap-DX 使用技巧

（1）抓图过程中切换边角形状

在默认情况下，HyperSnap-DX 设定的捕获区域形状为矩形，可通过选择“捕捉”→“捕捉设置”→“捕捉”→“设置默认的区域形状”进行调整。抓图时，首先按下选定区域捕捉热键 Ctrl+Alt+R，用鼠标左键选择捕捉区域的起始点，移动鼠标选择捕捉区域，按 S 键切换捕捉区域的边角形状（如圆形、椭圆形等）。

（2）快速将捕捉的图像拼贴在一起

默认情况下，HyperSnap-DX 为每个捕获的图像都创建一个新的窗口，但是有时需要将抓取的几个画面拼合成一幅图像，就需要合并图像。选择“捕捉”→“捕捉设置”→“查看和编辑”→“将每个新捕捉的图像都粘贴到当前图像上”命令即可，还可以扩展绘图空间。

（3）在捕捉的图像上添加文字

HyperSnap-DX 提供了在捕捉的图像上添加说明文字的功能。抓取图像后，单击左边绘图工具栏上的大写字母 A，选择合适的矩形区域，在弹出的文本工具对话框中输入文字，设置“字体/颜色”、对齐方式等。

（4）抓取滚动窗口

选择“捕捉”→“捕捉设置”命令，打开“捕捉设置”对话框（见图 7-41），在“捕捉”选项卡中勾选“窗口捕捉时自动滚动窗口”复选框并设置自动滚屏的刷新时间即可。将垂直滚动条放置开始自动滚屏抓取的位置，按下窗口捕捉热键 Ctrl+Alt+W，然后在窗口中单击鼠标左键，屏幕会向下移动并自动捕捉画面。

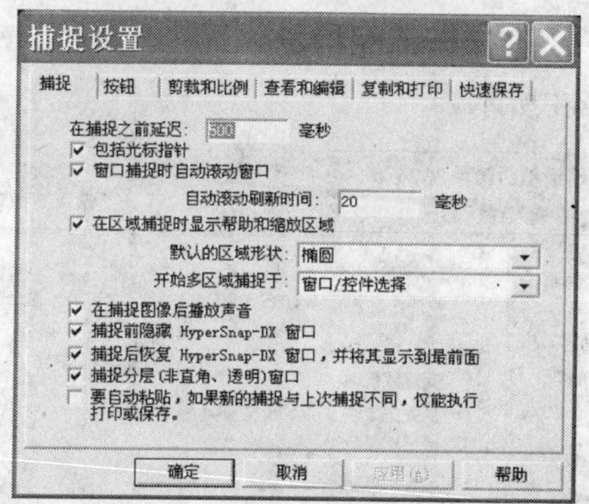

图 7-41　“捕捉设置”对话框

（5）直接捕捉图像到 Word 文件

选择“捕捉”→“捕捉设置”→“复制和打印”→“将每次捕捉的图像都复制到剪贴板上”命令，再选中打开对话框中的“将每次捕捉的图像粘贴到”复选框，在其下的下拉列表框中选中当前正在编辑的 Word 文件窗口，就可将捕捉的图形直接粘贴到所编辑的 Word 文件中。

（6）给图片盖上自己的印章

有时出于宣传的需要，想给自己的图片加上一个标注，例如注上作者名、截取日期、版权声明之类的信息。先捕捉一幅图像，然后选择“图像”→“水印”命令，在弹出的对话框中单击“新建水印”命令打开“编辑水印”对话框，在“图像”选项卡中导入自己的卡通图片，勾选“水印中使用此图像”复选框，并给此水印起一个名字即可把导入的卡通图片作为水印。水印建立后，只要单击水印工具旁的下拉按钮，再选择制作好的水印即可把它立即应用到当前图像中。

（7）捕捉异形窗口

如今软件界面越做越漂亮，再加上很多的软件都支持换肤操作，这样就会使窗口显得奇形怪状。有时抓取这样的窗口，会连同周围的部分也抓取下来。选择“捕捉”→“窗口或控件”命令，HyperSnap-DX 即可自动探测窗口的形状，并能够按照它的实际外形进行截取。

7.3.2　其他常用抓图软件

1．经典抓图高手 SnagIt

Snaglt 的主界面如图 7-42 所示。

图 7-42　Snagit 主界面

2．国产图像捕捉利器——红蜻蜓抓图精灵

红蜻蜓抓图精灵如图 7-43 所示。

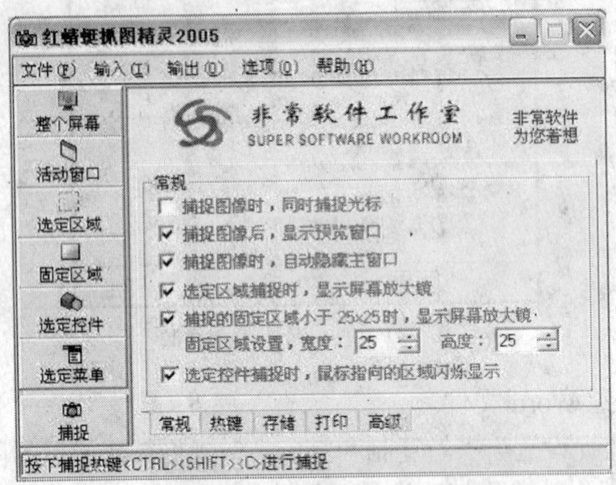

图 7-43 红蜻蜓抓图精灵主界面

7.4 看图软件 ACDSee

ACDSee 是目前最流行的数字图像处理软件，它广泛应用于图片的获取、管理、浏览、优化和分享；可以直接从数码相机和扫描仪高效获取图片，并进行便捷的查找、组织和预览；能识别 50 多种常用多媒体格式；能快速、高质量地显示图片，配以内置的音频播放器，还可以播放精彩的幻灯片，处理如 Mpeg 之类常用的视频文件；同时它又是一款图片编辑工具，能轻松处理数码影像，还能批量处理图片。

1．ACDSee 的下载与安装

ACDSee 是 ACDSystem 公司制作的看图软件，其官方网站是 http://www.acdsystems.com/。从许多网站都可以下载这个软件。双击下载的压缩包按向导指示进行安装即可。

2．ACDSee 操作界面

（1）ACDSee 主界面

启动 ACDSee 后，将出现图 7-44 所示的主界面。其主界面中有数个浏览面板（Browser Panes），用来按不同方式显示图片文件。这些浏览面板具体包括 File List pane，Folder pane，Categories pane，Search pane，Calendar pane，Properties pane，Image Basket 及 Preview pane 等项。

① 文件显示面板（File List pane）：位于操作界面右方，作用是显示目录内的文件或搜索结果，它能够快速地以缩略图方式显示图像预览效果。文件显示面板上方的工具栏可让用户启动 ACDSee 中的不同功能。而下方也有一个工具条，提供过滤（filters）、排序（Sorting）、查看模式切换等相关功能。

② 文件夹面板（Folders pane）：显示计算机的目录结构，方便用户快速切换到不同的位置读取媒体文件。Folders pane 上方的工具栏依次提供 New Folder，New Shortcut，Add to Favourites 及 New Photo Disc 等功能按钮。

③ 分类面板（Categories pane）：以类别形式将相片分类显示，它超越了以目录结构形式的显示方法，可将用户定义的相片类别显示出来。其界面上方提供了新增类别、删除类别等

不同功能按钮。

④ 月历面板（Calendar pane）：以月历形式将相片资料库内的相片拍摄日期、产生日期分类，让用户以日期作为相片的显示方式。其界面上提供了按年、按月、按日的显示切换功能。

⑤ 属性面板（Properties）：用数码相机拍摄的相片中隐藏着一些摄影技术参数资料（EXIF 可交换影像资料），如相机品牌、型号、拍摄日期、拍摄时的模式、快门值、光圈值、ISO 值等。这对于学习观摩别人的拍摄经验帮助极大。

⑥ 映像篮（Image Basket）：是一个小的浏览界面，用户在浏览不同的目录下的图片时，可以根据需要将一些希望加以处理的相片放在 Image Basket 内。即一边换不同的目录，一边选取多张相片放在 Image Basket 中。完成选取后，再按 Image Basket 窗口右方的 Create，Modify 或 Print 功能按钮，就可以对这些不同文件夹下的多张图片一次性进行不同的处理工作。它为用户提供了一个相当方便的相片处理环境，突破了传统的相片选取方式。

图 7-44　ACDSee 主界面

（2）ACDSee 图片查看界面

在 ACDSee 主界面中双击某个图片文件就可以观看该图片，如图 7-45 所示。

图 7-45　ACDSee 图片查看界面

（3）ACDSee 图片编辑界面

在 ACDSee 图片查看界面中，用户打开一个图片文件，单击工具栏上的第一个按钮“Edit Mode”，即进入图像编辑模式，如图 7-46 所示。左边是图像显示及编辑区，右边是编辑面板（Edit Panel），其中提供了曝光度调节（Exposure）、颜色调整（Color）、消除红眼（Red Eye）、锐化（Sharpness）、加噪（Noise）、调整大小（Resize）、裁剪（Crop）、旋转（Rotate）、效果（Effects）等功能按钮。

图 7-46 ACDSee 图片编辑界面

3．ACDSee 操作技巧

（1）ACDSee 批量修改文件名

打开 ACDSee，选中需要改名的所有文件，选择“工具”/“批量重命名”命令，弹出一对话框，在“template”中填入想要改成的文件名，在文件名后加#，就会给这些文件编号，在“Start at”处输入文件名开始的号码，例如在“template”中填入 A#.jpg，在“Start at”中填入 1，那么所有被选中的文件就会改名为 A1.jpg，A2.jpg，A3.jpg…如果填入两个##，就是 A01.jpg，在预览窗口可以看到更名后的效果。

（2）ACDSee 制作屏保程序

ACDSee 提供 Screen Saver 制作功能，用户只要选择不同的图像文件，并设好图像与图像之间过渡效果，就能够轻松地制作出高质量的屏保程序。

① 在 ACDSee 菜单栏选择“Tools”/“Configure Screen Saver”命令，启动制作屏保的对话框，如图 7-47 所示。单击对话框中的“Add”按钮，输入制作屏保的图片素材。

② 单击“Configure”按钮进入设置屏保属性的对话框，如图 7-48 所示。此对话框中共有 3 个选项卡，“Basic”选项卡用来设置图片切换的方式以及预览效果；“Advanced”选项卡设置一些较高级属性，如切换品质，图片播放次序等；“Text”选项卡设置屏保中显示的文字、显示方式和显示位置等。

③ 完成所有设置后单击“OK”按钮回主界面。将界面最下方的“Set as default screen

saver”复选框选中，再单击“OK”按钮，就可直接将制作的屏保修改成当前系统屏保。

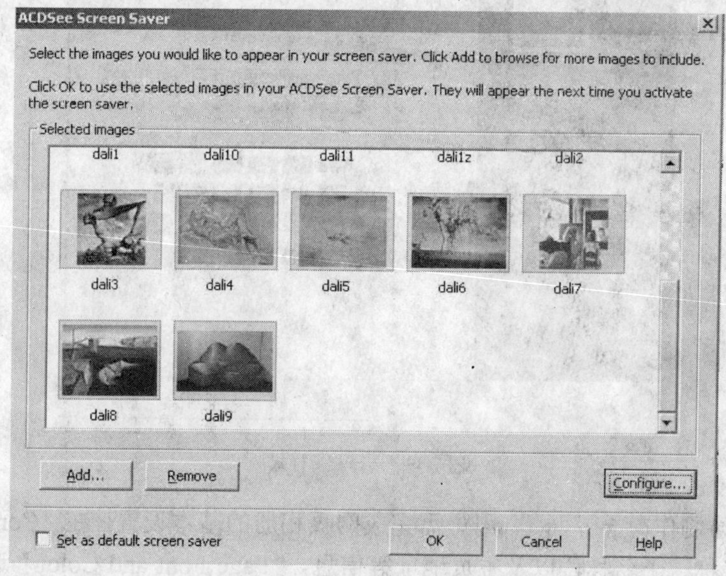

图 7-47　选择屏保图片

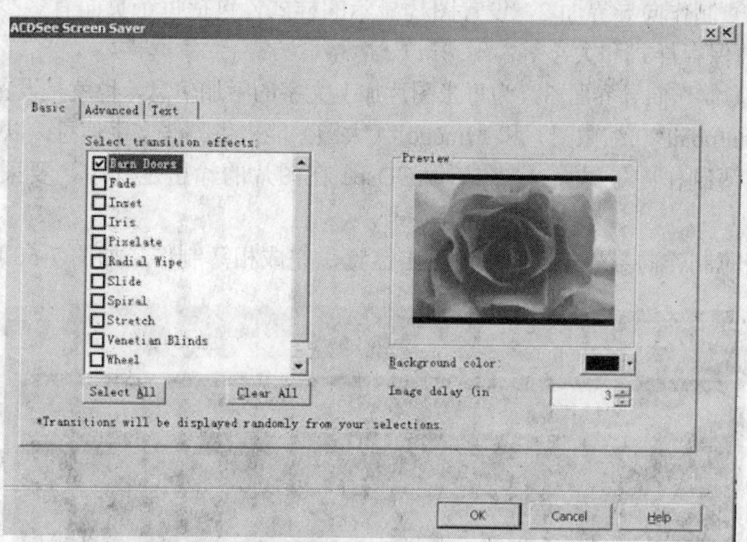

图 7-48　设置屏保属性

（3）ACDSee 制作在线电子相册

① 在 ACDSee 中浏览相片，将要制作相簿的相片一一选出，放到 Image Basket 文件夹中。在 Image Basket 右方单击“Create”按钮，再在随后出现的功能菜单中选择“Create HTML Album”。

② 进入相簿制作向导界面，它提供了 3 种相簿形式供用户选择，分别是 Basic Thumbnail pages（基本缩略图形式）、File strip on bottom（下方显示文件图标形式）及 Film strip on left（左方显示影片形式），如图 7-49 所示。

图 7-49　选择相簿样式

③ 进入相簿制作向导界面 1，用户需完成网页相册的基本设置，在“Content”选项卡中要输入网页的名称、子名称，以及主页地址等信息，“Page Font and Color”选项卡用来搭配网页的背景，文字字体、颜色，链接的颜色等。

④ 进入相簿制作向导界面 2，设置图片显示的样式，包括每个页面有多少行，每行显示几张，缩微图的保存样式和大小等。

⑤ 进入相簿制作向导界面 3，为每张图片加上文字的附加信息，也就是设置在观看相册的时候，希望“Thumbail”（缩微图）和“Image”（大图）能提供哪些文字信息，以及显示的样式。

⑥ 进入相簿制作向导界面 4，告诉 ACDsee 在图片的输出过程中，要采用什么样的压缩比。

⑦ 进入相簿制作向导界面 5，选定输出位置，完成相簿制作，如图 7-50 所示。

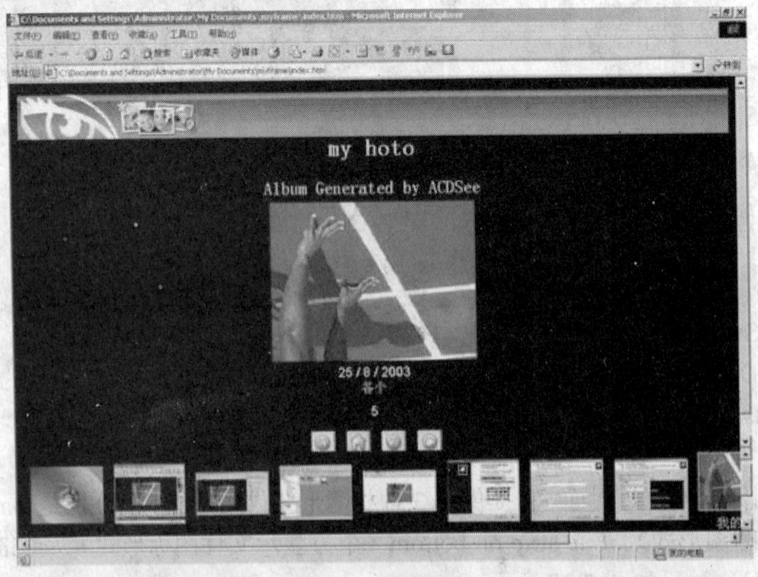

图 7-50　电子相簿

7.5　文件上传与下载

现在 Internet 上的各种资源丰富，用户需要的各种资料可以直接从网络中下载使用。随着人们利用资源的能力增强，各种支持多线程技术，具有多点连接、断点续传、计划下载的下载软件应运而生；P2P（Pear to Pear）技术的复苏，使网络用户能够直接共享和交互，点对点的通信和上传下载工具迅速流行起来。

7.5.1　文件下载软件迅雷

1．迅雷的下载和安装

在 http://www.xunlei.com/download.htm 可以下载到最新版本的迅雷。下载后双击打开压缩包，按提示安装，即可将迅雷安装到计算机中。重新启动 IE，点击要下载的文件连接即可。

2．迅雷的使用

（1）启动迅雷

双击桌面上的迅雷图标即可启动迅雷，同时在屏幕右下脚的任务栏上出现迅雷快捷图标，如图 7-51 所示。

（2）使用迅雷

打开网页后，在需要下载的文件链接上单击鼠标右键，在弹出的快捷菜单中选择“使用迅雷下载”命令，如图 7-52 所示，进入迅雷下载界面。

图 7-51　迅雷悬浮窗和任务栏快捷图标

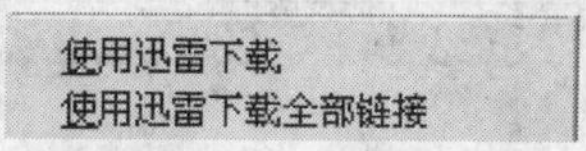

使用迅雷下载
使用迅雷下载全部链接

图 7-52　迅雷下载快捷菜单

（3）新建任务面板

选择“使用迅雷下载”命令后出现“建立新的下载任务”对话框，如图 7-53 所示，其中各项作用如下。

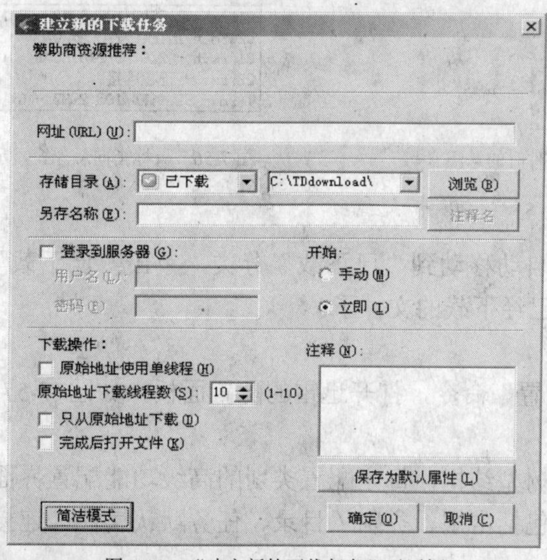

图 7-53　“建立新的下载任务”对话框

存储目录：指定下载文件的存放目录。

另存名称：可以更改文件名称，需要注意的是在改名的时候一定要保留原来文件的扩展名。

（4）下载过程

设置好存盘目录和文件名之后，文件就开始下载。同时出现任务管理器窗口（迅雷主工作界面），如图 7-54 所示。单击任务管理窗口的“正在下载”分类就可以看到当前正在下载的任务。

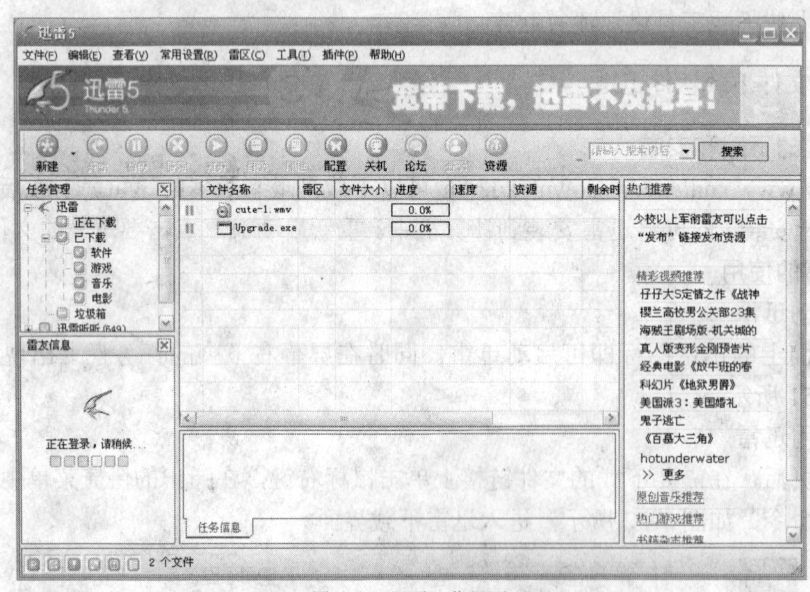

图 7-54　迅雷工作界面

同时，通过悬浮窗（见图 7-55），可以不必打开迅雷界面，就可以查看到简单的下载任务信息，随时了解下载过程，如图 7-56 所示。

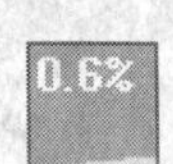

图 7-55　正在下载文件时的悬浮窗

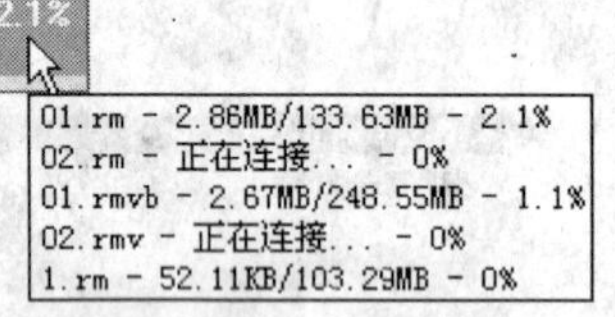

图 7-56　鼠标指向悬浮窗显示

（5）下载完成

下载完成后任务会自动移动到“已下载”分类，单击“已下载”，就可以看到完成的任务，双击任务即可打开已经下载的文件了。

（6）迅雷配置面板

选择“工具”/“配置”命令，打开迅雷的配置面板，如图 7-57 所示，用户可对各项参数进行设置。

配置面板的结构为树型结构，每个配置类别的高级功能配置界面可以通过“高级”按钮打开，具体的配置类别包括常规、类别 / 目录、任务默认属性、连接、监视、病毒保护、图形 / 日志和高级。

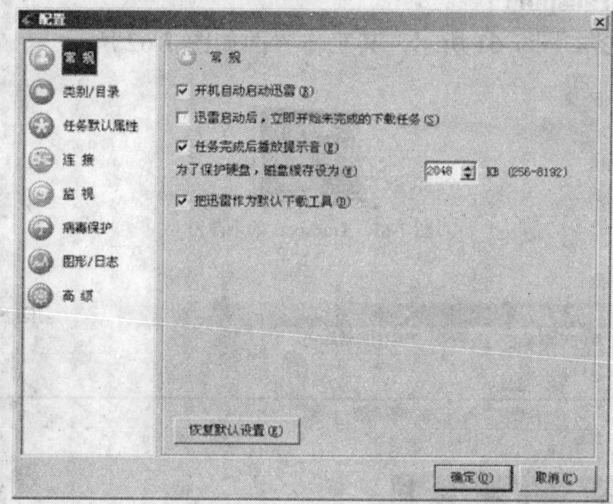

图 7-57 迅雷参数配置面板

7.5.2 其他常用下载软件

1．网际快车 FlashGet

FlashGet 的悬浮窗如图 7-58 所示，其工作界面如图 7-59 所示。

图 7-58 FlashGet 的悬浮窗

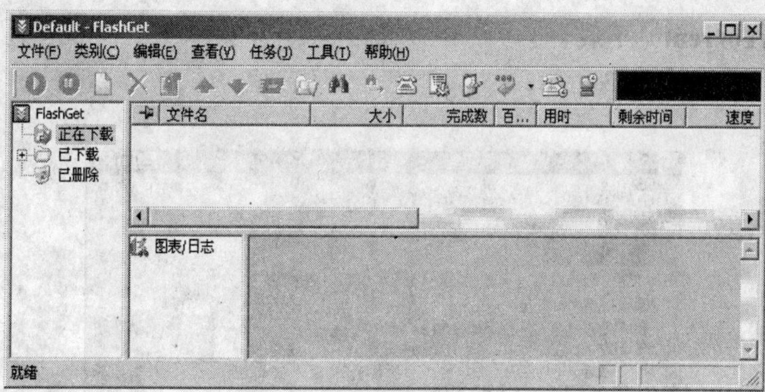

图 7-59 FlashGet 的工作界面

2．网络蚂蚁 NetAnts

NetAnts 的悬浮窗如图 7-60 所示。

图 7-60 NetAnts 的悬浮窗

3．影音传送带 Transport

Transport 的悬浮窗如图 7-61 所示，其工作界面如图 7-62 所示。

图 7-61　Transport 的悬浮窗

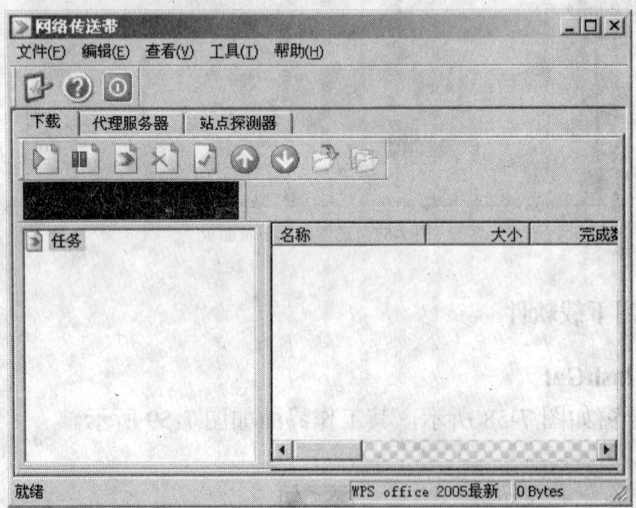

图 7-62　Transport 的工作界面

7.5.3　常用的上传下载工具软件

1．BT（BitTorrent）下载

BT 的工作界面如图 7-63 所示。

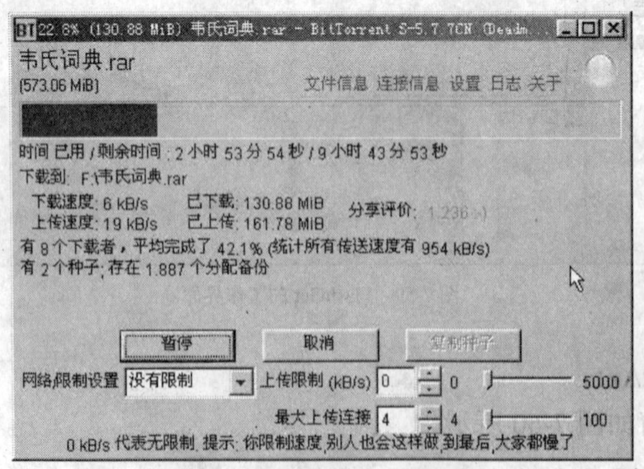

图 7-63　BT 软件工作界面

2．电骡（eMule）下载

eMule 的工作界面如图 7-64 所示。

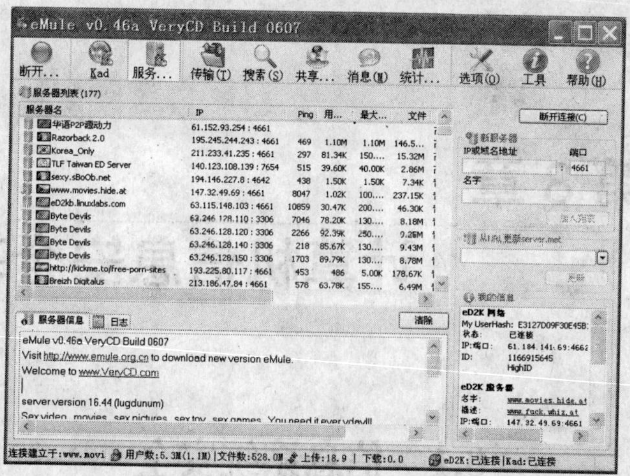

图 7-64 eMule 软件工作界面

第 8 章
计算机信息安全基础

8.1 信息系统安全

8.1.1 信息系统安全的概念

从技术角度看，计算机信息安全是一个涉及计算机科学、网络技术、通信技术、密码技术、信息安全技术、应用数学、数论、信息论等多种学科的边缘性综合学科。

国际标准化组织（ISO）将“信息系统安全”定义为：“为数据处理系统建立和采取的技术和管理的安全保护，保护计算机硬件、软件数据不因偶然和恶意的原因而遭到破坏、更改和泄露。”此概念偏重于静态信息保护。也有人将“信息系统安全”定义为：“计算机的硬件、软件和数据受到保护，不因偶然和恶意的原因而遭到破坏、更改和泄露，系统连续正常运行。”该定义着重于动态意义描述。

1. 信息系统安全涉及方面

安全工作的目的就是为了在安全法律、法规、政策的支持与指导下，通过采用合适的安全技术与安全管理措施，维护计算机信息安全。我们应当保障计算机及其相关的和配套的设备、设施（含网络）的安全，运行环境的安全，保障信息的安全，保障计算机功能的正常发挥，以维护计算机信息系统的安全运行。计算机信息安全涉及物理安全（实体安全）、运行安全、信息安全和人员安全 4 个方面。

（1）物理安全（Physical Security）：保护计算机设备、设施（含网络）以及其他媒体免遭地震、水灾、火灾、有害气体和其他环境事故（如电磁污染等）破坏的措施、过程。特别是避免由于电磁泄漏产生信息泄露，从而干扰他人或受他人干扰。物理安全包括环境安全、设备安全和媒体安全 3 个方面。

（2）运行安全（Operation Security）：为保障系统功能的安全实现，提供一套安全措施（如风险分析，审计跟踪，备份与恢复，应急等）来保护信息处理过程的安全。它侧重于保证系统正常运行，避免因为系统的崩溃和损坏而对系统存储、处理和传输的信息造成破坏和损失。运行安全包括风险分析、审计跟踪、备份与恢复、应急 4 个方面。

风险分析是指为了使计算机信息系统能安全地运行，首先了解影响计算机信息系统安全运行的诸多因素和存在的风险，从而进行风险分析，找出克服这些风险的方法。

审计跟踪是利用计算机信息系统所提供的审计跟踪工具，对计算机信息系统的工作过程进行详尽的跟踪记录，同时保存好审计记录和审计日志，并从中发现和及时解决问题，保证计算机信息系统安全可靠地运行。这就要求系统管理员要认真负责，切实保存、维护和管理审计日志。

应急措施和备份恢复应同时考虑。首先要根据所用信息系统的功能特性和灾难特点制订包括应急反应、备份操作和恢复措施 3 个方面内容的应急计划，一旦发生灾害事件，就可按计划方案最大限度地恢复计算机系统的正常运行。

（3）信息安全（Information Security）：防止信息财产被故意的或偶然的非授权泄露、更改、破坏或使信息被非法的系统辨识、控制。即确保信息的完整性、保密性、可用性和可控性。避免攻击者利用系统的安全漏洞进行窃听、冒充、诈骗等有损于合法用户的行为，本质上是保护用户的利益和隐私。

（4）人员安全（human Security）：人员安全主要是指计算机工作人员的安全意识、法律意识、安全技能等。

2．信息安全具体表现

信息安全包括操作系统安全、数据库安全、网络安全、病毒防护、访问控制、加密与鉴别 7 个方面，存在于信息处理的每一个环节。

（1）信息处理环节中存在的不安全因素

① 数据输入：输入数据容易被篡改或输入假数据。

② 数据处理：数据处理部分的硬件容易被破坏或盗窃，并且容易受电磁干扰或自身电磁辐射而造成信息泄漏。

③ 数据传输：通信线路上的信息容易被截获，线路容易被破坏或盗窃。

④ 软件：操作系统、数据库系统和程序容易被修改或破坏。

⑤ 输出部分：输出信息的设备容易造成信息泄漏或被窃取。

⑥ 存取控制：系统的安全存取控制功能还比较薄弱。

（2）计算机信息自身的不安全性

① 计算机操作系统的脆弱性：操作系统不安全性是信息不安全的重要原因。

② 计算机网络系统的脆弱性：网络协议建立时，基本没有考虑安全问题。通信网络也存在弱点，通过未受保护的线路可以访问系统内部，通信线路可以被搭线窃听和破坏。

③ 数据库管理系统的脆弱性：数据库管理系统安全必须与操作系统的安全级别相同。

（3）其他不安全因素

① 存储密度高：在一张磁盘或一条磁带中可以存储大量信息，很容易放在口袋中带出去，容易受到意外损坏或丢失，造成大量信息丢失。

② 数据可访问性：数据信息可以很容易地被复制下来而不留任何痕迹。

③ 信息聚生性：信息系统的特点之一，就是能将大量信息收集在一起进行自动、高效的处理，产生很有价值的结果。

④ 保密困难性：计算机系统内的数据都是可用的。

⑤ 介质的剩磁效应：存储介质中的信息有时是擦除不干净或不能完全擦除掉，会留下可读信息的痕迹。

⑥ 电磁泄漏性：计算机设备工作时能够辐射出电磁波，可借助仪器设备在一定的范围内收到它，尤其是利用高灵敏度仪器可以清晰地看到计算机正在处理的机密信息。

⑦ 信息介质的安全隐患：磁盘信息恢复技术，能恢复被格式化多遍的硬盘信息。

8.1.2 引发信息安全的原因

信息安全保护存在的主要问题与政策：正确的信息安全政策和策略是搞好国家信息安全保护工作的关键，而正确的信息安全保护政策和策略必须依赖于对信息安全问题的正确认识和信息安全保护抉择的正确取向。社会发展的不同阶段有不同特质的信息安全问题，在社会发展要求网络化信息系统互连互通的信息化时代，信息安全问题的实质直接表现为国家主权、政治、经济、国防、社会安全和公民合法权益保障。引发信息安全问题的因素有多个方面，有外部因素和内部的，据 FBI/CSI 在 2003 年对 284 家企业的网络安全检查统计，85%的数据威胁来自于企业内部，如图 8-1 所示。

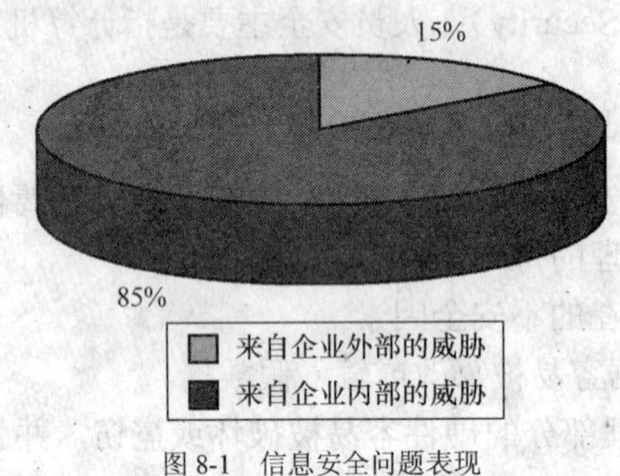

图 8-1 信息安全问题表现

引发信息安全的原因有很多，例如以下几点。

（1）人为和偶然事故造成信息的错误或丢失

操作人员在使用计算机时不小心所犯的操作错误造成数据的错误；硬盘突然出现了故障造成硬盘失效，形成硬盘上的数据全部丢失；突然停电也会造成数据丢失或数据错误。

（2）黑客攻击

黑客是利用所掌握的高科技，专门窥视别人在网络上的秘密，如政府和军事部门的核心机密、企业的商业秘密、个人隐私等，并利用所窃获到的信息进行各种犯罪活动。例如利用截取到的银行账号盗取巨额资金，利用有价值的信息对被窃者进行讹诈。

黑客攻击的方法很多，常用的有：网络报文嗅探、破解系统口令、拒绝服务攻击、放置木马程序等。

（3）计算机病毒

计算机病毒是威胁数据安全的重要因素。

8.1.3 计算机犯罪

计算机犯罪是伴随计算机的发明和广泛应用而产生的新的犯罪类型。随着计算机技术的飞速发展。计算机在社会中的应用领域急剧扩大。计算机犯罪的类型和领域不断增加和扩展。使“计算机犯罪”这一术语随着时间的推移不断获得新的含义。

1．计算机犯罪的概念

在学术研究上，关于计算机犯罪迄今为止尚无统一的定义（大致说来，计算机犯罪概念可归为 5 种：相关说、滥用说、工具说、工具对象说和信息对象说）。根据刑法条文的有关规定和我国计算机犯罪的实际情况，计算机犯罪是指行为人违反国家规定，故意侵入国家事务、国防建设、尖端科学技术等计算机信息系统，或者利用各种技术手段对计算机信息系统的功能及有关数据、应用程序等进行破坏，制作、传播计算机病毒，影响计算机系统正常运行且造成严重后果的行为。

利用计算机进行犯罪活动，大多通过以下两种方式：一是利用计算机存储有关犯罪活动的信息；二是直接利用计算机作为犯罪工具进行犯罪活动。计算机犯罪具有犯罪主体的专业化、犯罪行为的智能化、犯罪客体的复杂化、犯罪对象的多样化、危害后果的隐蔽性等特点，使计算机犯罪明显有别于传统一般刑事犯罪。

2．计算机犯罪的表现

计算机网络犯罪正是其中一个典型的例子。由于网络犯罪可以不亲临现场的间接性等特点，表现出形式多样的网络犯罪。

（1）网络入侵，散布破坏性病毒、逻辑炸弹或者放置后门程序犯罪

这种计算机网络犯罪行为以造成最大的破坏性为目的，入侵的后果往往非常严重，轻则造成系统局部功能失灵，重则导致计算机系统全部瘫痪，经济损失巨大。

（2）网络入侵，偷窥、复制、更改或者删除计算机信息犯罪

网络的发展使得用户的信息库实际上如同向外界敞开了一扇大门，入侵者可以在受害人毫无察觉的情况下侵入信息系统，进行偷窥、复制、更改或者删除计算机信息，从而损害正常使用者的利益。

（3）网络诈骗、教唆犯罪

由于网络传播快、散布广、匿名性的特点，而有关在 Internet 上传播信息的法规远不如传统媒体监管那么严格与健全，这为虚假信息与误导广告的传播开了方便之门，也为利用网络传授犯罪手法，散发犯罪资料，鼓动犯罪开了方便之门。

（4）网络侮辱、诽谤与恐吓犯罪

例如出于各种目的，向各电子信箱、公告板发送粘贴大量有人身攻击性的文章或散布各种谣言，更有恶劣者，利用各种图像处理软件进行人像合成，将攻击目标的头像与某些黄色图片拼合形成所谓的“写真照”加以散发。由于网络具有开放性的特点，发送成千上万封电子邮件是轻而易举的事情，其影响和后果绝非传统手段所能比拟。

（5）网络色情传播犯罪

由于 Internet 支持图片的传输，于是大量色情资料就横行其中，随着网络速度的提高和多媒体技术的发展及数字压缩技术的完善，色情资料就越来越多地以声音和影片等多媒体方式出现在 Internet 上。

3．计算机犯罪的取证

打击利用计算机进行的犯罪，确保信息安全对于国家的经济发展和社会稳定具有重大现实意义。为有效地打击计算机犯罪，计算机取证是一个重要步骤。存在于计算机及相关外围设备（包括网络介质）中的电子证据已经成为新的诉讼证据之一。

在计算机取证过程中。相应的取证工具必不可少，常见的有 tcpdump，Argus，NFR，EnCase，tcpwrapper，sniffers，honeypot，TrIPwires，Network monitor，镜像工具等。在国外计算机取证过程中比较流行的是镜像工具和专业的取证软件。下面以 EnCase 作为一个计算机取证技术的案例来分析。EnCase 是目前使用最为广泛的计算机取证工具，至少超过 2000 家的法律执行部门在使用它。EnCase 是用 C++编写的容量大约为 1MB 的程序，它能调查安

装 Windows，Macintosh，Anux，UNIX 或 DOS 操作系统机器的硬盘，把硬盘中的文件镜像成只读的证据文件。这样可以防止调查人员修改数据而使其成为无效的证据。为了确定镜像数据与原数据相同。EnCase 会与计算机 CRC 校验码和 MD5 台希值进行比较。EnCase 对硬盘驱动镜像后重新组织文件结构，采用 Windows GUI 显示文件的内容，允许调查员使用多个工具完成多个任务。

在检查一个硬盘驱动时，EnCase 深入操作系统底层查看所有的数据——包括 fileslack。未分配的空间和 Windows 交换分区（存有被删除的文件和其他潜生的证据）的数据。在显示文件方面，EnCase 可以由多种标准，如时间戳或文件扩展名来排序。此外，EnCase 可以比较已知扩展名的文件签名，使得调查人员能确定用户是否通过改变文件扩展名来隐藏证据，对调查结果可以采用 html 或文本方式显示，并可打印出来。

8.1.4 防火墙

1．防火墙的作用

现在，如果一个企业网或校园网（又称内部网）接到了 Internet（又称外部网）上，内部网中的用户就可以访问 Internet，但同时，Internet 中的用户也可以访问内部网。为安全起见，可以在内部网和 Internet 之间插入一个中介系统，竖起一道安全屏障，这个中介系统就是“防火墙”。

防火墙的作用是阻断黑客通过 Internet 对内部网发起的入侵和破坏。在防火墙上，可以设置网络的访问控制列表（简称 ACL），在访问控制列表中规定了哪些信息允许通过，哪些信息不允许通过，防火墙对所有进出的数据包都进行检查，只有授权的数据包才能通过，非授权的数据包则丢弃。

防火墙是保护内部网安全的最主要、最有效、最经济的措施之一。防火墙在网络中所处的位置如图 8-2 所示。

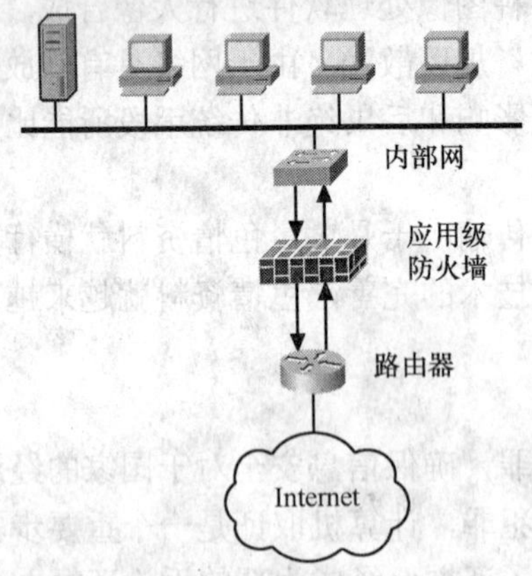

图 8-2　防火墙在网络中所处的位置

2．防火墙的分类

防火墙总体上可分为包过滤防火墙和应用级防火墙两大类型。

（1）包过滤防火墙

路由器本身就具有包过滤功能，因此，包过滤防火墙常常是通过对路由器进行配置来实现的。Internet 上是以数据包为单位来传递信息的，数据包分为包头和数据两个部分，包头中含有源 IP 地址和目的 IP 地址等信息。

系统管理员在防火墙上设置访问控制列表 ACL，列表中定义了哪些 IP 地址是允许通过的，哪些是禁止的。当防火墙收到数据包后，会打开数据包，将包头中的 IP 地址同设定的规则表进行比较，允许，则转发；不允许，则丢弃。

例如，在列表中定义了这样一条规则，禁止内部网访问 IP 地址为 202.101.10.10 的计算机，那么，防火墙收到内部网送来的一个数据包后，检查包头中的目的 IP 地址，如果为 202.101.10.10，则丢弃，这样，内部网用户也就访问不了这台计算机。国家安全部门可以通过包过滤防火墙来禁止国内用户去访问那些“有问题”的国外站点。

包过滤防火墙的优点是速度快，但安全性不高，无法对传输的内容进行检查。

（2）应用级防火墙

应用级防火墙通常采用代理服务器来实现，也就是在一台计算上安装代理程序。代理程序负责检查进出的数据包，并在内部网和外部网之间通过复制来传递数据。这样，代理服务器会像一堵真正的墙，挡在内部网和外部网之间。从外部网只能看到代理服务器而看不到内部网的任何资源，完全“阻隔”了内部网和外部网之间的直接通信。其工作过程如图 8-3 所示。

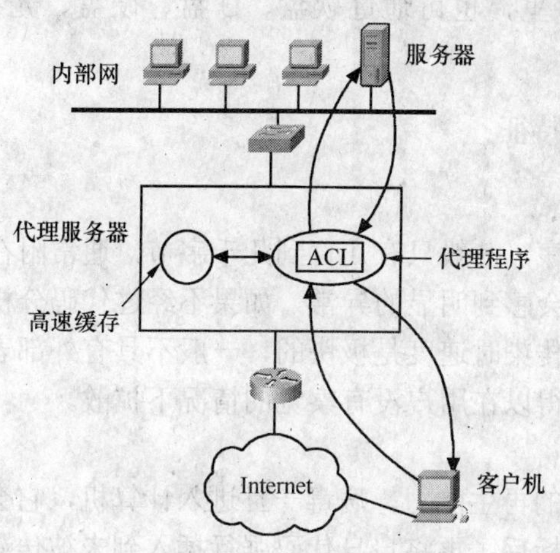

图 8-3 代理服务器的工作过程

当外部网的客户机需要访问内部网的服务器上的数据时，首先将请求发给代理程序，代理程序检查通过后，将这一请求发给内部网的服务器，读取数据；然后，内部网的服务器将数据发给代理程序，由代理程序转交给外部网的客户机。内部网用户访问外部网时也同样要经过代理程序的检查。

代理服务器通常拥有一个高速缓存，其中存储有内部网用户经常访问的站点的内容，当内部网用户要访问的网页在高速缓存中时，代理服务器就用不着到互联网上去“抓”同样的内容。这样，既节省了时间，又节约了网络资源。

应用级防火墙比包过滤防火墙更安全，因为它除了检查数据包中的地址外，还检查数据；更可靠，因为它会详细地记录下访问记录，以便及时发现黑客攻击留下的痕迹。但是，应用级防火墙速度较慢。

8.2 计算机病毒

病毒是生物学领域的术语，是指能够自我繁衍并传染的使人或动物致病的一种微生物。人们借用它来形容计算机信息系统中能够自我复制并破坏计算机信息系统的恶性软件。

8.2.1 计算机病毒的概念

《中华人民共和国计算机信息系统安全保护条例》第二十八条规定："计算机病毒，是指编制或者在计算机程序中插入的破坏计算机功能或者毁坏数据，影响计算机使用，并能自我复制的一组计算机指令或者程序代码。"这是一个具有法律效力的定义。

计算机病毒实质上是一段可执行程序，是一种干扰计算机系统正常工作和破坏程序、数据的，并能潜伏和自行繁衍、传播的人为编制的程序。计算机病毒通过非法入侵而隐藏在可执行程序或数据文件中。当计算机运行时，源病毒把自身精确复制或者有修改地复制到其他程序体内，极大地破坏计算机的正常运行。早期的计算机病毒多是良性的，偏重于表现自我而不进行破坏；后来的恶性计算机病毒则大肆破坏计算机软件，甚至破坏硬件，最终导致计算机信息系统和网络系统瘫痪，给人们造成各种损失。计算机病毒可被预先编制在程序里，也可通过软盘、U 盘、硬盘、光盘、网络或者无线发射的方式进行传播。

8.2.2 计算机病毒的特征

1．隐蔽性

病毒是短小精悍的程序，一般只有几百到几千字节，通常附在正常程序中。被感染病毒的程序也能运行，用户不会感到明显的异常，如果不经过代码分析，病毒程序和正常程序很难区别开来。病毒在进行传染时速度是极快的，一般不具有外部表现，不易被人发现。正是由于隐蔽性，计算机病毒得以在用户没有察觉的情况下扩散。

2．传染性

计算机病毒具有很强的再生能力。病毒一旦进入计算机，它会自动搜寻计算机中符合其传染条件的程序，确定目标后，再将自身代码强行插入到未被传染的程序之上，达到自我繁殖的目的。只要一台计算机染毒，如不及时处理，那么病毒会在这台计算机上迅速扩散，其中的大量文件会被感染，而被感染的文件又成了新的传染源，通过数据交换或网络接触，再传染给其他计算机。

3．潜伏性

病毒具有依附于其他媒体而寄生的能力，可以在很长时间内进行传播和再生病毒而不被人发现。

4．激发性

病毒可以在一定条件下，通过外界刺激活跃起来。例如在某个特定时间或日期、特定的用户标识符出现、特定文件被使用时，都可以使病毒体激活并发起攻击。

5．破坏性

当病毒被激活后就破坏磁盘文件的内容、删除数据、修改文件、抢占存储空间甚至对磁盘进行格式化，使计算机系统紊乱，甚至瘫痪，造成灾难性的后果。

8.2.3 计算机病毒的表现与危害

计算机感染病毒后的表现多种多样，其表现和对计算机的危害主要体现在以下几个方面。

（1）侵占 CPU 控制权，速度：运行无关的程序，与正常程序争夺 CPU 时间和控制权，具体表现为计算机运行速度明显变慢，频繁死机，甚至突然重新启动等。

（2）占用内存资源：大量占用内存的可用空间，改变内存总量、禁止分配内存、蚕食内存，使得原来可以运行的程序文件无法运行。

（3）攻击系统数据区，干扰系统运行：修改硬盘主引导扇区、Boot 扇区、FAT 表、文件目录、破坏文件分配表；出现不执行命令、干扰内部命令的执行、虚假报警、打不开文件、内部栈溢出、占用特殊数据区等现象。

（4）大量修改、占用硬盘数据空间：有些病毒并不发作，只是大量占据硬盘空间；有些病毒则肆意更改、破坏硬盘上的各类文件和数据，出现如程序或数据神秘地消失、文件长度增加、可执行文件不能正常运行、生成一些无关的隐含文件或其他文件等现象，严重的甚至格式化硬盘。

（5）肆意篡改输入输出系统功能：有些病毒干扰屏幕的正常显示，出现怪字符、甚至显示奇怪的画面；有些病毒则莫名其妙地演奏音乐；有些病毒会干扰键盘，造成输入紊乱；有些病毒使打印机间断性打印，打印字符异常。

（6）修改主板 BIOS：更改主板上的 BIOS 芯片，造成主板损坏，如 CIH 病毒。

（7）侵略网络资源：非法侵占网络资源，发送垃圾邮件，占用网络带宽，使网络传输变慢。

8.2.4 计算机病毒的防治

既然计算机病毒是一种程序，是由人编写出来的，使用杀毒软件是消灭病毒最直接的方法。杀毒软件可以将病毒从计算机中清除出去，但是一旦计算机中的资料已经被破坏，那么即使把病毒杀死，也无法挽回损失。所以，杀毒只是一种亡羊补牢的措施，预防病毒才是最重要的。

预防病毒要注意以下几点。

（1）要及时备份重要的文件和数据，养成一个良好的防范习惯。

（2）安装可以自动防毒的杀毒软件。

现在好的杀毒软件（如 KV3000，瑞星等）不仅可以用来杀毒，而且还具有检测和防御病毒的能力，当计算机接触到带病毒的文件时，它会马上提醒用户，并可自动杀毒。

（3）定期升级杀毒软件。

杀毒软件都带有一个病毒特征库，病毒特征库中保存有当前已知病毒的特征，杀毒软件正是用它来查找病毒的。每隔一段时间就会有新的病毒出现，所以，软件公司会经常对病毒特征库进行升级。用户可通过 Internet 来升级杀毒软件，一定要养成定期升级的良好习惯。

（4）使用外来磁盘前先要查毒，不要随便复制来历不明的软件，不要使用盗版软件。

对于已经感染病毒的磁盘，如果一时找不到合适的杀毒软件来消灭该病毒，并且磁盘中又没有重要的数据，那么对磁盘进行格式化也是一种较好的清除病毒的方法。

（5）从 Internet 上下载的软件要先查毒，再使用。

（6）收到来历不明的电子邮件时，不要随意打开附件。

8.2.5 我国的计算机病毒报告人机制

根据《计算机病毒防治管理办法》的要求和当前计算机病毒疫情的特点，我们建立了计算机病毒报告人制度。该制度的建立目的在于充分调动各方面的力量，提高我国的病毒防治水平。

在我国境内从事计算机病毒防治技术研究的单位都可申请成为我国的病毒报告人。作为计算机病毒报告人要及时将其在我国境内发现的计算机病毒样本和病毒的分析报告及时提交给计算机病毒防治产品检测机构和计算机病毒应急处理中心，经检验中心确认后，将两个以上病毒报告人报送样本列入计算机病毒流行列表。用以应及时地向广大用户发布病毒疫情通报，从而使得用户有针对性地进行病毒防治。

表 8-1 所列的这些单位是我国目前的病毒报告人，现有的病毒流行列表是由病毒报告人在近年来上报的。自 2001 年 5 月起，将会在选取的病毒后标注报告人的名称。

表 8-1 病毒报告人表

病毒报告人名称	报告人简称	代表产品
北京北信源自动化技术有限公司	Bxy	北信源杀毒专家
上海创源计算机信息安全有限公司	Cy	安全之星（SecuStar）
北京冠群金辰软件公司	Gqjc	kill
北京华深科技发展有限公司	Hs	F-Secure
上海金陵泰克信息科技发展股份有限公司	Jltk	VirusScan
北京江民新科技有限公司	Jm	KV 系列
北京金山软件有限公司	Js	金山毒霸.net
北京乐亿阳趋势经贸有限责任公司	Lyy	Pc-cillin
北京启明星辰信息技术有限公司	Qmxc	天蘅安防
北京瑞星电脑科技开发有限责任公司	Rx	Rising
北京赛门铁克信息技术有限公司	Smtk	NAV
熊猫软件（中国）有限公司	Xm	熊猫卫士（Panda）
趋势网络科技（中国）有限公司	Qs	InterScan
国家计算机病毒应急处理中心	Yj	——
河南豫能信息技术有限公司	Yn	AV95

8.2.6 部分流行病毒列表

表 8-2 所示为部分流行的计算机病毒。

表 8-2 流行病毒表

序 号	流行病毒名称	病毒报告人
1	W32.Navadid（圣诞节）	Cy，Gqjc，Jm，Rx，Xq，Xm
2	VBS/VBSWG.j@MM（库尔尼科娃）	Gqjc，Jm，Js，Rx，Xq
3	I-Worm.Badtrans	Gqjc，Lyy，Xq，Yj
4	I-Worm.Magistr（马吉斯）	Cy，Gqjc，Jm，Js，lyy，Rx，Xq，Yj
5	Happytime（欢乐时光）	Gqjc，Lyy，Yj
6	Hybris	Gqjc，Jm，Yj
7	I-Worm.MTX	Gqjc，Jm，Rx，Yj
8	Blebla.B（罗密欧与朱丽叶）	Gqjc，Lyy，Rx，Yj
9	Homepage	Jm
10	Sircam	Js，Rs，Yj
11	CodeRedII（红色代码 II）	Bxy，Rs，Yj
12	klez（求职信）	Cy，Gqjc，Jm，Js，Rx，Smtk，Xm，Xq，Yj，Yn
13	Aliz	Gqjc，Js，Yj
14	I-Worm.Badtrans.b	Gqjc，Jm，Js，Rs，Xq，Yj

8.3 计算机道德与伦理

网络在造福人类的同时，也有危害社会特别是青少年健康发展的一面，其主要表现在：网络文化的误导，传播暴力、色情内容；诱发不道德和犯罪行为；网络的神秘性培养了许多黑客；网络的开放性和匿名性，使人人可以自由上网，并在网上浏览信息、下载和利用网络资源，也可在网上发表任何言论而很少受到惩罚。这种情况使网络世界成为脱离现实世界的"虚拟空间"，从而引发了许多政治、法律、伦理道德和社会问题。

1．计算机道德

随着计算机技术和通信技术的发展，催生了新的产物，即计算机网络。网络社会是人类为自己开拓的另一个生存空间，这个崭新的信息世界，基本上还是没有法律规范，没有道德规范的社会，人们只是按照自己在现实社会中的人生体验来约束自己。这对建立在现实社会基础上的传统的道德规范形成巨大的冲突，使之约束力明显下降。

目前网上的道德规范是非强制性的，只能靠个人的内心信念来维系，这样网上人是否遵从道德规范，也不易察觉和监督，而不像现实社会中的道德要靠社会舆论、传统习惯、内心信念三者同时来维持。因此建立在网上的道德规范约束力减弱，出现大量不规范行为，杜尔凯将失范注释为"一种社会规范缺乏，含混或者社会规范变化多端以致不能成为社会成员提供指导的社会情境"（注：［美］杰克·D·道格拉斯等：《越轨社会学》。石家庄：河北人民出版社，1987 年，第 53 页）。在网络发展初期，新旧道德规范并存、交替、更迭，造成规范内容的冲突和衔接的脱钩，引发了大量的失范行为，主要表现如下。

失规范的行为。建立在现实社会中的道德规范由于不适应网络运行的新环境，而形同虚设。面对新的网络领域，又一时没有形成新的道德规范，从而大量网上行为处于既不受旧规范的制约，又无新法可依的真空状态。例如，某个人通过某个 ISP 或 BBS 传播了侵权或违法的信息，那么 ISP 业者或 BBS 站长应承担什么样的责任？是过错的责任还是无过错的责任？如是过错责任，在什么情况下才算有其过错呢？这引起了多方争议。至今，法律上还没有明确的界定。

规定冲突的行为。在网络世界上，新的道德规范建设过程中，会不断受到传统道德规范的抗拒，这种不同规范体系的并存、冲突，必然造成网上行为的两重性。例如现实生活中要求人们遵守纪律，承担责任，而在 Internet 中，更强调言论自由和不受控制，不要对任何事情负责，两者并存的结局便导致大量的不负责任的谩骂，发布虚假信息等。

严重的失范行为——网络犯罪。由于立法滞后和 Internet 自身安全性差的弱点（跨时空、跨地域的开放性的、无主控的国际网络），网络上时常会非法潜入一些“黑客”或者恶作剧者，进行破坏。Internet 又成为犯罪分子开拓的新领域，网络犯罪由此产生，并有愈演愈烈之势，成为网络社会的公害。常见的网络犯罪有网上盗窃、诈骗，计算机病毒的制作和传播、盗版等。

2．网络道德规范向法制化转化

具体的道德规范在量上的积聚并不是无止境的，其结果必然导致向法律法规的转化。针对网络社会中的犯罪行为和许多严重的社会问题，许多道德规范显得软弱无力，因此许多国家制订了相应的法律规范，力求规范团体和个体在网上的行为和关系。例如美国通过的“信息净化法”、“总统反恐怖法”和“隐私权保护法”，新加坡的“Internet 管理体系”（注：升文：《全球追捕网上黑客》。北京青年报，1997-10-01（B））。我国为了促进 Internet 的健康发展，也于 1996 年颁布了“中华人民共和国计算机信息网络国际联网暂行规定”，并在 1997 年 3 月八届人大五次会议通过的新《刑法》中也增加了对计算机犯罪的惩罚规定。

3．网络礼仪

礼仪是“固化”的行为方式，但网络功能的多样性决定了网络行为的多样性，礼仪就必须根据不同的行为来确定，网络是一个不断发展和建设过程中的事物，它的功能涵盖面越来越广，尽管人们今天可以根据自己的需要来开拓新的网络功能，但有些功能也是建设中不断出现而被人们接受的。所以，根据具体网络行为来制定的礼仪，在今天也不能做到面面俱到，只是反映了今天网络行为的“道德”要求和社会需要，下面从目前国际上最流行的电子信息网络 Internet 所提供的几种主要服务功能中看看人们所应遵循的网络礼仪。

（1）电子邮件（E-mail）礼仪

科默指出，“电子邮件最初是用来实现两个人通过计算机进行通信的一种机制。最早的电子邮件软件只提供了一个基本的机制：允许用户在一台计算机上键入一些信息，然后通过 Internet 传送给使用另一台计算机的用户。”今天，电子邮件系统提供了更复杂的通信和交互服务，其主要功能如下。

- 将一条信息发送给许多接收者。
- 发送包括文字、声音、图像或图形的信息。
- 将信息发送给 Internet 以外的网络用户。
- 发送一条信息后，某台计算机的程序做出响应。

对电子邮件所提供的方便的通信服务，恐怕每个使用过它的人都会深有体会，盖茨认为，

"现在，电子邮件成为交换信息的最主要的工具"。每个电子邮件都有与我们日常写信相似的格式，它包括发信人、收信人、发信时间、信件主题等一系列内容。用户在使用电子邮件时，就必须遵循电子邮件的格式规范，具体如下。

- 输入信件所必需的头部信息。
- 信件内容要尽可能简短明了。
- 必要时输入表意符号。
- 尽可能地回信。
- 不要无目的地到处随意发信。

(2) 电子公告牌（网络新闻）礼仪

电子公告牌是 Internet 所提供的著名的服务之一，今天，Internet 上的电子公告牌涉及的范围非常广泛，从科学、教育、文化讨论到政治、经济、音乐，从幽默、烹饪、健美到电影、小说、股票等，几乎无所不包。而且由于建立一个电子公告牌是一件非常容易的事，几乎每天都会出现大量的新的电子公告牌。因此，电子公告牌的功能和变化是相当大的，一个网络用户几乎可以在任何时候找到他所感兴趣的电子公告牌并且加入进去，他也不可能预料可能会出现什么样的及多少新的公告牌。电子公告牌服务允许网络用户进行如下内容。

- 选择一个或多个感兴趣的讨论小组。
- 在讨论小组中发表一些见解供组内其他对相关主题感兴趣的成员阅读。
- 发表一个对其他人的见解的看法或意见。

网络新闻（Network news）是 Internet 上电子公告牌主要服务之一。网络用户可以向新闻组发送新闻稿（Article），也可以收到新闻组发送给新闻组成员阅读的信息。送到新闻组的每篇文章都像是一封电子邮件——可以短到只有一行正文，也可以长到许多页正文。与电子邮件一样，一篇文章也有一个包含用来说明发送者的头部信息，如作者、接受者、日期和主题等信息内容。

网络用户参加电子公告牌，如网络新闻组，实际包含一系列具体的网络行为，而每一个具体行为都要遵守一定的规则和"礼仪"。例如阅读、选择网络新闻、订阅或退出新闻组、投送新闻稿件、新闻组的管理、对新旧新闻的增删等，都有其规矩，或许每个新闻组自己也为其成员制订了自己的规则。

但是，只要一个人参与在线交流，总有一些基本的行为格式需要遵守，从许多专家给网络用户的忠告及网络用户手册的内容看，下面的要求实际也就是一些基本的在线交流礼仪。

- 要让文件和信息简明扼要。
- 每条信息集中于一个主题。
- 对别人说的话要格外小心，不要从自己的观点出发对信息发布者的社会身份做过多猜测，最好就事论事。
- 不要用学术网从事商业或赢利活动。
- 签名应包括自己的姓名、职业、单位和网址，但不要超过四行，签名中可选择的信息可以包括自己的住址和电话号码。
- 大写的词只用来突出要点，或使题目和标题更醒目，也可以用星号*围住一个词使它更突出。

- 没经原作者的允许而把个人电子邮件寄往电子公告板是极端无礼的行为。
- 慎用讽刺和幽默，在没有直接交流和必要表意符的情况下，某些玩笑也许会被认为是一种批评。
- 尊重版权和出版条例。
- 必要时采用缩写式，例如：

IMHO=in my humble/honest opinion（以鄙人之见）；

FYI=for your information（仅供参考）；

BTW=by the way（附带说说）；

Flame=antagonistic criticism（令人生气的批评）。

- 所提的问题和发表的评论要与讨论组的主题相关。
- 不为其他人“令人生气的批评”（flame）所动，因为这些讨论是“开放的”，是一种建设性的交流。
- 当对讨论组提一个问题时，答复也是直接针对个人的。如果能答复其他人的问题，可以用电子邮件。
- 用自己的电子邮件个人账号，不要同意使用分摊的办公账号。

此外，电子信息网络提供了其他诸如文件传输（FTP）、远程登录（TELNET）、信息浏览服务（Gopher）、高级浏览服务（WWW，Mosaic）等服务内容，而且随着网络进一步的发展，服务内容也越来越多，功能也越来越强大，因此不可能把这些网络行为的具体礼仪一一搞清楚。但任何网络行为必然涉及道德问题，因此必须遵守一定的“礼仪”。

4．计算机伦理

计算机伦理学（Netethics）首先是发展中的伦理学，它是关于向信息社会过渡中面临的各种伦理问题的一个研究领域。它会随着网络进入社会生活的程度而不断发展，目前尚未形成完整、公认、相对稳定的理论体系。

其次，它是一门构造性的伦理学。也就是说，它的一个重要内容是在尚未具有健全伦理秩序的领域中进行道德运行机制的设计和建构。

第三，虽然它是伦理学的一个新分支，但是，它不是经典伦理学的一个应用，因为未来的社会是建立在电子信息网络之上的信息社会，而网络伦理学专门研究那些与传统社会不同的，最典型、最集中体现信息社会特点的伦理问题，因而，它是一个传统伦理学向适应未来信息社会需要的伦理学过渡的“桥”。

计算机伦理学的提出不仅仅是因为网络生态危机的出现。准确地说，网络生态危机的出现使计算机伦理学的提出显得更为迫切。网络伦理的提出更主要地源于网络的内在要求。网络是人类的第二生存空间，是人与信息的生态，这就要求网络保持一种整体意义上的、结构性的动态平衡，保持这种平衡，除了技术和法律外，网络生态伦理也是必需的。

在这方面，关键的一环就是应树立计算机伦理意识，把这一问题提升到人与信息关系的高度，提升到网络是人类的“第二生存空间”的层次。保护网络生态实质上就是保护人类的生存空间，应该像保护大自然一样，保护人类的网络家园；像对待自然环境危机一样对待网络生态危机；像善待地球一样“善待网络”。

总地说来，计算机网络就像一把双刃剑，它既可以极大地造福人类，又可无情地损害人类。当然网络发展对伦理道德的影响不可能一夜之间形成，所以在评价它的影响时要求我们既要有一种超前意识，又要有一种现实的态度。在我国建设信息高速公路的初期，就应该认真研究它可能并已经带来的任何道德方面的复杂性影响，考虑利用网络对社会舆论进行必要的引导，塑造思想、政治、教育的全新环境，以便于制定有效的防范措施，通过法律、政策和道德教育等手段来约束人们的行为，保证我国网络建设的健康发展。

参考文献

[1] 连卫民，周贺来. 办公自动化实用教程[M]. 北京：高等教育出版社，2003

[2] 曹哲. 计算机维护与维修[M]. 北京：高等教育出版社，2004

[3] 熊发涯，万德年. 计算机操作技能[M]. 北京：中国铁道出版社，2006

[4] 沈大林，洪小达. 多媒体技术与应用教程[M]. 北京：中国铁道出版社，2003

[5] 孙中胜，高长宝，方睿，魏晓君. Internet 应用基础教程[M]. 北京：中国铁道出版社，2003

[6] 丁爱萍. 计算机常用工具软件[M]. 西安：西安电子科技大学出版社，2004

[7] 王伟. 微机外围设备的使用与维护[M]. 西安：西安电子科技出版社，2005

[8] 雷运发，陈启祥. 多媒体技术与应用[M]. 北京：中国水利水电出版社，2001

[9] 冉崇善，白涛，刘晓云，殷锋社. 计算机应用基础[M]. 西安：西安电子科技出版社，2005

[10] 郭玲文，贾敬瑶. Photoshop 6.0 实例技巧[M]. 北京：航空工业出版社，2001

[11] 国家职业技能鉴定专家委员会计算机专业委员会. 计算机图形图像（Photoshop 平台）试题汇编（操作员级）[M]. 北京：希望电子出版社，1999

[12] 刘小伟. Photoshop 平面广告创意与设计[M]. 北京：清华大学出版社，2002

[13] 高林. 信息技术应用基础[M]. 北京：科学出版社，2004

[14] 孙中胜. 微型计算机组装升级与维护教程[M]. 北京：高等教育出版社，2006

[15] 杨帆，赵立臻. 多媒体技术与应用（第 2 版）[M]. 北京：高等教育出版社，2006

[16] 宋铁桥，廖庆扬. 计算机组装与维修[M]. 北京：科学出版社，2004

[17] 晋玉星. 计算机网络技术[M]. 北京：科学出版社，2004